校企合作土木与建筑工程专业系列丛书
互联网+创新型“十四五”精品教材

智能建筑概论

（微课版）

主　编◎郭　阳　丁爱娟　牛田新
副主编◎李海林　曹　菲　卢存科

哈爾濱工程大學出版社
Harbin Engineering University Press

内容简介

本书共有八个项目，包括智能建筑基本知识、综合布线系统、信息化应用技术、建筑设备管理系统、办公自动化系统、建筑环境、公共安全系统、居住小区智能化系统。全书将理论知识与工程实践的实例结合，具有较强的指导性和可读性。

本书具有内容翔实、深浅适度、可操作性强、适用面广等特点，既可作为职业院校建筑专业的通用教材，也可作为从事建筑行业的工程技术人员、管理人员学习建筑智能化技术的培训、自学教材。

图书在版编目（CIP）数据

智能建筑概论 : 微课版 / 郭阳，丁爱娟，牛田新主编. -- 哈尔滨 : 哈尔滨工程大学出版社，2025. 1.
ISBN 978-7-5661-4670-0

Ⅰ. TU18

中国国家版本馆 CIP 数据核字第 2025420XA5 号

智能建筑概论（微课版）

ZHINENG JIANZHU GAILUN（WEIKE BAN）

选题策划 张林峰
责任编辑 田　婧

出版发行 哈尔滨工程大学出版社
社　　址 哈尔滨市南岗区南通大街 145 号
邮政编码 150001
电　　话 0451-82519989
经　　销 新华书店
印　　刷 唐山唐文印刷有限公司
开　　本 787 mm×1 092 mm　1/16
印　　张 14.5
字　　数 371 千字
版　　次 2025 年 1 月第 1 版
印　　次 2025 年 1 月第 1 次印刷
书　　号 ISBN 978-7-5661-4670-0
定　　价 49.80 元
http://www.hrbeupress.com
E-mail:heupress@hrbeu.edu.cn

前　言

党的二十大报告指出，“坚持尊重劳动、尊重知识、尊重人才、尊重创造，实施更加积极、更加开放、更加有效的人才政策”“着力形成人才国际竞争的比较优势，加快建设国家战略人才力量”“深化人才发展体制机制改革……把各方面优秀人才集聚到党和人民事业中来”。

智能建筑是以建筑为平台，将通信自动化、办公自动化、设备自动化，以及在此基础上的系统集成和服务管理进行优化组合，进而形成高效、舒适、便利的建筑环境，它是现代建筑技术与信息技术相结合的产物。近年来，智能建筑在中国得到了蓬勃发展，并引起了建筑界、学术界的广泛关注。

本书从系统的角度出发，依据国内外最新的技术标准、规范，本着着重应用的原则，在总结工程实践和吸收最新科研成果的基础上，全面介绍了智能建筑的基本理论、方法，以及各个子系统的组成、功能、技术与设计原理等。

本书内容翔实、紧凑，理论阐述清楚，概念明确，例题解答过程简明、清晰，符合课程认知规律及发展规律等，力图保证基本理论的系统性。本书具有以下显著特点。

（1）新——图文并茂，生动形象，形式新颖。

（2）全——知识点分门别类，涵盖全面，由浅入深，便于学习。

（3）系统——知识讲解前后呼应，结构清晰，层次分明。

（4）实用——理论和实际相结合，举一反三，学以致用。

本书由郭阳（广西安全工程职业技术学院）、丁爱娟（张家口职业技术学院）、牛田新（张家口职业技术学院）担任主编，由李海林（重庆科创职业学院）、曹菲（大连海洋大学应用技术学院）、卢存科（重庆天骄监理有限公司）担任副主编。本书的相关资料和售后服务可扫封底微信二维码或登录 www.bjzzwh.com 下载获得。

编者在编写本书的过程中参考了大量资料，在此向相关人员表示感谢。由于编者水平有限，书中难免存在不足之处，恳请广大读者批评指正并提出宝贵意见。

编　者

目 录

项目一

智能建筑基本知识

项目导读

智能建筑是指智能化系统主要由智能化集成系统、信息设施系统、信息化应用系统、建筑设备管理系统和公共安全系统等组成，这些系统的集成和协调运作，共同为实现智能建筑的目标提供了坚实的技术和功能支持。本项目主要介绍智能建筑的相关内容。

学习目标

知识目标

1. 掌握智能建筑的概念。
2. 了解智能建筑的环境。

能力目标

1. 掌握智能建筑的特点。
2. 熟悉智能建造的环保理念。

素质目标

1. 培养学生对智能建筑环境的节能、环保意识。
2. 了解智能建筑的发展情况。

思政目标

引导学生理解科技进步对社会发展的积极影响，倡导增强学生的综合素质和环保意识，培养学生的创新能力，以建设绿色、智慧与可持续发展的未来城市。

任务一　智能建筑概述

任务描述

随着科技的飞速发展，建筑领域正经历着深刻的变革，智能建筑作为一种融合了先进技术与建筑功能的新型建筑模式，逐渐成为现代建筑发展的重要方向。通过观察与查阅资料，谈一谈对智能建筑的认识与理解。

任务分析

通过本任务的学习，读者能了解智能建筑的起源，从而更深入地了解智能建筑。智能建筑不是技术的堆砌，而是这些技术协同工作，以提高建筑的智能化水平，满足用户需求，并适应未来的变化。

任务实施

一、智能建筑的设计

扫一扫

智能建筑

智能建筑（intelligent building，IB）最初起源于美国，并于1984年1月在康涅狄格州哈特福德市建成了全球首个智能化大厦——City Place Building。这座摩天大楼通过采用先进的计算机技术，对内部的空调系统、供水、防火和防盗设施以及电力分配系统进行了全面的自动化管理，同时提供了语音、数据等多种信息服务，极大地提升了用户的舒适度、便利性和安全性。随着时间的推移，智能建筑的理念在世界范围内迅速传播，并在我国得到了实质性的发展。随着我国经济的持续增长和科技的飞速进步，人们对建筑物功能的要求也日益增高，特别是在全球信息化浪潮和物联网技术普及的背景下，智能建筑作为构建智慧城市的基本单元，显示出巨大的发展潜力和广阔的市场前景。

《智能建筑设计标准》（GB 50314—2015）中将智能建筑定义为："以建筑物为平台，基于对各类智能化信息的综合应用，集架构、系统、应用、管理及优化组合为一体，具有感知、传输、记忆、推理、判断和决策的综合智慧能力，形成以人、建筑、环境互为协调的整合体，为人们提供安全、高效、便利及可持续发展功能环境的建筑。"

2021年，我国建筑学会发布了《智慧建筑设计标准》（T/ASC 19—2021），进一步明确了"智慧建筑是以构建便捷、舒适、安全、绿色、健康、高效的建筑为目标，在理念规划、技术应用、管理运营、可持续发展环节中充分体现数据集成、分析判断、管控决策，具有整体自适应和自进化能力的新型建筑形态”。图 1-1 为其明确的智慧建筑技术架构。

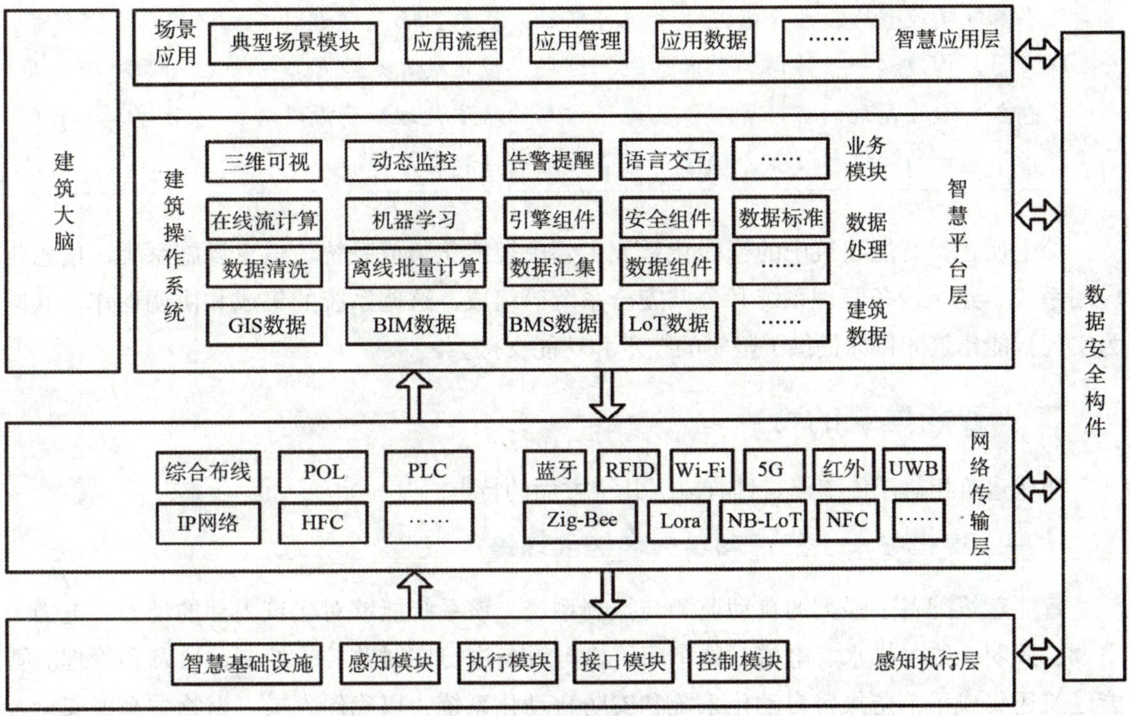

图 1-1　智慧建筑技术架构

为了实现智能建筑的安全性、高效性、便利性和可持续发展，智能建筑不仅需要具备特定的建筑环境，还需要设置相应的智能化系统。这些系统的设计和实施应充分考虑绿色和环保的时代主题需求，实现绿色、环保、健康和节能的目标，促进人与自然的和谐共生，并推动可持续发展的实现。同时，它们也需要满足智能建筑的特殊功能要求，并适应其动态发展的特性。

智能化系统的设计是根据具体需求进行的。通常，为满足安全需求，智能建筑应部署公共安全系统，包括火灾自动报警系统、安全技术防范系统和应急响应系统等。这些系统利用现代科技的综合手段，旨在有效应对各种对社会安全构成威胁的突发事件，从而保障建筑内人员生命和财产的安全。

为了提升楼宇环境的舒适性，实现节能、环保、健康和高效的目标，智能建筑中应配置建筑设备管理系统。一方面，通过监控和管理温度、湿度、照度及空气质量等环境指标，创造出适宜的工作环境，提高楼内工作人员的工作效率和创造力；另一方面，通过对建筑物内大量机电设备的全面监控管理，实现对多种能源的有效监管，达到节能、延长设备使用寿命、提升运营效率的目的。

此外，为满足工作中的高效性和便捷性需求，智能建筑应设置具备方便快捷和多样化特点的信息设施系统和信息化应用系统。这类系统旨在提供一个高效的信息获取、处理和应用环境，从而帮助办公人员实现信息的快速流转，提高工作效率。

提示

在智能建筑领域，各个智能化系统并非独立运作，而是通过计算机网络技术实现了互联互通，构建起一个协调一致的系统。这种集成化的系统将原本分散的资源和功能进行了整合，通过高效的综合管理，实现了信息的集中处理和资源共享，进而对各个子系统进行了有效的协调和管理，确保了整体的统一性和高效性。

综上所述，智能建筑中的智能化系统主要由智能化集成系统、信息设施系统、信息化应用系统、建筑设备管理系统和公共安全系统等组成，这些系统的集成和协调运作，共同为实现智能建筑的目标提供了坚实的技术和功能支持。

二、智能建筑的特点

智能建筑相对于传统建筑具有以下几个方面的特点。

（一）提供安全、舒适和高效便捷的环境

智能建筑配备了强大的自动监测与控制系统，该系统能够对建筑内部的动力、电力、空调、照明、给水排水、电梯、停车库等机电设备进行实时监控、控制、协调和管理。智能建筑还集成了消防报警自动化系统和安防自动化系统，以确保人员、财物的高度安全，具备对灾害和突发事件的快速反应能力。

此外，智能建筑能够提供舒适的室内环境，包括适宜的温度、湿度和新风系统，以及多媒体音响、装饰照明和公共环境背景音乐等。这些优质的环境设置使得建筑内的工作人员心情愉悦，从而显著提升工作、学习和生活的效率与质量。完备优美的环境和设施极大提高了使用者的工作效率、生活舒适度、安全感与便利性，使得建设者和使用者都能获得可观的经济效益。

（二）节约能源

节能是智能建筑的基本功能，是其高效性和高回报率的重要体现。统计数据显示，在发达国家中，建筑物的能耗占社会总能耗的30%～40%。其中，采暖、空调和通风等设备是主要的能源消耗者，约占耗能的65%以上；生活热水消耗占15%；照明、电梯和电视等占14%；其他因素则占6%。智能建筑在满足使用者环境需求的基础上，借助能源控制与管理系统，尽可能利用自然光和外界的冷量（或热量）来调节室内环境，旨在最大限度地减少能源消耗。智能建筑根据不同地域和季节的具体情况，预设程序，以便在工作时间与非工作时间内对室内环境进行自动控制，实施不同的标准。例如，下班后自动降低照度及调整温度和湿度控制标准。一般而言，运用智能建筑的能源控制与管理系统可以实现大约30%的能源节省。

（三）节省设备运行维护费用

通过实现管理的科学化和智能化，建筑物内部的各类机电设备能够更趋自动化地进行运行管理、保养和维修。建筑智能化系统的运行维护和管理直接关系到整个建筑物的自动化与智能化能否实际发挥作用，并达到其设计目标。维护和管理工程的主要目标是以最低成本确保建筑内部各类机电设备的妥善维护、正常运行和更新。

根据美国大楼协会的统计，一座大厦的生命周期约为 60 年，60 年内的维护及运营费用约为建造成本的 3 倍。根据日本的统计数据，大厦门的管理费、水电费、煤气费、机械设备及电梯的维护费用，占整个大厦运营费用的 60% 左右，并且这些费用还将以每年 4% 的幅度递增。因此，只有依赖建筑智能化系统的正常运行并发挥其作用，才能有效降低机电设备的维护成本。同时，由于系统的高度集成，操作和管理工作高度集中，人员配置更加合理，从而使人工成本降至最低。

（四）提供现代通信手段和信息服务

智能建筑配备了功能完善的通信系统。该系统能够以多媒体形式高效处理各种图像、文本、音频和视频信息，打破了传统地域限制，实现了与全球的零距离、零时差连接。同时，其办公自动化系统通过强大的计算机网络和数据库，能够高效整合和处理行政、财务、商务和报表等各项业务。

智能建筑是一个动态发展的概念，随着建筑技术的进步以及计算机技术、通信技术和控制技术的不断融合，智能建筑的内涵和技术内容将持续扩展和深化。这一领域将继续发展，不断引入新的技术与理念，使其变得更加丰富和先进。

任务二　智能建筑的环境

任务描述

智能建筑环境配置旨在通过集成先进的信息技术和自动化系统，提升建筑物的运营效率、能源管理水平、安全防护水平和居住舒适度。本任务涉及系统集成、数据分析、智能设备选型、用户界面设计、能效优化等多个方面。通过高效、智能的建筑管理系统，实现对建筑物内外环境的实时监控、自动化控制和智能优化，提升建筑物的综合性能和用户体验。

任务分析

通过本任务的学习，读者能对建筑物内外环境的进行全面评估，识别关键数据点和系统需求，选择合适的智能设备，如传感器、控制器和网络设备，设计高效的系统集成方案，制订基于大数据分析的优化策略，开发用户友好的界面和操作流程，确保系统的稳定性、可扩展性和易维护性。通过这些措施，实现智能建筑环境的高效管理，提升运营效率、能源利用率和居住舒适度，为用户提供智能、便捷的生活和工作环境。

任务实施

建筑作为实现智能化的基石，其核心目标在于打造安全、高效、便利且可持续发展的环境。从建筑设计的角度出发，一方面需紧密结合21世纪绿色和环保的发展趋势，以推动人与自然的和谐共生及可持续发展为指导；另一方面则需应对智能化建筑特有的功能需求，为此必须构建相应的智能化系统环境，例如，合理规划配线管道（管井）的布局，以及确保智能化系统主机房拥有适宜的设置条件等。

一、绿色、节能与环保

在当今人口不断增加、资源逐渐枯竭、环境污染严重的背景下，绿色、环保、节能和生态已经成为建筑可持续发展的重要内容，而这些目标的实现与建筑设计息息相关。

例如，在建筑构造方面，通过优化中庭、双层幕墙、门窗和屋顶等构件设计，可以有效实现良好的自然通风和采光，这不仅提升了室内舒适度，还减少了对空调和照明的需求，从而降低了建筑的能耗。中庭的设计利用风压促进室内空气循环，顶部设置可控开口，能够将污浊的热空气排出，同时，通过底部吸入的新鲜冷空气改善室内空气质量。如果在中庭种植植物，阳光的照射将促进光合作用，释放大量氧气，而植物的蒸发作用则可以降低室内温度，增加空气湿度，进一步净化室内空气。双层幕墙设计在两层玻璃之间留有空气夹层，冬季形成的阳光温室可提高围护结构的温度，夏季则利用热压原理从夹层上部不断排出热空气，有效降温。

此外，在建筑设计中引入高科技环保材料、使用新型墙体技术、设立污水和雨水处理的中水系统，采用太阳能等绿色能源，也是实现节能环保的重要措施。环保材料安全无毒、不污染环境；外墙及窗户的保温隔热设计，在不消耗不可再生能源的情况下改善室内热环境；中水系统的建立则节约了水资源；同时，将太阳能热水器与建筑设计相结合，并利用太阳能光伏技术（如太阳能发电）来实现路灯、草坪灯、庭院灯及楼道灯等的照明，进一步节约不可再生能源，如图1-2所示。

图 1-2　环保的智能城市

二、智能化系统设置环境

智能化系统机房是确保智能化系统有效运行的核心环境。机房主要包括信息接入机房、有线电视前端机房、信息设施系统总配线机房、智能化总控室、信息网络机房、用户电话交换机房、消防控制室、安防监控中心、应急响应中心以及智能化设备间（如弱电间、电信间）等，以上机房可根据工程实际需求选择独立设置或组合配置。

智能化系统的设置环境还包括配线管道，它们是各个智能化子系统布线的关键。配线管道需要确保有充足的竖井作为垂直通道，以及吊顶作为水平通道，以便布线。此外，架空地板、网络地板和线槽等也为室内布线提供了必要的支持。由于多个系统的配线管道通常集中于竖井内，因此，竖井在空间设计上应留有足够的余量，以便于未来的扩展和维护。

水平干线通道的配置方式多种多样，包括线槽配线方式、线管配线方式和托架方式等。线槽配线方式通常采用金属或塑料线槽，这种方式安装简便、配线容量大，但由于与通风管道和给水排水管道等共存于吊顶内，可能会降低净高。线管配线方式则是预埋电线管在楼板中或吊顶内，这种方式施工简便、投资较小，但配线容量有限且后期扩充不易。托架方式则是在顶棚上水平安装支撑架，以固定电缆进行水平布线。对于大开间的开放办公室，常用的布线方式包括预埋金属管线和网络地板。前者在水泥地面施工中预埋金属管并留出线口，这种布线方式施工便利、投资较低，但不灵活，且需要大量预留，可能导致空间的浪费。网络地板则是一种集结构与配线于一体的新型材料，自然形成的网状线槽为布线提供了便捷的结构化途径，且其低地板高度不影响层高，提供了较大的电缆容量。

此外，智能化系统的设置环境需适应建筑动态发展的特点。首先，必须具备足够的应变能力，以应对可能的用户变更、使用要求变化、技术升级带来的设备系统变更，乃至建筑内配置的调整，确保系统能够便捷地调整以满足新的需求。这种灵活性和适应性的设计，是智能化系统环境必不可少的特性。

任务三　智能建筑的现状与发展

任务描述

智能建筑的现状与发展分析旨在通过全面的研究和数据收集，了解智能建筑行业的发展趋势、技术进展、市场应用和未来挑战。本任务涉及文献调研、市场分析、技术评估、案例研究、政策解读等多个方面。通过系统化的分析，揭示智能建筑在全球范围内的应用现状、主要推动因素和未来发展方向，为读者提供决策参考和战略规划依据。

任务分析

对智能建筑领域的广泛文献进行综述，收集和分析市场数据，评估关键技术。如分析物联网、人工智能和大数据在智能建筑中的应用效果，研究成功案例和失败教训，解读相关的政策法规和标准规范，识别行业发展瓶颈和潜在机遇，预测未来发展趋势和技术创新方向。通过这些深入的研究，为读者提供全面、准确的智能建筑发展现状和未来展望，支持科学决策和战略布局。

任务实施

一、起始阶段

我国对智能建筑的研究始于1986年，当时国家“七五”重点科技攻关项目中将“智能化办公大楼可行性研究”列为研究课题之一。这一研究由中国科学院计算技术研究所于1991年完成并通过了鉴定。

这一时期的智能建筑研究主要针对涉外的高档公共建筑和特定需求的工业建筑，所使用的技术和设备大多来自国外。当时的智能建筑理念主要包括：在建筑内设置程控交换机系统和有线电视系统等通信设施，以便接入电话和有线电视，为建筑内用户提供通信手段；同时，设置广播、计算机网络等系统，为建筑内用户提供现代化的办公设备；此外，利用计算机对建筑内的机电设备进行控制和管理，并配备火灾报警系统和安防系统，为建筑及其使用者提供安全保障。然而，此时的各个系统是独立的，相互之间没有联系。

1990年建成的18层北京发展大厦可以视为我国智能建筑的雏形。该大厦开始采用建筑设备自动化系统（building automation system，BAS）、通信网络系统（communication network system，CNS）和办公自动化系统（office automation system，OAS），不过尚不完善，且三个子系统之间未实现统一控制。

1993年建成的广东国际大厦位于广州市，被认为是我国首座智能化商务大厦。它配备了较为完善的“3A”系统，并且具备高效的国际金融信息网络，能够通过卫星直接接收美联社道琼斯公司的国际经济信息，同时提供舒适的办公与居住环境。

在这一阶段，建筑智能化的普及程度仍然较低，发展主要依赖于产品供应商、设计单位以及业内专家的推动。

二、发展阶段

在智能建筑发展的40多年里，根据自动化控制技术的发展进程，可以归结为以下6个阶段。

（1）单功能系统阶段（1980—1985 年）：以闭路电视监控、停车场收费、消防监控和空调设备监控等子系统为代表。

（2）多功能系统阶段（1985—1990 年）：出现了综合保安系统、建筑设备自控系统、火灾报警系统和有线通信系统等，各种自动化控制系统实现了部分联动。

（3）集成系统阶段（1990—1995 年）：主要包括建筑设备综合管理系统、办公自动化系统和通信网络系统，性质类似的系统实现了整合。

（4）智能建筑智能管理系统阶段（1995—2000 年）：以计算机网络为核心，实现了系统化、集成化与智能化管理，服务于建筑，使性质不同的系统实现了统一管理。

（5）建筑智能化环境集成阶段（2000—2018 年）：在智能建筑智能管理系统日渐成熟的基础上，进一步研究建筑及小区、住宅的本体智能化，研究建筑技术与信息技术的集成技术，智能化建筑环境的设计思想逐步成形。

（6）从智能到智慧的进化阶段（2018 年至今）：智慧城市和工业 4.0 概念的提出，智能建筑被赋予了新的内涵。数字孪生技术的应用使得智能建筑的全生命周期管理在时间维度上得以实现，同时也在空间维度上扩展到了空天地一体化的网络环境，建筑的要素边界因此扩大。人作为建筑的一部分，建筑自身进化为智能建筑模型，而建筑群则演变为智慧城市元细胞，这些变化使得建筑逐渐具备自我传播、群体交互、自学习、自适应、持续优化和安全可信的特性，推动了城市元的发展进程。

三、发展现状

我国智能建筑行业起步较晚，虽然与发达国家相比，在新建建筑中智能建筑的比例仍显较低，但这也显示出巨大的发展潜力。据统计，2012 年，我国新建建筑中仅有约 26% 实现了智能化，而到了 2018 年，这一比例已攀升至 40%。尽管与智能建筑比例更高的美国和日本等发达国家相比仍有差距，但我国智能建筑在新建建筑中的比例每年能保持约 3% 的增长速度。到 2025 年，我国智能建筑在新建建筑中的比例将突破 50%。

我国智能建筑行业已跨越初创期和发展期，目前正处于高速发展阶段。2018 年的数据显示，我国智能建筑行业的产值已达到 50 亿美元，产业规模和完整产业链已然形成。在地域扩展方面，智能建筑的应用正从一线大城市向二、三线城市迅速普及，未来在乡村振兴战略中也预见其将发挥重要作用。在技术革新方面，我国智能建筑的管理模式正经历从传统向智能化、信息化、数字化和网络化的转型，旨在实现更高层次的智慧化控制。

提示

美国是全球智能建筑领域的先驱，并且在这一技术的发展上保持着最快的速度。自 20 世纪 90 年代起，美国新建或改造的办公楼中，大约有 70% 采用了智能化技术。

包括 IBM 和 DEC 在内的多家知名公司的总部大楼都是智能化建筑的典范。至今，美国还拥有世界上最大的智能化住宅区，占地达到 3 359 公顷，包含约 8 000 座小型别墅。这些别墅每座都配备了 16 个信息接入点，整个住宅区的布线系统造价高达 2 200 万美元。

当前，人类社会正处于建筑认知计算和情感计算的探索阶段，同时将共享经济、平台经济、区块链等新型经济模式融入建筑行业。元宇宙概念的践行也成为建筑行业的一大趋势，预示着未来建筑的智能化和智慧化将更加深入人心。

智能建筑也将作为智慧城市发展的重点产业，进一步推动我国的经济发展与和谐社会建设。未来，智能建筑应适应低碳、节能、绿色、环保、生态等建筑需求，结合“智慧城市”的大环境，融入“物联网”“云计算”等高科技，通过新应用、新目标、新技术、新方式对行业进行创新和整合。

项目小结

本项目主要介绍了智能建筑的基本概念与实践。首先介绍了智能建筑的定义，即以建筑为平台，通过智能化技术对建筑设备、设施进行优化管理，为用户提供安全、高效、便捷、节能、环保及健康的建筑环境；其次介绍了智能建筑所需的建筑环境要求及其特点，包括但不限于安全性、舒适性和可持续性等方面；最后介绍了智能建筑的发展历程和当前的应用现状，探讨了其发展趋势。通过本项目的学习，读者能够全面掌握智能建筑的相关知识，了解其运作原理、应用场景及未来发展方向。

项目工单

一、任务名称

智能建筑特点分析与描述。

二、任务描述

全班同学分组讨论，制订一份详细的智能建筑特点的描述文档，向老师展示智能建筑的关键优势和特性，以及它们如何提升建筑性能和用户体验。

三、分组讨论

以 3 ～ 5 人为一组，选出组长并进行任务分工，将小组成员及分工情况填入实训表 1-1 中。

实训表 1-1　小组成员及分工情况

班级：　　　　　　　　组号：　　　　　　　　指导教师：

小组成员	姓名	学号	任务分工
组长			
组员			

四、任务思考

1. 智能建筑如何通过能源管理系统和自动化技术减少能源消耗？
2. 智能建筑如何通过智能环境控制系统维持室内环境的舒适度的？
3. 智能建筑在可持续发展方面的实践是怎样开展的？

五、实施过程

按实际操作过程，将实施内容、遇到的问题及解决办法等记录于实训表 1-2 中。

实训表 1-2　工作实施过程记录表

序号	实施内容	遇到的问题及解决办法	结果

六、任务评价

各组展示任务完成情况，并完成实训表 1-3 的考核评价表。

实训表 1-3　考核评价表

项目名称	评价内容	分值 / 分	评分 / 分		
			自评	互评	师评
职业素养考核项目	考勤、纪律意识	10			
	团队交流与合作意识	10			
	参与主动性	10			

续表

项目名称	评价内容	分值 / 分	评分 / 分		
			自评	互评	师评
专业能力考核项目	积极参与教学活动并正确理解任务要求	10			
	认真查找与任务相关的资料	10			
	任务实施过程记录表的完成度	10			
	对智能建筑知识的了解程度	20			
	独立完成相应任务的程度	20			
合计：综合成绩_______自评（20%）+ 互评（20%）+ 师评（60%）		100			

课 后 练 习

一、填空题

1. 智能建筑中的智能化系统主要由__________、__________、__________、__________等组成，这些系统的集成和协调运作，共同为实现智能建筑的目标提供了__________和__________。

2. 智能建筑相对于传统建筑具有四个特点，分别是：__________、__________、__________、__________。

3. ________年建成的________层北京发展大厦可以视为我国智能建筑的雏形。

4. 我国在 2000 年 10 月正式实施了____________________。

5. 智能建筑将作为__________的重点产业，进一步推动我国__________和__________建设。

二、简答题

1. 根据我国《智能建筑设计标准》（GB 50314—2015），请简述智能建筑的定义。

2. 智能化系统机房主要包括哪些内容呢？

项目二

综合布线系统

项目导读

智能建筑是一个综合性的系统，它将建筑设备自动化系统、通信自动化系统以及办公自动化系统融合为一体。而对于智能建筑而言，要达成这些功能，其首要前提是具备一个网络系统。这个网络系统能够把各个子系统相互连接，从而让系统与系统之间、系统内容的各个部分都可以进行信息的交互，为智能建筑的综合化管理筑牢物质基础。本项目主要介绍综合布线系统相关知识。

学习目标

知识目标

1. 了解综合布线系统的组成。
2. 熟悉连接硬件的形成。

能力目标

1. 掌握综合布线系统的配置标准。
2. 熟悉综合布线系统与其他系统的连接方法。

素质目标

1. 培养学生对综合布线系统的认知。
2. 理解综合布线系统的其他配置。

思政目标

引导学生理解综合布线系统的基础概念、学习综合布线系统知识，促进其在工作中熟练运用相关知识，使其不仅具备专业技术能力，还能在工程实施中兼顾社会、环境和经济的多方面影响，为可持续发展贡献智慧和力量。

任务一 综合布线系统概述

任务描述

随着信息技术的快速发展，现代建筑对网络连接的需求日益增长。综合布线系统作为建筑物内部通信网络的基础，需要支持当前和未来的通信技术，包括但不限于以太网、光纤通信等。如果需要设计并实施一个高效、可靠、可扩展的综合布线系统，以满足建筑物内部及建筑物之间的数据、语音和视频传输需求，该如何去做呢？

任务分析

通过本任务的学习，读者能根据用户的需求，来设计一个成本效益高的布线系统。要选择性价比高、兼容性好的网络设备。制订合理的施工计划。建立有效的维护管理制度，确保系统的长期稳定运行。

任务实施

一、综合布线系统的由来

扫一扫

综合布线系统

综合布线系统（generic cabiling system，GCS）是一种在建筑物和建筑群中传输信息的网络系统，最早由美国电话电报公司（AT&T）贝尔实验室于 1985 年推出，并于 1986 年通过美国电子工业协会（Electronic Industries Association，EIA）和美国通信工业协会（Telecommunications Industry Association，TIA）的认证，得到了全球的认可。该系统采用模块化设计和分层的星形拓扑结构，能够将建筑物内部的语音交换和智能数据处理设备以及其他数据通信设施相互连接，并通过必要的设备与建筑物外部的数据网络、电话网络和有线电视网络相连接。综合布线系统包括建筑物与建筑群内部所有用于连接上述设备的线缆和相关布线器件。

综合布线系统的出现打破了数据传输和语音传输的界限，使得这两种不同信号能够在同一线路中传输，首次实现了建筑物内计算机网络和电话网络系统的综合，这也是当前综合布线系统的主要应用领域。在智能建筑中，各个系统并非完全独立，而是通过通信网络连接在一起，互相交换数据，共同管理建筑。因此，要实现系统集成，解决大楼内各系统的互联问题成为建设智能建筑的关键。

在智能建筑的设计中，系统集成设计应遵循以下规律和原则：首先，在保证设计的先进性、开放性和可扩充性的前提下，采用综合一体化的优化集成系统设计；其次，要考虑用户的实际需求和承受能力，有针对性地选取各个系统，制定不同的系统集成实施方案，以满足用户的个性化需求；最后，系统设计应具备工程分阶段实施的可能性。考虑到用户对系统功能的阶段性需求以及对工程费用的承受能力，成功的系统集成设计应确保无论用户分多少个阶段来完成系统，在未来的系统扩展和功能提升时，该设计的集成系统始终能够保持一体化的整体性。

随着社会的发展，综合布线系统逐渐进入家庭，智能小区和智能家居布线系统迅速发展。目前，小区综合布线系统的主要依据是《综合布线系统工程设计规范》（GB 50311—2016）和《综合布线系统工程验收规范》（GB/T 50312—2016）。小区综合布线系统与智能建筑综合布线系统的主要区别在于，小区智能化系统中用户是独门独户，每户拥有多个房间，每个房间的配线都需要独立，因此小区综合布线系统需要实现分户管理。

此外，智能住宅需要传输的信号种类较多，其中包括语音和数据，还有有线电视、楼宇对讲等。因此，智能小区中每个房间的信息点较多，所需的接口类型也比智能建筑的接口类型更加丰富。

二、综合布线系统的特性及优点

综合布线的特点主要有 4 个方面，见表 2-1。

表 2-1　综合布线的特点

特点	定义
系统性	体现在建筑物的各个区域都设有输出端口，这为布线工作带来了便利。在连接和重新布置工作终端时，无须进行额外的布线，从而提高了灵活性和效率
重构性	体现在综合布线系统能够在不改变现有布线结构的前提下，灵活组织和调整网络结构。这种特性不仅节约了成本，还节省了时间
标准化	要求建筑物内的所有输出端口及相应的配线电缆必须统一，以确保能够顺畅连接各种类型的网络和终端设备，保障综合布线系统的高效运行
通用性	系统一旦安装完成，可以连接任何类型的终端设备，不受限于任何特定的计算机生产厂商。它能够兼容不同类型的网络，并将各种系统进行有效连接和应用，从而提供了极大的灵活性和适应性

综合布线系统的特性及优点主要表现在以下 5 个方面。

（一）兼容性

综合布线系统是一套标准化的配线系统，其信息插座能够兼容符合同一标准的语音、数据、图像以及监控设备的终端插头。单个插座可以连接不同类型的设备，展现出良好的灵活性和实用性。兼容性指的是系统的独立性，能够完全适用于多种应用系统，而与其他系统相对无关。

（二）可扩展性

综合布线系统采用星形拓扑结构和模块化设计，除了固定在建筑物内的主干线缆外，其余所有接插件均为标准化组件，便于扩展和重新配置。当用户因发展需要调整或增加配线时，不会对整体布线系统造成影响，从而保护了用户在布线方面的早期投资。

综合布线系统主要使用双绞线和光缆的混合布线方式，对于有特殊需求的用户，还可以将光纤直接铺设到桌面。干线光缆的设计带宽可达 40 ～ 100 GHz，为未来通信量增长提供了充足的余量，从而能够方便地连接当前及未来的语音、数据、网络、互联网设备以及监控设备等。

（三）应用独立性

网络系统的最底层是物理布线，它与数据链路层，即网络的逻辑拓扑结构，直接相关。而网络层和应用层则与物理布线完全独立，这意味着网络传输协议、网络操作系统、网络管理软件及网络应用软件等与物理布线之间没有直接关联。无论网络技术如何变化，局部网络的逻辑拓扑结构通常是总线形、环形、星形、树形或这些形式的综合体。星形结构的综合布线系统通过在管理间内调整跳线，可以实现上述不同的拓扑结构。因此，在进行物理布线时，无须过多考虑网络的逻辑结构，也不需要关注网络服务和网络管理软件，综合布线系统具有应用独立性。

（四）开放性和灵活性

综合布线系统的配置标准对所有厂商的产品都是开放的。其硬件和相关设备均采用模块化设计，适用于所有通道和相关标准。因此，设备的开通和更换无须重新布线，只需在出现问题的地方进行跳线管理，极大提高了布线的灵活性和开放性。

（五）可靠性和先进性

综合布线系统采用了先进的材料和建筑布线技术，构建了一个完善的兼容信息输送体系。每条通道都能达到链路阻抗的效果，任何链路出现问题都不会影响其他链路的工作。在系统传输介质的选择上，它们互为备用，提升了冗余度，保证了应用系统的可靠运行。

综合布线系统能够满足人和设备对信息资源共享的需求，使以电话业务为主的通信网络演变为能够同时提供语音、数据、图像和设备控制数据的综合通信网。

三、综合布线系统的组成

综合布线系统是一种开放式的结构化布线系统，采用模块化设计，并以星形拓扑结构为基础，支持建筑物（或建筑群）内的语音、数据、图像及视频等数字和模拟信号的传输应用。该系统不仅实现了建筑内部语音、数据和图像等信息的互联传输，还能够将各类通信设备和交换设备与外部通信网络连接起来。综合布线系统由 6 个子系统构成，这些子系统包括传输介质、管理硬件、传输电子线路、电气保护设备等硬件，这些组件通过集成方式协同工作，如图 2-1 所示。

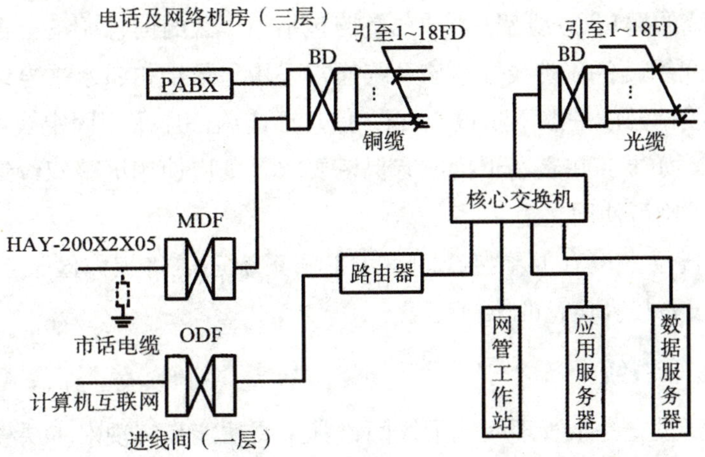

图 2-1　综合布线系统图

结构化综合布线系统根据其功能分为 6 个子系统，如图 2-2 所示。

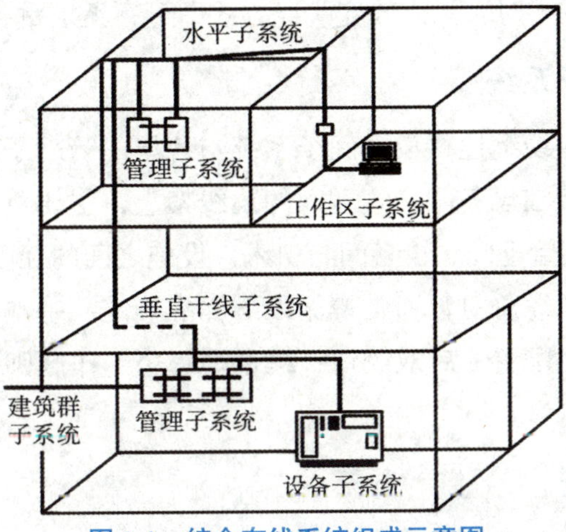

图 2-2　综合布线系统组成示意图

（一）工作区子系统

工作区子系统也称服务区子系统，类似于传统电话配线系统中的用户线和电话终端部分。包括水平配线系统的信息插座、连接插座的终端设备跳线及所需的适配器。通常，每个工作区的服务面积估算为 5 ～ 10 m^2，具体的信息点数量则根据设计等级需求而定，每个工作区一般配备 1 ～ 2 个信息插座，基本型系统通常配置 1 个信息插座，而增加型系统则会配置 2 个信息插座。每个信息插座应支持电话机、数据终端、计算机及监视器等多种终端设备。为了便于管理和识别，部分厂家的信息插座设计的颜色包括黑色、白色、红色、蓝色、绿色和黄色，这些颜色的使用需遵循《商业建筑的电信基础设施管理标准》（TIA/EIA 606）标准。

（二）水平子系统

水平子系统也称水平干线子系统，布局在同一楼层内。其一端连接信息插座，另一端连接管理间子系统的配（跳）线架，形成的链路包括工作区的信息插座、楼层分配线架设备、水平电缆、楼层配线设备和跳线等。该系统通常采用星形结构，水平电缆主要使用四对超五类非屏蔽双绞线，长度一般不超过 90 m，信息插座内部应采用固定线连接，以支持大多数现代通信设备。如果存在磁场干扰或有保密要求，则应使用屏蔽双绞线，而在需要高传输速率的场景下，则可使用光缆。

此外，如果楼层上设有卫星接线间，水平子系统还需将工作区子系统与卫星接线间连接，以将终端设备接入信息的出口。

（三）管理子系统

每幢楼都需要设立一个管理间或配线间，其主要功能是实现对本层楼所有信息点的配线管理及功能变换，同时连接本层楼的水平子系统和垂直干线子系统。管理间子系统通常包括双绞线跳线架和跳线。若采用光纤布线，则需要光纤跳线架和光纤跳线。当终端设备位置或局域网结构需要调整时，只需改变跳线方式即可，无须重新布线。

（四）垂直干线子系统

垂直干线子系统通过线缆连接设备间子系统与各层的管理子系统。通常采用大对数电缆或者光缆，两端分别接在设备间和管理间的跳线架上，主要负责从主交换机到各分交换机之间的连接，提供楼层管理间、设备间与引入口设施之间的互联。

垂直子系统所需的电缆总对数通常遵循以下标准确定：基本型每个工作区配置 2 对双绞线；增强型每个工作区配置 3 对双绞线；综合型每个工作区则在基本型或增强型基础上增设光缆系统。

（五）设备子系统

设备子系统是在每幢大楼中合理设置的进线设备场所，同时也是主配线架和核心网络设备的集中管理区。它为网络管理提供了一个集中点，并为管理人员提供值班场所。设备间子系统由电缆、配线架及相关支撑硬件、防雷电保护装置等组成，将各种公共设备（如中心计算机、数字程控交换机和各类控制系统）与主配线架相连接。

如果将计算机机房、交换机机房等设备间设计在同一楼层，将大大方便管理并节约投资。设备间的位置设置非常重要，它需要考虑网络中心的位置、水平干线与垂直干线的布局，以及主干线与户外线路（如市话引入、公共网络或专用网络线缆引入）的连接。市话电缆引入点与设备间的距离应控制在 15 m 以内，而数据传输引入点与设备间的连接电缆长度不得超过 30 m。

（六）建筑群子系统

建筑群子系统是将多个建筑物的设备间子系统连接为一个整合的布线系统，通常采用地下管道或架空敷设的方式。管道内敷设的铜缆或光缆需遵循电话管道和人孔的设计规范，同时安装电气保护装置，以防止浪涌电压对建筑物造成影响。在安装建筑群子系统时，一般应预留 1 ～ 2 个备用管孔，以便满足未来的扩充需求。

如果建筑群子系统采用直埋沟内敷设，并且同一沟内埋设了其他类型的图像或监控电缆，必须做好明显的共用标识。

任务二　综合布线系统的传输介质

任务描述

综合布线系统是智能建筑的重要组成部分，提供信息传输的高速通道。传输介质作为系统的核心，需要支持语音、数据、图像和多媒体业务的传输。根据综合布线系统的需求，选择合适的传输介质，并确保其满足系统性能和未来扩展的需求。

任务分析

在综合布线系统中，传输介质的选择至关重要，因为它直接影响到系统的传输效率和未来升级的灵活性。比较不同传输介质的特性，如双绞线电缆、同轴电缆和光缆，以及它们在传输速率、抗干扰能力、传输距离等方面的表现。此外，还需考虑介质的成本效益、安装便利性和对环境的适应性，以确保所选介质能够支持现有技术并适应未来技术的发展。

任务实施

传输介质是综合布线系统中最关键的组成部分，它不仅连接各个子系统，也是信号传输的媒介。传输介质决定了网络的传输速率、最大传输距离，以及传输的安全性、可靠性和可扩展性，连接器件的选择等因素。综合布线系统的主要传输介质包括电缆和光缆。在智能建筑群之间以及建筑物的主干线上，主要使用光缆，而建筑物的水平子系统则通常采用双绞线（twisted pair cable，TPC）进行布线。

一、双绞线

双绞线是综合布线工程中最常用的传输介质之一。它由两根具有绝缘保护层的铜导线（典型直径为 1 mm）组成，这两根导线按一定密度互相缠绕。这种缠绕设计使得每根导线在传输过程中辐射的电波可以被另一根导线发出的电波抵消，从而减少信号干扰。将一对或多对双绞线放入一个绝缘套管中，便构成了双绞线电缆。在电缆内部，不同线对具有不同的扭绞长度，以进一步减少干扰。与同轴电缆和光缆相比，双绞线在传输距离、信道宽度和数据传输速度等方面存在一定差异，但其价格较为低廉，尤其适合短距离的信息传输。

（一）双绞线的类型

目前，双绞线根据是否带有屏蔽层分为：非屏蔽双绞线（unshielded twisted pair，UTP）和屏蔽双绞线（shielded twisted pair，STP）。

非屏蔽双绞线由多对绞合在一起的导线构成，外面包裹有护套，但线对外并没有金属屏蔽层。这种电缆通常由 8 根不同颜色的导线组成，分为 4 对（白棕 / 棕、白绿 / 绿、白橙 / 橙、白蓝 / 蓝），每两条线按一定规则绞合在一起，形成一个芯线对，如图 2-3 所示。这种非屏蔽双绞线是综合布线系统中常用的传输介质。

图 2-3　非屏蔽双绞线

由于非屏蔽双绞线没有屏蔽外套，其直径较小，节省占用空间，成本低，质量轻，易弯曲且易于安装，因此得到了广泛的应用。

与非屏蔽双绞线相比，屏蔽双绞线在其绞合的铜线外增加了一层金属层，用以屏蔽电磁信号。根据金属层的数量和屏蔽层的缠绕方式，屏蔽双绞线可以细分为铝箔屏蔽双绞线（foiled twisted pair，FTP）、铝箔 / 金属网双层屏蔽双绞线和独立双层屏蔽双绞线，其屏蔽和抗干扰能力依次增强。STP 为每条线都提供单独的屏蔽层，而 FTP 只在整个电缆上有屏蔽装置，并且只有在两端正确接地时才有效。因此，整个系统包括电缆、信息点、水晶头和配线架等都必须是屏蔽器件，同时建筑物的接地系统也需要保持良好。

屏蔽双绞线的优点在于屏蔽层能够减少辐射、防止信息被窃听，同时阻止外部电磁干扰的进入，这使得屏蔽双绞线比同类非屏蔽双绞线具有更高的传输速率。然而，在实际施工过程中，很难实现完全的完美接地，这可能导致屏蔽层本身成为最大的干扰源，使得性能甚至不如非屏蔽双绞线。因此，除有特殊的保密需求，通常在综合布线系统中主要采用非屏蔽双绞线。

（二）双绞线的应用

在《信息技术－用户基础设施结构化布线》（ISO/IEC 11801）第 3 版草案中，新增了 Category 8.1 和 8.2 的八类线，能在 30 m 信道长度内支持 2 000 MHz 传输，其中 8.1 对应的性能与该标准内的超六类线类似，8.2 对应的性能与超七类线类似。

美国电子工业协会和美国通信工业协会根据双绞线的电气特性，定义了 7 种不同质量标准的型号。目前，主要使用的是六类线和超五类线。六类和超五类非屏蔽双绞线是当前最常用的以太网电缆类型。超五类双绞线是在五类双绞线基础上改进而来的，具有更小的信号衰减和更强的抗干扰能力。五类双绞线可以支持带宽要求达到 100 MHz 的应用，而超五类双绞线的带宽可达 155 MHz，能够满足大多数室内工作环境的需求。六类双绞线则可支持 250 MHz 的带宽，七类双绞线更是能够支持高达 600 MHz 的带宽，基本可以满足当前快速通信的需求。六类线的造价仅比超五类略高，但其性能更优，因此已经得到广泛应用。

双绞线采用铜质线芯，具有良好的导电性能。目前，常用的六类和超五类双绞线在传输模拟信号时，每 5 ～ 6 km 需要一个信号放大器；在传输数字信号时，每 2 ～ 3 km 需要一个中继器。双绞线的带宽可以达到 268 kHz。一段六类或超五类双绞线的最大使用长度为 100 m，只能连接一台计算机。双绞线的两端需要使用 RJ-45 的 8 芯插头（俗称水晶头），各段双绞线可以通过集线器（HUB）进行互联，最多可以连接 64 个站点到集线器。

随着技术的发展，六类线的 250 MHz 带宽可能逐渐无法满足人们需求。而高质量、高带宽的七类双绞线将为人们的工作和生活带来更大的便利。七类双绞线是一种屏蔽双绞线，能够提供 600 MHz 的整体带宽，传输速率可达 10 Gbps。每对线都有独立的屏蔽层，4 对线合在一起还有一个公共屏蔽层，因此其线径相对较粗。

二、光缆

光缆是一组光导纤维（光纤）的总称。它不仅是当前广泛应用的传输媒介，而且在未来也将是长期使用的主要媒介，这主要得益于光纤巨大的带宽和几乎与光速相等的传输速度。光纤在传输媒介中与电导体有着本质的不同，它所传输的是光信号而非电气信号。因此，光纤传输的信号不受电磁干扰，具有极佳的保密性能。

（一）光纤的结构与类型

光纤由单根玻璃纤维、紧邻纤芯的包层以及外部的塑料保护涂层构成。为了通过光纤传输信号，光纤的两端必须配备光发射机和光接收机。光发射机的功能是将电信号转换为光信号，如图 2-4 所示。实现电光转换的常见器件是发光二极管（LED）或注入式激光二极管（ILD）；而光电转换则通常由光电二极管或光电三极管来完成。

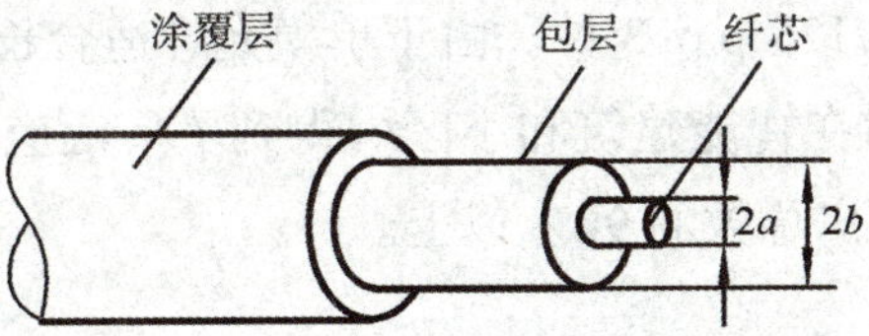

图 2-4 光纤结构示意图

根据光在光纤中的传播方式，光纤主要分为两种类型：多模光纤和单模光纤。多模光纤根据其包层的折射情况，又可进一步分为突变型折射光纤和渐变型折射光纤。在使用突变型折射光纤作为传输媒介时，发光二极管发射的所有入射角小于临界角的光线都会在光纤的包层界面发生反射，并通过多次内部反射沿着纤芯传输。这类光纤的传输距离相对较短，低于单模光纤。

为了减少多模突变型折射光纤中的散射，采用了具有可变折射率的纤芯材料，折射率随着距离纤芯越来越远而逐渐降低，这使得光的传播路径更接近正弦波形，如图 2-5（a）所示。而当纤芯直径缩小到 3 ～ 10 μm 时，所有发射的光将沿直线传播，这种光纤被称为单模光纤，如图 2-5（c）所示。单模光纤通常使用注入式激光二极管作为发光元件。

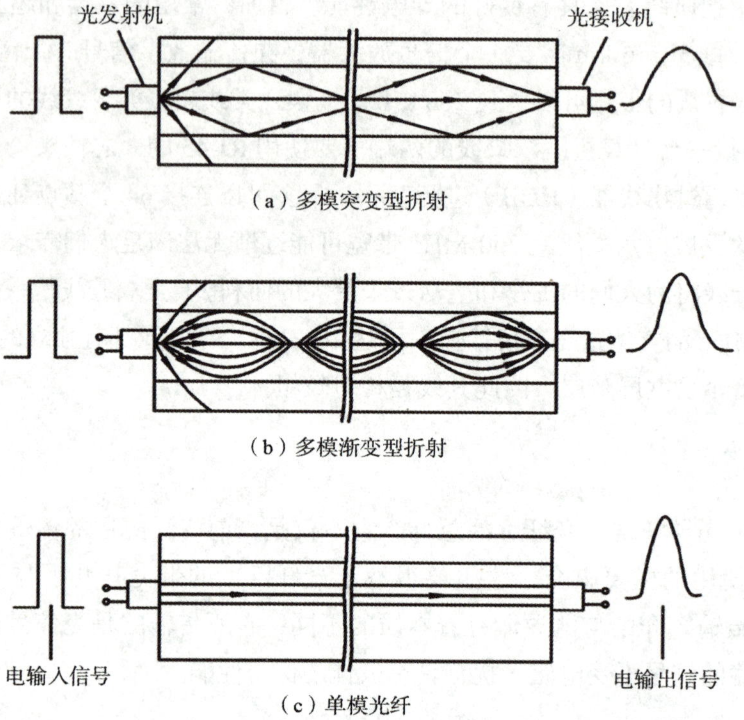

图 2-5　光在多模光纤与单模光纤中的传输

从上述 3 种光纤接收的信号来看，单模光纤接收到的信号与输入信号最为接近，其次是多模渐变型光纤（图 2-5（b）），而多模突变型光纤接收到的信号散射最为严重，因此其传输速率最低。在网络工程中，通常选择规格为 50/125 μm（芯径 / 包层直径，符合美国标准）的多模光纤，只有在户外布线超过 2 km 的情况下，才会考虑使用单模光纤。常见的单模光纤规格有（8，9，10）/125 μm 3 种。由于单模光纤适合长距离传输，通常采用无源连接，维护工作量较小，目前在智能建筑和小区中得到了广泛应用，使得光纤接入已占据了目前固定互联网宽带接入用户总数的 90% 以上。

（二）光缆的种类

光缆是由一组光纤组成的，光纤工程中实际使用的是光缆，常见的有双芯光缆和多芯光缆。双芯光缆是指在光缆护套中包含两根光纤的光缆，通常用于光纤局域网的主干网线，因为局域网连接需要同时使用一根发送光纤和一根接收光纤。多芯光缆则包含 3 根到几百根不等的光纤。通常情况下，多芯光缆中的光纤数目为偶数，以满足局域网连接对发送光纤和接收光纤的双重需求。

光缆按在布线工程中的应用可分为以下 3 种。

1. 光纤跳线

光纤跳线是一种两端装有光纤连接器的光纤软线，广泛用于网卡与信息插座的连接以及传输设备之间的连接，能在管理子系统、设备间子系统和工作区子系统中发挥作用。

2. 室内光缆

室内光缆的抗拉强度和保护层相对较弱，但却更为轻便和经济。这种特性使室内光缆特别适合用于水平干线子系统和垂直干线子系统。

3. 室外光缆

与室内光缆相比，室外光缆具备更强的抗拉强度和更厚重的保护层，通常采用铠装（即金属外皮）设计，以应对更严苛的环境。在建筑群子系统中，室外光缆扮演着重要角色，其常用的布线方式包括直埋式和管道式两种。直埋式光缆最为常见，直接敷设在开挖的电信沟槽内，然后回填土掩埋，土层厚度一般为 0.8 ～ 1.2 m。这种布线方式能够提供更强的保护，确保光缆在地下安全稳定运行。管道式光缆应用于已预埋电信管道的建筑群子系统中。尽管管道式光缆的强度相对较低，但其优异的防水性能使其同样能够应对室外环境挑战，确保数据传输的可靠性。

智能建筑的系统集成日益向开放化发展。当用户设备需要与外部网络光纤设备直接连接时，通常需要安装多模 / 单模转换设备，以实现楼内外不同类型光纤的连接。这一过程可能导致重复施工并增加扩建成本。为了解决这一问题，采用吹光纤技术成为一种可行的方案。

目前的做法是只敷设光纤护套空管，而待到实际应用时再将光纤直接吹入护套内。这项技术已经相当成熟，具有以下优点。

（1）减少无用光纤点的铺设：避免不必要的光纤布局，提升资源利用率。

（2）降低综合布线的初期投入：当前，敷设光纤护套空管的成本大致与铺设一个铜缆点相当。

（3）提供灵活的光纤配置：在后期，通过选择吹入的光纤数量及其类型（单模或多模），用户可以根据需求灵活调整布线方案。

（4）这种设计特别适合开放式办公环境的综合布线需求，确保了系统的高效性和可扩展性。

（三）光纤传感器

光纤传感器与传统传感器相比，在电力系统应用中展现出显著优势，尤其是在电力系统应用上。例如，光纤传感器的灵敏度高、绝缘性高、不受电磁辐射干扰、体积小等。光纤传感器易于组成光纤传感网络，图 2-6

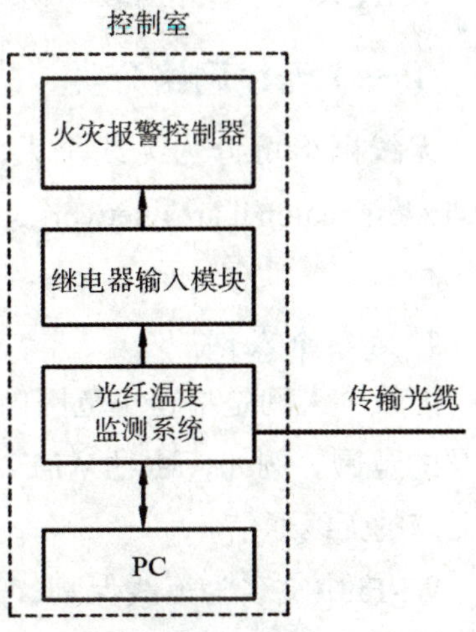

图 2-6 光纤传感器用于配电安全监测系统示意图

所示为一种光纤传感器用于配电安全监测系统，该系统能实时地监测配电安全，一旦检测到故障，系统能够迅速通知到每一户，并发出警报信号。

三、无线介质简介

除了有线网络外，还存在无线网络，它通过无线介质传输信号。无线网络涵盖多种技术，既包括支持远距离无线连接的全球语音和数据网络（如 WLAN），也包括为近距离连接优化的红外线和射频技术。无线网络与有线网络的功能大致相似，最大的区别在于传输媒介的不同。无线网络使用无线电技术替代了传统的网线，从而实现灵活的通信，并且可以与有线网络互为备份，提升了网络的可靠性。

无线网络的一个重要发展趋势是“万有无线网络技术”，旨在将各种不同的无线网络集成到一个统一的设备中。例如，采用软件无线电技术的芯片能够在一个芯片上处理多种无线技术，如 Wi-Fi、WiMAX 和 DVB-H 数字电视等，这极大增强了设备的兼容性和灵活性。

常见 IEEE 标准有以下 4 种。

（1）IEEE 802.11 a：使用 5 GHz 频段，传输速度 54 Mb/s，与 802.11 b 不兼容。

（2）IEEE 802.11 b：使用 2.4 GHz 频段，传输速度 11 Mb/s。

（3）IEEE 802.11 g：使用 2.4 GHz 频段，传输速度主要有 54 Mb/s 和 108 Mb/s，可向下兼容 802.11 b。

（4）IEEE 802.11 n：使用 2.4 GHz 频段，传输速度可达 300 Mb/s。

目前 IEEE 802.11 b 最常用，IEEE 802.11 b 标准含有确保访问控制和加密两个部分，这两个部分必须在无线 LAN 中的每个设备上配置。拥有成百上千台无线 LAN 用户的公司需要可靠的安全解决方案，可以通过一个控制中心进行有效的管理。缺乏集中的安全控制是无线 LAN 只在一些相对较小场所和特定应用中得到使用的根本原因。

（一）无线网络分类

无线网络可分为无线个人网（wireless personal area network，WPAN）、无线区域网（wireless reqional area network，WRAN）和无线城域网（metropolitan area network，MAN）3 类。

1. 无线个人网

无线个人网是指在小范围内将多个设备相互连接形成的无线网络，通常覆盖个人可以触及的范围。例如，通过 Wi-Fi 或蓝牙技术连接耳机、便携式电脑、平板电脑等设备，实现无缝的无线通信。

Wi-Fi 中文名为无线保真，是一种允许个人电脑、手持设备（如 PAD、手机）等终端通过无线方式相互连接的技术。Wi-Fi 本质上是一种高频无线电信号，旨在提供便捷的无线网络接入。作为无线网络通信技术的品牌，Wi-Fi 联盟负责持有和管理这一技术标准，旨在改善基于 IEEE 802.11 标准的无线网络产品之间的互通性。

在日常使用中，人们往往将 Wi-Fi 与 IEEE 802.11 标准混为一谈，甚至将 Wi-Fi 视为无线互联网的代名词。尽管 Wi-Fi 是应用最为广泛的无线网络技术之一，但它只是实现无线互联的一种手段，而非无线互联网的全部。

Wi-Fi 可以简单地视为无线上网的代名词，几乎所有智能手机、平板电脑和笔记本电脑都支持 Wi-Fi 上网，使其成为当今最广泛使用的无线网络传输技术之一。Wi-Fi 的本质是通过无线路由器将有线网络信号转换成无线信号，方便支持该技术的设备如计算机、手机、平板电脑等接收。拥有 Wi-Fi 功能的手机在有无线信号覆盖的地方，可以不依赖电信运营商的网络上网，从而实现便捷的无线连接。

蓝牙是一种开放性的短距离无线通信技术标准，取代传统的有线连接，实现设备间的无线通信。蓝牙技术能够穿透墙壁等障碍物，通过建立统一的短距离无线链路，在各种数字设备之间实现灵活、安全、低成本且低功耗的语音和数据通信。如今，由蓝牙构成的无线个人网已遍布各个角落，推动了 GPRS、3G、4G，乃至 5G 和 6G 技术的发展。

ZigBee（IEEE 802.15.4）则是一种专注于短距离、低功耗、低速率的无线网络技术，主要用于设备的监测与控制。ZigBee 的传输速率介于 4 ～ 32 Kb/s，最大传输距离约为 100 m，具备可靠、功耗低和成本低的优点。

2. 无线区域网

无线区域网采用认知无线电技术，由无线区域网标准定义其空中接口规范。WRAN 系统在 47 至 910 MHz 的高频段 / 超高频频段内工作，该频段正是电视频带，已有电视用户占用。因此，802.22 设备必须具备探测功能，识别并避免与其他使用相同频率的系统产生干扰。

窄带物联网（narrow band-internet of things，NB-IoT）是一种典型的区域网无线联网技术，专注于运营商级、授权频谱下的低速率物联网市场。主要应用场景涵盖位置跟踪、环境监测、智能停车、远程抄表、农业和畜牧业等，旨在填补现有移动通信网络难以覆盖的场景需求。

3. 无线城域网

无线城域网是一种连接多个无线局域网的无线网络形式，分为有线和无线两种类型，属于宽带局域网范畴。有线网采用具有有源交换元件的局域网技术，传输媒介为光缆，传输速率超过 100 Mb/s。它能够将位于同一城市内不同地点的主机、数据库和 LAN 等互相连接，这一功能与广域网（wide area network，WAN）有相似之处，但在实现方法和性能上存在显著差异。有线 MAN 遵循分布式队列双总线标准，即 IEEE 802.6，该标准通过双总线结构连接所有计算机。

2003 年，无线城域网标准 IEEE 802.16 a 正式通过，专注于此标准的研究组织是 WiMax 论坛，全称为全球微波接入互操作性（worldwide interoperability for microwave access）。

WiMax 已成为继 Wi-Fi 之后具备充分产业影响力的无线产业联盟。基于 IEEE 802.16 d 标准的芯片能够实现终端设备与天线的无线高速连接，已被国际电信联盟（International Telecommunication Union，ITU）认定为 4G 技术。

（二）无线局域网常见设备

在无线局域网里，常见的设备有无线网卡、无线网桥、无线天线等。

1. 无线网卡

无线网卡的作用与有线以太网中的网卡相似，作为无线局域网的接口，实现设备与无线局域网的连接。根据接口类型的不同，无线网卡主要分为 3 种类型：PCMCIA 无线网卡、PCI 无线网卡和 USB 无线网卡。

PCMCIA 无线网卡专为笔记本电脑设计，支持热插拔功能，能够方便地实现移动无线接入，提升使用的便捷性。

PCI 无线网卡适用于台式计算机，其实现方式是将一张普通的 PCMCIA 卡插入 PCI 转接卡中，从而为台式计算机提供无线连接能力。

USB 无线网卡则同时兼容笔记本电脑和台式计算机，具备即插即用的特性。如果无线网卡配备了外置的无线天线，则选择 USB 接口会更加合适，因为它提供了更高的灵活性和便捷性。

2. 无线网桥

无线网桥用于连接两个或多个独立的网络段，这些网络段通常位于不同的建筑内，距离可以从几百米到几十千米不等。因此，无线网桥非常适合用于不同建筑物之间的网络互联。根据协议的不同，无线网桥可以分为工作在 2.4 GHz 频段的 802.11 b 或 802.11 g 标准，以及工作在 5.8 GHz 频段的 802.11 a 无线网桥。

无线网桥有 3 种主要的工作模式：点对点、点对多点和中继连接，特别适合城市中远距离通信场景。

在没有高大障碍物（如山峰或建筑物）的条件下，无线网桥非常适合快速组网和野外作业的临时网络搭建。其有效传输距离取决于环境和所使用的天线类型。例如，一对增益为 27 dBi 的定向天线可以实现 10 km 的点对点微波互联；增益为 12 dBi 的定向天线则可以实现 2 km 的点对点互联。

此外，只具备链路层功能的无线网桥称为透明网桥，而具备路由等网络层功能的设备则称为无线路由器，也可作为第三层网桥使用。例如，使用 24 dBi 定向天线的设备可以实现不同类型网络的互联。

无线网桥通常用于室外环境，主要用于连接两个独立的网络。使用无线网桥时，必须成对或多台使用，而无线接入点（AP）则可以单独使用。无线网桥具有大功率、远距离传输（最远可达约 50 km）、抗干扰能力强等特点。它一般不自带天线，通常配备抛物面天线以实现长距离的点对点连接。

3. 无线天线

当计算机与无线接入点或其他计算机之间的距离较远时，信号会逐渐减弱，导致传输速率显著下降，甚至可能完全无法与 AP 或其他计算机进行通信。在这种情况下，必须借助无线天线来增强发送或接收信号的强度。

无线天线有多种类型，常见的分为两种：第一种是室内天线，这类天线的优点是使用方便、灵活，但其缺点是增益较低，传输距离较短，适合近距离的信号覆盖；第二种是室外天线，这类天线的种类更加丰富，如锅状的定向天线能够将信号集中在一个方向上，适合远距离点对点通信，而全棒状的全向天线能够向各个方向发射和接收信号，适合需要覆盖较大范围的场景，尽管增益不如定向天线高，但在多方向通信中表现较好，通常用于远距离传输，能够有效提升信号的覆盖范围和传输质量。

任务三　传输介质连接的硬件

任务描述

深入研究传输介质连接所需的硬件设备，包括接头、插座、配线架及连接器等，分析其类型、性能、安装方法及应用场景，为确保网络传输的稳定和高效提供技术支持。

任务分析

通过本任务的学习，读者能掌握 RJ45 接头、光纤连接器、配线架等硬件的特性，分析其耐久性、兼容性及安装便利性，比较不同硬件在数据中心、办公网络、家庭网络等环境中的适用性，并提出优化网络连接稳定性和传输效率的建议。

任务实施

在综合布线系统中，需要使用各种不同的连接部件。这些部件的核心功能是端接传输介质，因此它们在布线系统中占据着极其重要的地位。通常，这类部件被称为连接部件，涵盖的范围非常广泛，包括所有用于端接电缆和光缆的零部件。连接部件的主要作用是确保通信介质与通信设备或其他介质之间的有效连接，其种类繁多，包括各种信息插座、同轴电缆连接器、光纤连接器、配线架、配线盘和适配器等。这些部件在综合布线过程中的正确配置和使用，是确保整个系统稳定运行和高效传输数据的关键。通过合理选择和设置连接部件，可以有效提升布线系统的性能，确保信息的顺畅传输。

连接部件按照其功能分为端接设备、交连设备、传输电子设备和电气保护设备等。

一、传输介质的端接设备

在综合布线中，端接设备指的是传输介质接合所需的设备，包括连接终端设备的信息插座和各种适配器。

（一）常用于双绞线的端接设备——信息插座

在综合布线系统中，信息插座扮演着终端点的角色，是连接或断开终端设备的端点。它连接了水平区布线和工作区布线，提供了可管理的边界或接口。在工作区一侧，带有8针插头的软线可以直接插入信息插座中，如图2-7所示；而在水平子系统一侧，4对双绞线也可以通过信息插座进行连接。

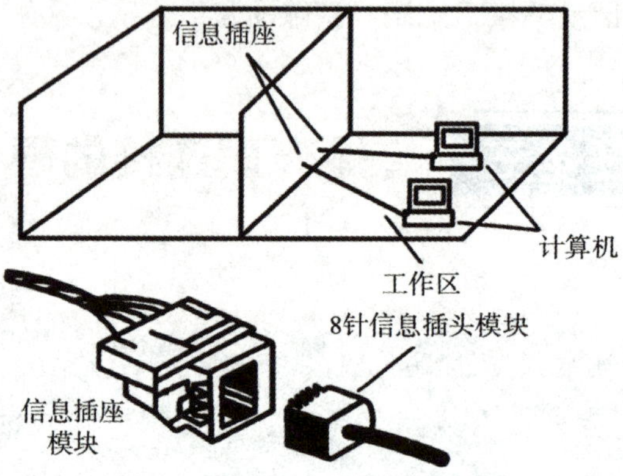

图2-7　8针信息插座与插头

信息插座通常安装于墙面上，但也有桌面型和地面型，主要是为了方便计算机等设备的移动接线。一般来说，信息插座的安装高度距离地面30～50 cm。

此外，还有一种转换插座，用于在综合布线系统中实现不同类型水平干线与工作区跳线之间的连接。其中，较为常见的型号是FA3-10型转换插座。这种插座能够在RJ-45（4对非屏蔽双绞线）与RJ-11（即电话线）之间进行连接转换，有效利用已有资源，将一个8芯信息口转换出4个双芯电话线插座。这样的转换插座极大地提高了布线系统的灵活性和兼容性。

（二）常用于光纤的端接设备——连接器

光纤连接器是光纤通信系统中必不可少的无源器件，能够实现光通道的可拆式连接，如图2-8所示。大多数光纤连接器由两个配合插头和一个耦合器组成，其中两个插头分别连接到两根光纤的尾端，而耦合器则起到对准和固定的作用。

（a）光纤连接器　（b）光纤耦合器　（c）光纤连接器

图2-8　光纤连接示意图

常见的光纤连接器包括 SC 连接器、FC 连接器和 LC 连接器。其中，LC 连接器采用的插针和套筒尺寸只有普通 SC 或 PC 连接器的一半，仅为 1.25 mm，这种设计能够显著提高光缆配线架中光纤连接器的密度。LC 连接器主要用于单模光纤，以实现超小型连接的需求。通过采用先进的连接器设计，光纤连接器在提高连接密度的同时，也确保了信号传输的高效性和稳定性。

二、传输介质的配线接续设备

综合布线系统中的配线接续设备主要用于缆线的端接和连接。借助配线接续设备，可以灵活调整布线系统中的路线，从而将通信线路延伸至建筑物的各个位置，实现对通信线路的有效管理。配线接续设备分为两大类：电缆配线接续设备和光缆配线接续设备。

（一）电缆配线接续设备

电缆配线接续设备包括配线设备、交接设备及分线设备。

配线设备主要包括配线架（配线箱、配线柜）等装置。其中，电缆配线架主要用于端接大型多线对主干电缆以及一般的四线对水平电缆的导线。其主要类型为 110 系列，由 AT&T 公司设计，广泛应用于干线接线间、二级接线间和设备间，用于线缆的端接和连接。然而，随着主干线普遍采用光缆，电缆配线架，尤其是 110 系列，现已基本被淘汰。

交接设备则包括配线盘（设置于交接间的交接设备）和室外安装的交接箱等。其中，配线盘专门用于端接四线对水平电缆。配线盘的背面通常配有端接模块，正面则配备一个八线位组合式连接器，通常提供 12 个端口。常见的配线盘配置有 12、24、48 和 96 端口等规格。目前，常用的为六类 24 口配线盘。

分线设备包含电缆分线盒等，电缆分线盘主要用于电缆网络中干线与用户支线之间的分线连接。

在小型网络中，配线架通常不使用。如果在一个办公室内部建立网络，可以根据每台计算机与交换机或集线器的距离，选择合适长度的双绞线。在每根双绞线的两端连接 RJ-45 水晶头，制成跳线，直接将计算机与交换机或集线器连接起来。若计算机需要在房间内移动，只需更换相应长度的双绞线即可。

然而，在综合布线系统中，网络往往需要覆盖整座或多座建筑。在布线过程中，整层楼的所有终端都需通过电缆连接到管理间的分交换机上。这些电缆数量庞大，若全部直接接入交换机，不仅难以识别交换机接口与各终端之间的关系，还会使得管理变得复杂。此外，其中一些电缆暂时未使用，接入交换机或集线器的端口将浪费大量网络资源。

在综合布线系统中，水平干线通过信息插座直接连接到管理间的配线架。在干线与配线架的连接位置，为每组连接到配线架的电缆制作相应的标签。在配线架的另一侧，每组连接的电缆都对应一个接口。当配线架连接的房间中的信息插座连接计算机或其他终端时，管理人员只需用跳线将配线架另一侧的接口连接到交换机即可。若计算机终端需要从一个房间移至另一个房间，管理人员只需将网络跳线从原接口拔下，插到新房间对应的接口上即可方便地进行重新连接。

（二）光缆配线接续设备

光缆配线接续设备是光缆线路中实现光纤终端连接和分支配线的重要组件，具备保护和存储光纤的功能。由于配线接续设备的类型和品种繁多，其功能和用途也各不相同。此外，这些设备在安装方式、外形结构以及插合方式上也存在差异，因此有多种分类方法。常见的光纤光缆配线接续设备主要包括光纤配线架、光纤配线箱和光纤终端盘等。除此之外，还有光缆交接箱等设备，它们的用途各有不同。

光纤配线架是用于室内通信设施与外部引入的光缆线路之间相互连接的大型配线接续设备。它通常作为机械和线路的分界点，安装在智能建筑的设备间或重要的交接间内，如图 2-9 所示。光纤配线箱的功能与光纤配线架基本相同，但其能够容纳的光纤芯数较少，一般应用于分支线路或次要场合。光纤终端盘与光纤配线架和配线箱一样，同属于终端连接设备，但其容纳的光纤数量更少，主要用于设备光纤之间的连接。光纤终端盘的内部结构、外形尺寸和安装方式与光纤配线架有所不同。

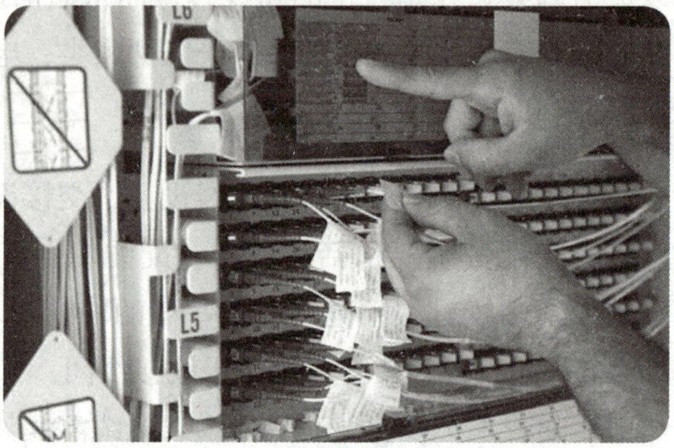

图 2-9　光纤配线架

这些设备根据不同的应用场景和需求，提供了灵活的光纤连接和管理方案，确保了光纤通信系统的稳定性和可扩展性。

光缆交接箱是一种设计用于室外环境的配线接续设备，主要用于光缆接入网中的主干光纤光缆与分支（也称为配线）光纤光缆之间的连接。其主要功能是为光纤的调度与连接提供便利。根据内部结构和连接方式的不同，光缆交接箱可分为跳线连接和直接连接两种系列产品。用户可以根据实际需求和用户数量的不同，选择合适的系列产品，以实现高效的光纤连接和管理。

三、其他连接设备

（一）传输电子设备

传输电子设备主要包括工作站接口设备和光纤多路复用器。

1. 工作站接口设备

工作站接口设备的功能在于优化或转换从数字设备输出的数字信号，使其能够通过综合布线系统中的双绞线进行传输，并通过光纤实现信号的发送与接收。

工作站接口设备主要由介质适配器和数据单元组成。其中，介质适配器负责将数据设备的数据传输到综合布线系统中的传输介质——双绞线上。介质适配器在设计时综合考虑了平衡性、轴向滤波以及阻抗匹配等因素。而数据单元则用于调整数据，能够扩展数据设备的传输距离，确保信号在综合布线系统的双绞线上与其他信号无干扰地传输。数据单元的电源可以来自数据终端设备，也可以使用外部电源供电。

2. 光纤多路复用器

综合布线系统中的光纤多路复用器也称为光电转换设备，通过光纤传输数据。由于光纤不受电磁波干扰，因此大大提高了线路的可靠性和数字信号的传输距离。光纤多路复用器通常成对使用：一个复用器将多路电信号转换组合成光波脉冲，通过两根光纤中的一根传输到另一个复用器；接收端复用器接收光信号后，将其分离并转换回多路电信号，然后传送到相应的终端。这种配置确保了高效、稳定的数据传输。

（二）电气保护设备

电气保护的主要目的在于减轻电气事故对布线系统中用户的影响，并减少对布线系统自身、连接设备和整个网络体系造成的电气损害。为了防止电气损害，综合布线系统的各个部件配备了多种型号的多线对保护架。这些保护架采用可更换的插入式保护单元，有效避免建筑物中的布线受到雷电的影响。此外，每个保护单元内部配备了气体放电管保护器或固态保护器，以提供额外的保护。

任务四　综合布线系统的配置标准

任务描述

综合布线系统的配置标准制定者的主要任务是制定和维护一套全面的综合布线系统配置标准，以确保网络基础设施的高效运行、可扩展性和长期稳定性。具体任务如下。

（1）制订综合布线系统总体框架，包括物理布线、网络拓扑结构、设备配置等方面的标准。

（2）明确不同类型的传输介质（如光纤、铜缆）、连接器、配线架、接线板等的技术规格和性能要求。

（3）编写详细的安装操作规范，包括布线路径、设备安装位置、接地要求、标签标识等。

（4）制定综合布线系统的测试和验收标准，确保每一部分的布线都能通过严格的测试，满足性能要求。

（5）定期审查和更新配置标准，以适应新技术的发展和业务需求的变化。

任务分析

通过本任务的学习，读者能掌握布线技术的基本原理和基本知识，熟悉相关的国际标准和行业规范，了解各类布线设备的工作原理和性能参数，能够选择合适的设备。掌握布线系统的测试方法和工具，能够制订有效的测试方案。

任务实施

一、综合布线系统的配置原则

综合布线系统的配置应遵循的基本原则：配线（水平）布线子系统的设计应长远考虑，尽量实现对未来较长时间内需求的一次性满足。而主干线子系统则应根据工程实际应用需求，既确保当前和近期的功能需求，又力求节约工程成本；同时，必须符合综合布线相关的国家标准及行业标准；合理划分工作区域，如图 2-10 所示。结合电话交换机系统和计算机局域网的设计，分别配置语音和数据信息的配线系统；在满足实际需求的基础上，缆线和接插件的数量配置应留有足够的冗余量；最后，选择产品等级时，需考虑产品的技术进步和市场价格变动因素。

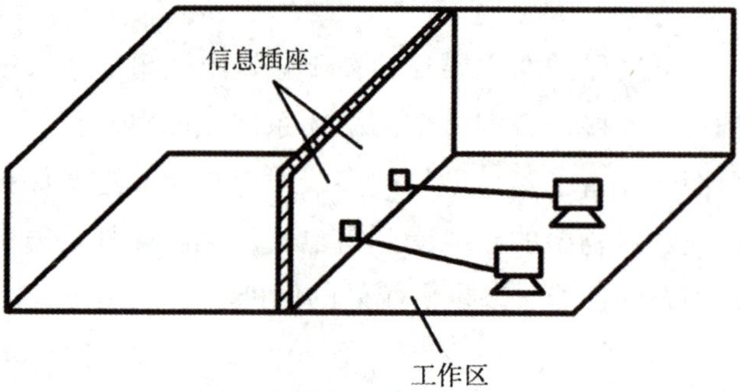

图 2-10　合理的工作区域

二、综合布线系统的配置标准

在为智能建筑进行工程设计时，应根据用户的实际需求及通信技术的未来发展趋势，精选适切的配置标准。当前，工程实践中普遍采用的综合布线系统存在 3 种不同的配置标准，见表 2-2。

表 2-2　综合布线系统的配置标准

配置标准	配置要求	性能特点
基本型	1. 每个工作区一般为一个水平布线子系统，有一个信息插座； 2. 每个水平布线子系统的配线电缆是一条； 3. 对非屏蔽双绞线电缆； 4. 每个工作区的干线电缆至少有 2 对双绞线； 5. 接续设备全部采用夹接式的交接硬件	1. 支持话音、数据或高速数据系统使用； 2. 采用铜芯导线电缆，成本较低，技术要求不高，日常维护管理简单； 3. 采用气体放电管式过压保护和能够自动复位的过流保护

续表

配置标准	配置要求	性能特点
增强型	1. 每个工作区是独立的水平布线子系统，有两个以上的信息插座； 2. 每个工作区的配线电缆是两条 4 对非屏蔽双绞线电缆； 3. 每个工作区的干线电缆至少有 3 对双绞线； 4. 接续设备全部采用夹接或插接	1. 每个工作区有两个以上的通信引出端，任何一个通信引出端的插座都支持语音、数据传输，灵活机动、功能齐全； 2. 采用铜芯导线电缆和光缆混合组网； 3. 可统一色标，按需要利用端子板进行管理； 4. 采用气体放电管式过压保护和能够自动复位的过流保护
综合型	1. 在增强型基础上增设光缆系统，一般在建筑群子系统和垂直子系统上，根据需要采用多模光缆或单模光缆，一般按 48 个信息插座配 2 芯光纤； 2. 每个基本型或增强型的工作区设备配置应满足各种类型的配置要求	1. 每个工作区有两个以上的信息插座，支持语音、数据等的信息传输； 2. 采用以光缆为主，光缆与铜芯导线电缆混合组网方式； 3. 利用端子板进行管理，使用统一色标

基本型配置因其适应性强、经济高效且易于升级的特点，广泛适用于大多数场合，尤其是那些对配置标准要求不高的环境。增强型配置在支持语音和数据通信的同时，提供更多功能并能灵活应对未来发展变化，适合配置标准中等的场合。而综合型配置具有全面的功能，能够满足各种复杂的通信需求，特别适合配置标准极高的大型智能建筑等高端应用场景。

无论基本型、增强型还是综合型布线系统，都能够支持语音和数据系统，并且能够根据工程需求扩展其功能。它们的主要区别在于支持这些服务的方式以及在移动和重新布局时线路管理的灵活性。随着建筑智能化技术的进步，对通信系统性能的要求日益提高，全光纤的综合型布线系统因其卓越的性能已在多个领域得到广泛应用。

任务五　综合布线系统与其他系统的连接

任务描述

综合布线系统的连接工程师的主要任务是确保综合布线系统与其他关键系统的无缝连接，以实现高效的数据传输和系统集成。其具体任务包括以下几个方面。

（1）识别连接需求：分析综合布线系统与其他系统（如网络系统、安防系统、楼宇管理系统等）的连接需求，确定所需的接口类型和传输介质。

（2）设计连接方案：根据连接需求，设计详细的连接方案，包括接口转换、信号传输路径、设备配置等。

（3）选择连接设备：根据连接方案，选择合适的连接设备（如转换器、适配器、交换机、路由器等），确保连接的可靠性和兼容性。

（4）实施连接：按照设计方案，实施综合布线系统与其他系统的连接，确保连接的正确性和稳定性。

（5）测试和验证：设计和实施测试方案，验证连接的性能，确保数据传输的准确性和速度。

（6）故障排除和优化：在连接部署后，监控和分析数据传输中的问题，及时进行故障排除和性能优化。

任务分析

通过本任务的学习，读者能了解综合布线系统的基本原理和技术，包括各种传输介质的特性、网络拓扑结构的设计等。熟悉不同系统的工作原理和接口标准，能够设计和实施系统集成方案。了解各类连接设备的工作原理和性能参数，能够选择合适的设备。掌握连接系统的测试方法和工具，能够制定有效的测试方案。

任务实施

综合布线系统是以建筑环境控制和管理为主的布线系统，是一个模块化的、高灵活性的建筑布线网络。它可以连接语音、数据、图像，以及各种楼宇控制和管理设备。目前，综合布线系统在智能建筑中的典型使用情况。

目前，广泛使用的综合布线系统与建筑设备自动化系统的集成尚有一定的距离，下面进一步介绍相关情况。

一、GCS 与建筑设备自动化系统

建筑设备自动化系统是智能建筑的核心，它采用集中的管理与分散的控制相结合的计算机控制系统，通常被称为集散型控制系统（distributed control system，DCS）。DCS 起源于 20 世纪 70 年代，随着计算机技术的发展而兴起，它融合了 4 大基础技术：计算机、控制、通信和 CRT 显示技术。DCS 系统由硬件和软件两大部分构成，硬件主要包含集中操作管理装置、分散过程控制装置和通信接口设备等，这些硬件通过通信网络相互连接，共同实现数据采集、控制任务的分散执行，以及集中监控、操作和管理。软件方面，DCS 包括工程师站组态软件、操作员站的在线软件、现场控制器的运行软件以及服务器软件等，这些软件共同协作，确保系统的正常运行和高效管理。

当前，BAS 常采用分层分布式结构。整个集散型控制系统分为 3 层，每层之间均有通信传输线路（又称传输信号线路）相互连接形成整体。因此，集散型控制系统结构由第 1 层中央管理计算机系统、第 2 层区域智能分站现场控制设备，即直接数字控制器（direct digital control，DDC）和第 3 层数据控制终端设备或元件组成，如图 2-11 所示。

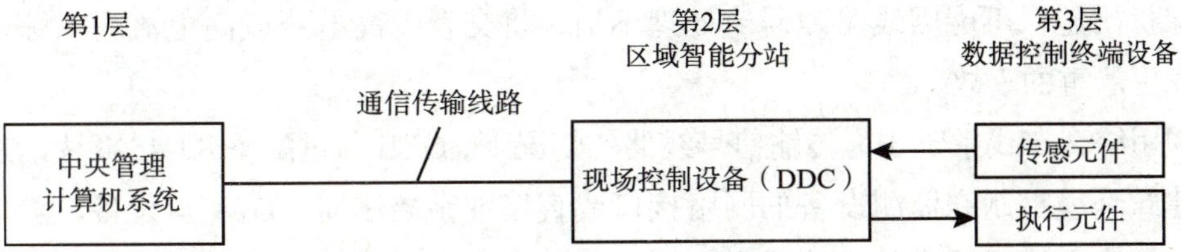

图 2-11 集散型控制系统的组成

中央管理系统在集散型控制系统中集中操作还有显示、报警、打印及优化控制等功能。智能分站则通过传输信号线路和传感元件，周期性地采集现场各监测点的数据，并将这些数据实时传送至上位管理计算机。同时，智能分站接收来自上位管理计算机的实施指令，通过信号控制线驱动执行元件动作，实现对现场设备的精确控制。传感元件和执行元件作为终端设备，分别负责对温度、湿度、流量、压力、有害气体及火灾检测等监测对象进行检测，以及对水泵、阀门、控制器和执行开关等进行调节或控制。

当前，GCS 与 BAS 的集成工作主要集中在通信线路的综合利用和安装施工的协调两个方面，以实现更高效的数据交换和系统整合。

（一）BAS 的通信线路

在建筑设备自动化控制系统中，各子系统常用的线缆主要包括 3 种类型：电源线、传输信号线路和控制信号线。电源线通常使用铜芯聚氯乙烯绝缘线来确保供电稳定；传输信号线则常用 50 Ω、75 Ω 或 93 Ω 的同轴电缆以及双绞线，这些传输线分为非屏蔽和屏蔽（STP）两种类型，以适应不同的信号传输需求；控制信号线则一般采用普通铜芯导线或专门的信号控制电缆，以保证控制信号的准确传输。

提示

值得注意的是，在 BAS 系统中，仅传输信号线路能够与综合布线系统相融合。这种结合不仅有助于简化整体网络结构，还能有效减少工程实施成本及日常维护开销，同时使安装与管理工作更为便捷。为确保此类集成的成功实施，需要对线缆的类型、种类和规格进行统一，并在具体操作过程中给予高度重视。

（1）建筑自动化系统品种类型较多，有星形、环形和总线形等不同的网络拓扑结构，其终端设备使用性质各不相同，且它们的装设位置也极为分散。而综合布线系统的网络拓扑结构为星形，各种缆线子系统的分布并不完全与各个设备系统相符，因此，在综合布线系统设计中，不能强求集成，而应结合实际有条件地将部分具体线路纳入综合布线系统中。

（2）按照国家标准规定要求火灾报警和消防专用的信号控制传输线路应单独设置，不得与 BAS 的低压信号线路合用。因此，在综合布线系统中这些线路也不应纳入。

（3）BAS 在传输信号过程中有可能产生电缆线路短路、过压或过流等问题，必须采取相应的保护措施，不能因线路障碍或处理不当，将交直流高电压或高电流引入综合布线系统而引发更严重的事故。

在利用综合布线系统作为传输信号线路的情况下，GCS通过配备RJ-45插头的适配器，连接到建筑环境控制和监测设备的网络接口或直接数字控制器（DDC）设备。随后，这些设备通过综合布线系统中的双绞线和配线架上的多次交叉连接（跳接），构建起中央集中监控设备和分散式直接数字控制设备之间的通信链路。同时，这些分散式的直接数字控制设备还能通过综合布线系统中的屏蔽或非屏蔽线缆，以及RJ-45插头等组件，与各个传感器形成连接链路，从而实现全面的数据传输和监测功能。

（二）GCS与BAS的施工协调

智能建筑中BAS的信号传输线路利用综合布线时，其线路安装敷设应根据所在的具体环境和客观要求，统一考虑选用符合工艺要求的安装施工方法，主要注意以下5点。

（1）BAS水平敷设的通信传输线路，其敷设方式可与综合布线系统的水平布线子系统相结合，采取相同的施工方式，如在吊顶内或地板下。

（2）当BAS的通信传输线路，采取分期敷设的方案时，通信传输线路所需的暗敷管路、线槽和槽道（或桥架）等设施，都应预留扩展余量（如暗敷管路留有备用管、线槽或槽道内部的净空应有富余空间等），以便满足今后增设线缆的需要。

（3）应尽量避免通信传输线路与电源线在无屏蔽的情况下长距离墙平行敷设。如必须平行安排，两种线路之间的间距宜保持0.3 m以上，以免影响正常信号传输。如在同一金属槽道内敷设，它们之间应设置金属隔离件（如金属隔离板）。

（4）在高层的智能建筑内，建筑自动化系统的主干传输信号线路，如客观条件允许时，应在单独设置通信和弱电线路专用的电缆竖井或上升房中敷设。如必须与其他线路合用同一电缆竖井，应根据有关设计标准规定保持一定的间距。

（5）在一般性而无特殊要求的场合，且使用双绞线的，应采用在暗敷的金属管或塑料管中穿放的方式；如有金属线槽或带有盖板的槽道（有时为桥架）可以利用，且符合保护线缆和传送信号的要求时，可采取线槽或槽道的建筑方式。所有双绞线、对称电缆和同轴电缆都不应与其他线路同管穿放，尤其不应与电源线同管敷设。

二、GCS与电话系统

传统2芯线电话机与综合布线系统之间的连接通常是在各部电话机的输出线端头上装配1个RJ-11插头，然后将其插在信息出线盒面板的8芯插孔上就可使用。在8芯插孔外插上连接器（适配器）插头后，就可将1个8芯插座转换成2个4芯插座，供两部装配有RJ-11插头的传统电话机使用。采用连接器也可将1个8芯插座转换成1个6芯插座和1个2芯插座，供装有6芯插头的电脑终端以及装有2芯插头的电话机使用。此时，系统除在信息插座上装配连接器（适配器）外，还需在楼层配线架（IDF）上和主配线架（MDF）

上进行交叉连接（跳接），构成终端设备对内或对外传输信号的连接线路。

数字用户交换机（PABX）与综合布线系统之间的连接是由当地电话局中继线引入建筑物的，经系统配线架（交接配线架）外侧上的过流过压保护装置后，跳接至内侧配线架与用户交换机设备连接。用户交换机与分机电话之间的连接是由系统配线架上经几次交叉连接（跳接）后形成的。

建筑物内直拨外线电话（或专线线路上通信设备）与综合布线系统之间的连接是由当地电话局直拨外线引入建筑物后，经配线架外侧上的过流过压保护装置和各配线架上几次交叉连接（跳接）后构成直拨外线电话线路，如图 2-12 所示。

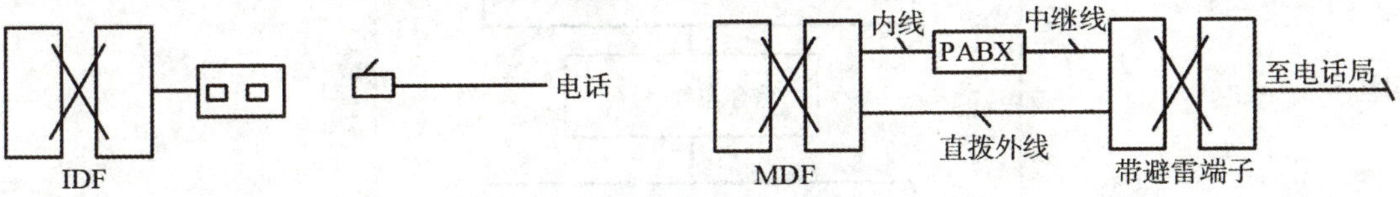

图 2-12　综合布线系统与外线电话的连接

三、GCS 与计算机网络系统

计算机网络与综合布线系统之间的连接，是先在计算机终端扩展槽上插上带有 RJ-45 插孔的网卡，然后再将一条两端配有 RJ-45 插头的线缆，分别插在网卡的插孔和布线系统信息出线盒的插孔上，并在主配线架上与楼层配线架上进行交叉连接或直接连接后，就可与其他计算机设备构成计算机网络系统，如图 2-13 所示。

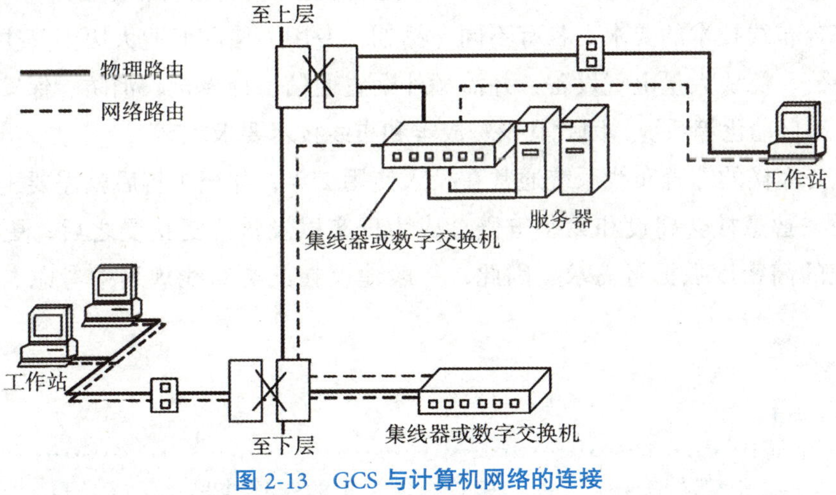

图 2-13　GCS 与计算机网络的连接

四、GCS 与电视监控系统

电视监控系统中，现场的彩色（或黑白）摄像机（附带遥控云台及变焦镜头的解码器），除采用传统的同轴屏蔽视频电缆（75 Ω）和屏蔽控制信号电缆与控制室控制切换设备连接构成电视监控系统的方法外，还可以利用综合布线系统中非屏蔽双绞线缆（100 Ω）作为传输，通过采用视频信号、控制信号（如 RS 232 标准）适配器与监视部分、控制室部分的电子监控设备设备匹配相连后，从而构建出一种新型的监控电视系统。在这种系统中，各摄像机及其解码器与监控室中的控制切换设备之间是通过综合布线，如图 2-14 所示。

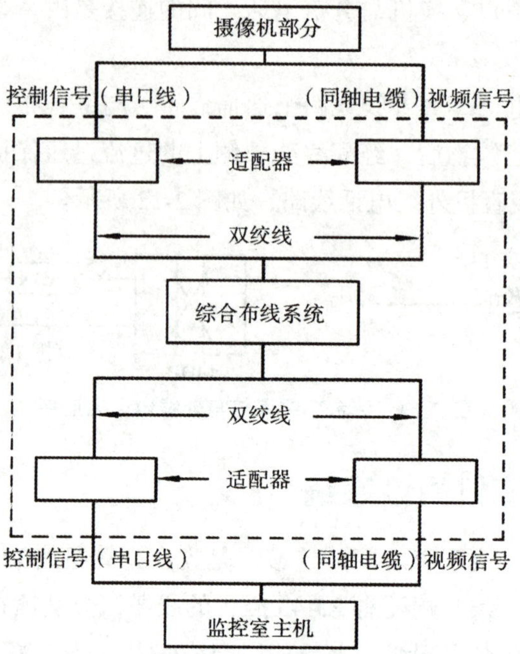

图 2-14　综合布线系统与电视监控系统的连接

智能建筑可根据实际应用分为多种类型，每种类型的智能建筑在投资成本、智能化程度以及对综合布线技术的要求上各有不同。例如，专用大厦和商业大厦因其主要用途为专业或商务办公，需要大量电气设备，并需额外配置通信、计算机、消防、保安、楼宇自动化控制及管理自动化等系统，因此其投资成本和布线技术要求较高。

一般办公大楼的综合布线系统通常在投入使用 2 年，甚至 1 年后就需要进行改造和扩展，尤其是在智慧社会建设和元宇宙概念成为现实以及被广泛接受之后，更需要考虑未来可能出现的高密度数据量需求。因此，一般建议在此类布线规划中考虑 5 年左右的超前量。

项目小结

本项目主要介绍了综合布线系统在智能建筑中的关键作用与实践应用。首先介绍了综合布线系统的基础知识，包括其组成、传输介质以及连接硬件等基本概念；其次详细讲解了综合布线系统的配置标准，设计方法和要求，使读者能够深入理解如何规划和实施一个有效的布线系统；最后探讨了综合布线系统与其他智能建筑子系统的连接方法，强调了系统间协同工作的重要性。通过本项目的学习，读者不仅掌握了综合布线系统相关的理论知识和实践技能，还在团队协作、问题解决能力以及职业素养方面得到了全面提升，为他们在智能建筑领域的职业发展奠定了坚实的基础，使其能够在该领域发挥更大的作用。

项目工单

一、任务名称

综合布线系统设计与实践。

二、任务描述

全班同学分组讨论，设计一套综合布线系统，以满足建筑物内部及建筑物群之间的计算机、通信设备等需求，确保系统的实用性、灵活性、经济性。

三、分组讨论

以 3 ～ 5 人为一组，选出组长并进行任务分工，将小组成员及分工情况填入实训表 2-3 中。

实训表 2-3　小组成员及分工情况

班级：　　　　　　　组号：　　　　　　　指导教师：

小组成员	姓名	学号	任务分工
组长			
组员			

四、任务思考

1. 制订一个网络综合布线方案，要怎样确保方案设计的性价比呢？
2. 怎样选择合适的传输介质和线材，以确保材料质量以及施工费用的合理性呢？
3. 工程完工后，要确保系统符合《综合布线系统工程验收规范》。

五、实施过程

按实际操作过程，将实施内容、遇到的问题及解决办法等记录于实训表 2-4 中。

实训表 2-4　工作实施过程记录表

序号	实施内容	遇到的问题及解决办法	结果

六、任务评价

各组展示任务完成情况，并完成实训表 2-5 的考核评价表。

实训表 2-5　考核评价表

项目名称	评价内容	分值 / 分	评分 / 分		
			自评	互评	师评
职业素养考核项目	考勤、纪律意识	10			
	团队交流与合作意识	10			
	参与主动性	10			
专业能力考核项目	积极参与教学活动并正确理解任务要求	10			
	认真查找与任务相关的资料	10			
	任务实施过程记录表的完成度	10			
	对综合布线系统配置的了解程度	20			
	独立完成相应任务的程度	20			
合计：综合成绩________自评（20%）+ 互评（20%）+ 师评（60%）		100			

课后练习

一、填空题

1. 综合布线的特点是________________、________________、________________、________________。

2. 综合布线系统是一种________________的________________，采用________________并以星形拓扑结构为基础，支持建筑物内的________________、________________、________________及视频等数字和模拟信号的传输应用。

3. ________________是综合布线工程中最常用的传输介质之一。它由________________根具有________________的铜导线（典型直径为 1 mm）组成，这两根导线按一定密度互相缠绕。

4. 连接部件按照其功能不同，分为____________________、____________________、____________________和____________________等。

5. 综合布线系统是以____________________和____________________为主的布线系统，是一个____________________、____________________建筑布线网络。它可以连接____________________、____________________、____________________和管理设备。

二、简答题

1. 在智能建筑的设计中，系统集成设计要遵循哪些规律和原则呢？

2. 双绞线有哪些类型？

项目三

信息化应用技术

项目导读

随着信息技术的迅猛发展，信息化已经成为各行业转型升级的重要动力。特别是在建筑业，信息化应用技术的引入不仅极大地提高了生产效率和工程质量，还推动了施工过程的智能化和精细化管理。本项目旨在探索和实现建筑领域信息化应用技术的全方位整合，推动行业的数字化转型。

学习目标

知识目标

1. 了解信息化应用系统的概念。
2. 掌握信息化应用系统的分类。

能力目标

1. 掌握不同类别的信息化应用系统的功能。
2. 熟练地配置好智能建筑信息化应用系统。

素质目标

1. 提升学生对信息化应用系统的认知。
2. 增强学生对公共服务系统的了解。

思政目标

1. 通过学习和应用智能建筑和信息化技术，增强学生的科技创新意识，培养学生在信息化时代中持续学习和创新的能力。

2. 在智能建筑和信息化应用技术的学习过程中，强调职业道德和社会责任感，培养学生的职业操守和社会责任意识。

任务一　信息化应用技术概述

任务描述

本任务主要包括信息化技术的定义、应用领域、发展现状，以及未来趋势。这涉及信息技术如何渗透到社会的各个层面，包括商业、教育、医疗和娱乐等，以及这些技术如何改变人们的工作、学习和生活方式。

任务分析

对本任务的分析需要考虑以下几个方面：首先，信息技术的广泛定义，它包括电子、计算机和通信技术，覆盖从硬件到软件的所有方面。其次，信息技术的应用范围，它已渗透到社会的各个领域，包括商业智能、在线教育等。再次，信息技术带来的影响，它提高了生产力，促进了全球化，同时也带来了隐私问题。最后，信息技术在不同领域的具体应用，如在线学习平台和虚拟教室在教育中的应用，这些分析有助于读者理解信息技术的多方面影响，并为未来的技术发展和应用提供指导。

任务实施

一、信息化应用系统

信息化是基于现代通信、网络和数据库技术的一种技术，它将研究对象的各个要素整合到数据库中，以便于特定人群在生活、工作、学习以及辅助决策等方面使用。这种技术与人类的各种活动密切相关，可以显著提高效率，并为推动社会进步提供有力的技术支持。基于信息化的技术需求，各个行业设计的信息化应用系统也应运而生。

在智能建筑领域，信息化应用系统扮演着至关重要的角色，它们专为满足建筑领域的信息化功能需求而设计。这些系统构建于智能化设施的基础之上，融合了各类专业业务和规范化的运营管理模式，集成了多种信息设备和相应的应用操作程序。因此，本文中所讨论的信息化应用系统，特指在智能建筑环境中运行的那些系统。

这些系统不仅提高了建筑的运营效率，还增强了居住者和使用者的体验。通过集成先进的信息技术和智能化设施，信息化应用系统能够实现建筑内部的各种功能的自动化和优化管理。例如，能源管理系统的实施可以显著降低能源消耗，而安全监控系统则能提供更高的安全性。

此外，这些系统还能促进建筑内部各子系统之间的协同工作，实现数据的共享和整合，从而支持更高效、更智能的决策过程。随着技术的不断进步，信息化应用系统在智能建筑中的作用日益凸显，它们正成为打造现代化、可持续建筑的关键要素。

随着智能建筑的发展，信息化应用系统应成为构建建筑智能化系统工程的核心需求和应用目标。以信息化应用为导向的智能化系统工程设计，能够有效避免工程建设过程中的盲目性，同时提升智能化效果的客观性。这也确保了在项目实施后，能够实现既定的应用成果和目标。

二、信息化应用系统的分类

信息化应用系统在现代智能建筑中扮演着至关重要的角色。主要任务是确保建筑环境设施的规范化管理和主体业务的高效信息化运行。通过集成先进的信息技术，这些系统能够为建筑提供全面而精细的服务，提升管理效率和业务水平。例如，对于通用办公建筑来说，信息化应用系统应满足通用办公建筑的服务和管理要求；对高等学校而言，信息化应用系统应包括教学视音频及多媒体教学系统、语音教学系统、图书馆管理系统、教学与管理评估视音频观察系统、教学业务应用系统等。

根据应用领域的不同，信息化应用系统可以分为 3 类：通用应用系统、管理应用系统和业务应用系统。通常信息化应用系统应包括公共服务、智能卡应用、物业运营管理、信息设施运行管理、信息安全管理、通用业务、专业业务等建筑所需要的多种门类的应用系统，见表 3-1。

表 3-1　信息化应用系统的分类

<table>
<tr><td rowspan="7">信息化应用系统</td><td rowspan="2">通用应用系统</td><td>公共服务系统</td></tr>
<tr><td>智能卡应用系统</td></tr>
<tr><td rowspan="3">管理应用系统</td><td>物业运营管理系统</td></tr>
<tr><td>信息设施运行管理系统</td></tr>
<tr><td>信息安全管理系统</td></tr>
<tr><td rowspan="2">业务应用系统</td><td>通用业务系统</td></tr>
<tr><td>专业业务系统</td></tr>
</table>

在智能建筑领域，现今已部署了多种多样的应用系统。随着信息科技的飞速进步以及信息化应用的逐步深化，越来越多的创新型信息化应用系统正在被开发并投入使用。这些新系统通过整合人工智能、大数据分析、物联网等前沿技术，持续进行功能完善和性能优化，为人类创造了更加高效、便捷和舒适的生活与工作环境。

智能建筑中的信息化应用系统，借助人工智能算法，可以实现更精准的设备控制和资源管理；通过大数据分析，能够深入洞察建筑运行状态，预测潜在问题，从而提高维护效率和降低运营成本；而物联网技术的应用，则使得建筑内的各种设备和系统能够互联互通，实现信息的实时共享和协同作业。

这些创新系统不仅提升了建筑的智能化水平，也为使用者提供了更加人性化、个性化的服务。例如，智能照明系统可以根据环境光线和用户习惯自动调节亮度和色温，提高视觉舒适度；智能空调系统能够根据室内外温度和湿度数据，自动调节风速和温度，提供最优的室内环境。

随着科技的进步和信息化应用的深入，智能建筑中的信息化应用系统正不断创新和发展，为构建更加智能、高效和人性化的建筑环境贡献力量。这些系统的不断进化，不仅推动了智能建筑技术的进步，也为人类社会的可持续发展提供了新的动力。

任务二　信息化应用系统的功能

任务描述

本任务在设计和实施一系列信息化应用系统，以提升智能建筑的管理效率和服务质量。这包括开发公共服务系统、智能卡应用系统、物业运营管理系统、信息安全管理系统以及通用和专业业务系统等。这涉及构建全面的电子平台来处理建筑物内的各类公共事务，实现高效的信息管理和应急响应机制；利用智能卡技术提高建筑安全与管理效率；通过物业管理系统的优化，延长物业使用寿命并降低运营成本；确保网络数据的安全性，并通过通用及专业业务系统的部署支持企业日常运作的各个方面。

任务分析

对本任务分析时，首先需要对不同类型的信息化应用系统有深入的理解，明确每个系统的目标和功能需求，如公共服务系统需具备常规管理和应急管理的功能，智能卡应用系统应考虑不同类型智能卡的技术特点及其适用场景。其次要关注如何将这些系统有效地整合到智能建筑中，如通过物业运营管理系统实现房产、住户、财务、设备等方面的精细化管理。特别地，在设计过程中必须重视信息安全管理，采用防火墙、加密技术等多种手段保障数据安全。最后对于通用和专业业务系统的设计，需要根据特定建筑类型的需求进行定制化开发，确保能够满足不同用户的实际需求。最终目标是通过这些信息化应用系统的有效配置和相互协作，显著提升智能建筑的整体性能和服务水平。

任务实施

一、公共服务系统

公共服务系统应具备全面的信息化管理功能，以高效处理建筑物的各类公共服务事务。

该系统旨在整合公共数字化资源、管理工具和服务设施，并能同时进行常规管理和应急管理，为常规服务和应急服务提供电子平台，从而提升常规管理和应急管理的服务能力。

在常规管理方面，公共服务系统应包括日常政务和事务信息的收集、整理、归档与分发，以及信息的发布、监督、跟踪、反馈与调整等常规公共运作。这些功能确保了日常政务和事务的透明化和高效化处理。

在应急管理方面，公共服务系统应具备紧急情况和危机状态下的快速响应能力。这包括应急信息的监测、收集、处理和分发，形成一个快速、高效、规范的应急机制，为事件和危机的化解提供信息化和高效化的技术支持。

智能建筑中的公共服务系统种类繁多，如信息网络系统、电话交换系统、综合布线系统、移动通信室内信号覆盖系统等。

二、智能卡应用系统

智能卡因其具备智能性和便携性，被广泛应用于各个领域。在电信领域，智能卡如公用电话的 IC 卡和移动电话的 SIM 卡，提供了便捷的通信服务。在交通领域，公交一卡通、路桥收费系统和驾驶员违章处理系统则利用智能卡实现了高效的管理和支付功能。

扫一扫

智能卡

在智能建筑领域，智能卡被用于门禁系统和停车收费管理，提高了建筑安全和停车管理的效率。在教育机构，校园卡广泛应用，方便进行各种校园服务和管理。此外，公共事业的智能卡，如用于水费、电费和燃气费支付的业务卡，也为用户提供了便捷的服务。

综上所述，智能卡在电信、交通、智能建筑、教育和公共事业等多个领域的广泛应用，极大地提升了服务的便捷性和管理效率。

（一）智能卡

智能卡为集成电路卡，即 IC（integrated circuit）卡，是镶嵌集成电路芯片的塑料卡片，其外形和尺寸遵循国际标准 ISO/IEC 7816。1974 年 3 月，微芯片之父罗兰·莫雷诺（roland moreno）申请了智能卡的专利，几年后，第一张智能卡应运而生。随着 1978 年电子产品小型化的推进，智能卡的需求大幅增长，逐渐实现了广泛普及。智能卡的结构原理如图 3-1 所示。

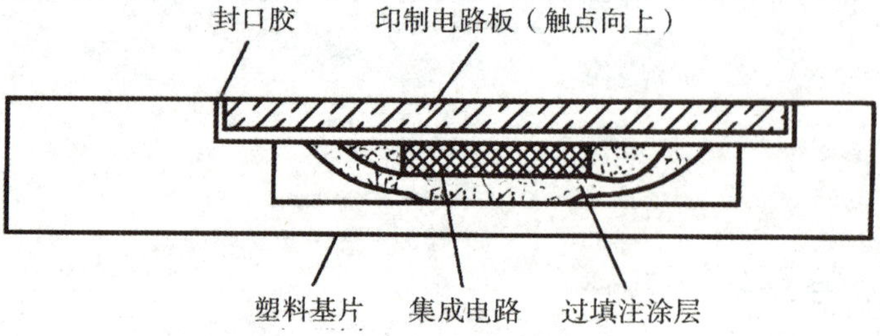

图 3-1　智能卡结构原理图

提示

罗兰·莫雷诺，1938年出生于法国，是发明智能卡的关键人物之一，被誉为“微芯片之父”。他于1974年获得了智能卡的基本专利，这项技术后来成为全球范围内广泛使用的技术之一，尤其是在金融、电信、交通和安全等领域。

（二）智能卡的分类

按照智能卡的结构特点，可以分为非加密存储卡、加密存储卡、CPU卡和超级智能卡。

1. 非加密存储卡

智能卡内嵌的芯片相当于普通串行EEPROM存储器，部分芯片还具备特定区域的写保护功能。这种卡片在信息存储方面非常方便，使用简单且价格低廉，因此在许多场合可以替代磁卡。然而，由于智能卡本身不具备保密功能，因此仅适用于对信息保密性要求不高的场合。

2. 加密存储卡

加密存储卡的内嵌芯片在存储区外增加了控制逻辑，要求在访问存储区之前进行密码验证。仅在密码正确的情况下，才能执行存取操作。这类卡片在信息保密性方面表现较好，其使用方式与普通存储卡相似。

3.CPU 卡

CPU卡内嵌的芯片相当于一个特殊类型的单片机，内部不仅包含控制器、存储器和时序控制逻辑，还集成了算法单元和操作系统。由于CPU卡具有大存储容量、强大处理能力和高信息存储安全性等特性，因此被广泛应用于对信息安全性要求特别高的场合。

4. 超级智能卡

智能卡中，有些卡上装有微处理器（microprocessor unit，MPU）、存储器、键盘、液晶显示器和电源，还有些卡具备指纹识别装置等功能组件。根据数据读写方式，智能卡可分为接触式IC卡和非接触式IC卡两类。

接触式IC卡通过读写设备的触点与卡片上的触点接触来执行数据读写操作，国际标准ISO/IEC 7816对此类IC卡进行了规范。接触式IC卡应用广泛，如公用电话IC卡，如图3-2所示的金融IC卡等。

图 3-2　金融 IC 卡

非接触式IC卡的读写过程不需读写设备与卡片的电路接触，而是利用非接触式读写技术（如光或无线电技术）来实现。其内嵌芯片除了包含存储单元和控制逻辑外，还增加了射频收发电路。这类卡片适用于存取频繁且对可靠性要求特别高的场合。国际标准 ISO/IEC 10536 系列对非接触式 IC 卡的技术规范进行了详细阐述。非接触式 IC 卡在多个领域得到了广泛应用，如校园卡和公交一卡通等。

（三）智能卡的典型应用——校园一卡通

校园一卡通是校园生活的重要组成部分，经过与数字化校园系统的整合，学生和教职员工可以通过一张卡片轻松使用校内的各种设施。同时，学校也借助一卡通系统实现了更加便捷和高效的校园管理。

1. 校园一卡通系统的网络结构

校园一卡通系统主要由发卡中心、一卡通系统服务器，以及分布在学校食堂、机房等各处的刷卡机组成。这些部门的管理系统通过校园局域网与一卡通系统服务器相连，配合学生和教师持有的校园卡，共同构成了完整的校园一卡通系统。

校园一卡通系统能够满足校园各方面的信息化需求。

（1）身份识别工具。校园卡可用于机房管理、考勤、门禁、成绩查询、图书馆借阅、医务所挂号、网上资料访问等多种服务。

（2）电子交易工具。校园卡便于学校财务部门集中管理资金，持卡人可在校园内进行小额消费、公共机房使用费支付、住宿费和学杂费支付，以及其他服务项目的费用支付。

（3）金融服务工具。通过校园一卡通平台，银行金融服务可覆盖整个校园，提供查询银行账户信息（如余额、交易明细）及支付大额费用等功能。

校园一卡通系统的建设为师生员工提供了统一、简便、快捷的平台，方便查询基本信息（如课程成绩、学籍学分、教学情况）、管理信息、后勤信息和消费统计分析，同时也支持领导层的综合管理查询。这一平台还能与学校的各类管理信息系统实现无缝对接，进一步提升管理效率和服务质量。

2. 校园一卡通的信息管理系统

通过校园一卡通信息管理系统，学校的管理人员可以对学生的各类信息进行查询或者改写操作。在该软件中，管理人员可以通过学籍管理系统、考勤系统、收费系统等得到学籍信息、考勤信息、缴费信息等各类信息。可见，校园一卡通系统对学校的教学和日常管理工作发挥着重要作用。

3. 校园一卡通系统的设备及工作原理

校园一卡通系统的设备主要包括校园卡、刷卡机、服务器、网络传输介质等。以下通过校园食堂收费系统的应用，简要介绍其工作原理。

食堂收费系统的硬件主要有校园卡、终端消费机、食堂收费系统服务器等。终端消费机的主要功能是实现持卡者的刷卡操作，通常有两种工作模式：一种是由食堂员工输入消费金额并按确认键，教师或学生将校园卡靠近收费机以完成扣款；另一种为定额消费模式，消费者可以预先设定固定金额，操作员每次仅需按确认键即可，这样可以节省时间，避免重复输入相同的金额。

当教师或学生在食堂消费机上刷卡时，消费机会通过无线方式更新卡片内的余额信息，同时与食堂消费服务器进行通信，将相关的消费信息记录下来，包括消费时间、地点及金额等。如有需要，用户还可以通过服务器管理程序查询校园卡的消费记录。

校园中其他各个系统的硬件构成和工作流程与食堂收费系统类似。例如，在图书馆等场所，当学生或教师使用校园卡进行刷卡登记时，这些部门的读卡器同样会将此次刷卡记录发送到一卡通系统服务器上进行保存。

三、物业运营管理系统

物业管理涉及的领域非常广泛，包括对不动产、土地、建筑物、设备、房间、家具、备品、环境系统、服务、信息、预算和能源等方面的管理。物业运营管理系统是一个复杂且完善的智能建筑不可或缺的部分，它不仅是为了延长物业的使用寿命，确保其功能正常，扩大收益，降低运营费用，也是为了提升企业形象，提供适合用户的高效、低成本服务，改善业务，变革业务体制，使工作流程规范化和合理化。一个好的物业运营管理系统可以使日常管理更加便捷，提高物业管理的经济效益和管理水平。

为了满足智能建筑物业管理的需要，物业运营管理系统应包括房产管理、住户管理、财务管理、设备管理、保安管理、环境卫生与绿化管理、物业办公管理、一卡通管理、三表数据远传及收费管理、小区 ISP/ICP 服务、数据可住户租用、电子商务等功能。例如，房产管理允许用户通过网络登记和查询建筑名称、面积、层数等房产登记信息及变更资料；住户管理中，采用 IC 卡住户档案登记管理，网上报修与投诉，住户也可以通过网络查询相关住户管理资料。

为了更好地理解物业运营管理系统的功能及工作原理，以下将对三表数据远传及收费管理和一卡通停车场自动管理系统进行详细介绍。

（一）三表数据远传及收费管理

智能住宅小区要求水、电、气和供热等计量表具具备远程抄表和数据传输功能。现场的水、电、气和供热表具数据通过远程抄表系统进行采集，然后通过传输网络将抄表数据发送到智能物业管理中心，以实现各户计量数据的自动录入、费用计算及打印收费账单，便于收费管理。如有需要，相关数据还可以传送至相应的职能部门。该系统彻底改革了传统居民住宅中水、电、气等生活耗能需逐月入户验表的收费方式，避免了入户抄表对居民的干扰和人为读数可能带来的误差。

目前有以下几种自动抄表系统。

1. 预付费表自动计量计费系统

预付费表自动计量计费类表具主要指投币表、磁卡表、IC 卡表等。该计费系统主要由 3 部分组成：卡（币）、表具计费控制器和管理系统。其工作流程如下：用户在供电、水、气等相关部门的管理中心进行开户建档；用户在管理中心预付或购买卡（币）；用户将卡（币）插入（或投入）表具计费控制器；计费控制器读取卡（币）中的数据并开始工作。

（1）当卡中金额充足时，控制器会接通电气开关或打开阀门，允许用户正常使用电、水、气。

（2）当卡中金额不足时，系统会提示用户充值。

（3）当卡中金额为零时，控制器会自动关闭开关或阀门，直至卡充值后才能恢复使用。

2. 远程自动抄表系统

远程自动抄表系统主要由数字（脉冲）式水表、电表、气表等计量表具，住户数据采集器，传输系统和管理计算机等设备组成，系统结构如图 3-3 所示。

在远程自动抄表系统中，具有数字或脉冲输出的表具作为系统前端的计量仪表，用于对用户的生活用冷热水、空调冷热水、纯净水、用电量、用气量、用热量进行计量。住户数据采集器实时采集这些计量仪表输出的数据，并将采集结果长期保存。当物业系统管理主机发出读表指令时，住户数据采集器会立即向管理系统传送计量数据。住户数据采集器与物业管理主机之间采用双方约定的通信协议进行通信，以确保数据传输的准确性。管理系统负责发出计量数据采集指令，接收数据，进行计费、统计、查询、打印等操作，并根据需要将收费结果传送给相应的物业部门管理计算机。

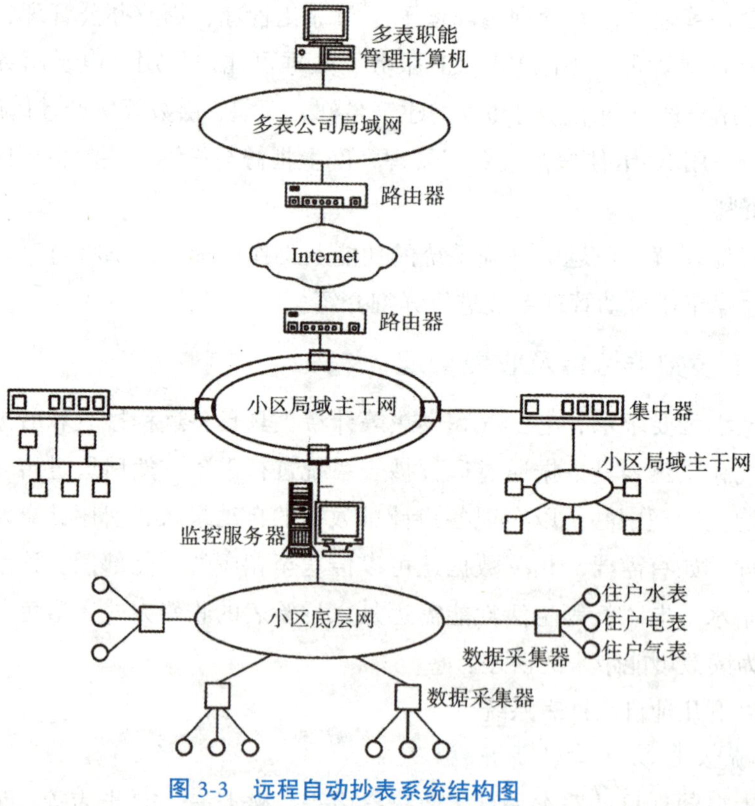

图 3-3　远程自动抄表系统结构图

远程自动抄表系统有无线和有线两种工作方式。无线方式下，数据采集器采集的数据被组成文件夹，然后调制到微波波段，经发射机发射，由控制中心的接收机接收并解调后送入管理计算机。有线方式下，数据采集器采集的数据通过 RS485 总线或其他总线经专用传输网络连接到控制中心管理计算机。

此外，远程自动抄表系统的数据采集器也可以利用现有网络与控制中心计算机连接进行数据传输。例如，采集的数据可以通过小区的局域网采用 TCP/IP 方式传送到控制中心管理计算机，或者通过电力线采用载波的方式传送到控制中心管理计算机。

（二）一卡通停车场自动管理系统

传统停车场采用人工管理方式，效率低且安全性差。随着私家车数量的不断增加，传统管理方法已无法满足实际需求。为了解决这些问题，智能停车场自动管理系统应运而生。

停车场自动管理系统是一套完整的自动化解决方案，该系统将机械、电子自控设备、图像识别技术，以及智能 IC/ID 卡等技术有机结合。通过在小区出入口和地下车库设置相应设施，该系统能够有效管理小区住户车辆和外来车辆，进行收费，从而大大减轻了物业管理部门的工作负担。

1. 系统功能

停车场自动管理系统应该具备入口管理、出口管理、IC 卡管理和车辆识别等功能。图 3-4 为某小区停车场自动管理系统结构。

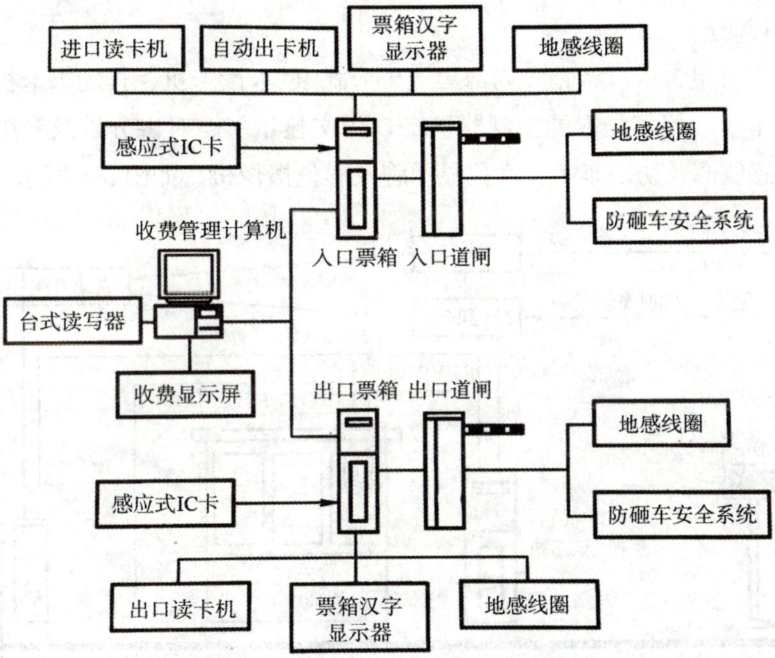

图 3-4　停车场自动管理系统结构图

（1）入口管理

一般来说，住宅小区都有多个出入口，可以将其中的一个设置为行车口，其余作为行人出入口。在车行口设置一进一出的停车场管理系统，并设置管理工作站，对进出车辆进行管理。

住宅小区通常采用“一车一卡一位”的管理模式，无论是固定车辆还是临时车辆，都由管理中心统一发卡。对于小区固定车辆，管理中心发放的卡片使用时限较长，通常为一年；而对于临时车辆，每次进入小区时需从自动出卡机领取临时卡。考虑到小区出入口通常有保安人员值守，入口处也可以不设自动发卡设备，由保安人员负责临时车辆的发卡工作。

车辆必须通过停车场自动管理系统的验证方可进入小区。固定车辆的信息已预先录入管理系统数据库，当固定车辆进入小区时，车辆识别模块会与其信息进行比对，确认无误后开启道闸。对于临时车辆，在领取卡片后，自动管理系统会通过车辆识别模块对其信息进行扫描，并将扫描得到的信息写入临时卡中，随后开启道闸，允许车辆进入小区。

（2）出口管理

出口管理主要负责车辆的收费工作。对于小区固定车辆，车主只需刷卡即可离开小区，系统会自动从其卡中扣除相应的费用；临时车辆在离开小区时，收费工作站的管理人员会根据车辆类型和停车时间计算费用，收费完成后开启道闸，临时车辆即可驶出小区。

2. 硬件组成

停车场自动管理系统可以采用集中监控模式，并使用感应式 IC 卡控制车辆进出。对于只有一个出入口的小区，可以采用一套 AKT 2000 图像型感应式 IC 卡计算机收费管理系统。该收费管理系统包括入口部分、出口部分和收费管理处 3 部分。

（1）入口部分

入口部分主要包含入口票箱（内部集成感应式 IC 卡读卡机、自动出卡机、天线、地感线圈（有车读卡）、停车场智能控制器、LED 中文显示屏、对讲分机及专用电源）、自动入口道闸、地感线圈（防砸车）、满位显示牌及彩色摄像机，如图 3-5 所示。

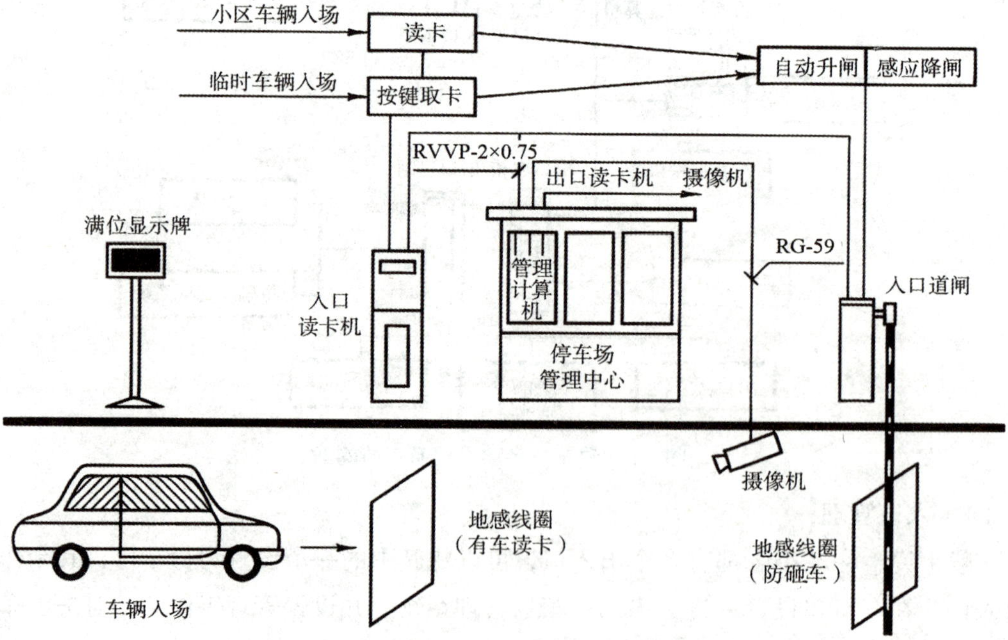

图 3-5　入口部分的系统构成

在车道下方设置的地感线圈可以感知车辆的到来。当检测到有车辆接近时，车辆识别模块会判定车辆是小区的固定车辆还是临时车辆。若是固定车辆，入口处的票箱 LED 显示屏会提示驾驶人刷卡；若是临时车辆，则提示驾驶人按取卡键取卡。临时车辆驾驶人按下取卡键后，票箱内的发卡器会发出一张 IC 卡，并将其传送至入口票箱的出卡口。

固定车辆的驾驶人在读卡机感应区刷卡后，入口票箱内的 IC 卡读卡机会读取卡内的信息，并判断其有效性。同时，系统会启动入口摄像机，摄录该车辆的图像，并将图像信息与相应的卡号一起存储在收费管理处的计算机硬盘中。如果卡片信息有效，系统会控制道闸升起，允许车辆进入；如果卡片无效，道闸则不会升起，阻止车辆入场。

临时车辆驾驶人取得临时卡后，需在读卡机感应区再次刷卡。管理系统通过车辆识别模块扫描车牌号并写入卡片，同时启动入口摄像机摄录车辆图像，与相应的卡号一同存储在收费管理处的计算机硬盘中。随后，道闸会升起，允许车辆入场。

车辆通过后闸杆会自动落下。如果在闸杆下落的过程中，道闸的地感线圈感应到闸杆下有车辆，则闸杆会自动回位不下落，直至车辆离开后闸杆才重新落下。

当停车场内车位满时，入口满位显示牌则显示“满位”，并自动关闭入口处读卡系统，不再发卡或读卡。

（2）出口部分

出口部分主要由出口票箱内含的感应式 IC 卡读卡机、天线、地感线圈（有车读卡）、停车场智能控制器、LED 中文显示屏、对讲分机和专用电源、自动出口道闸及地感线圈（防砸车）等组成。

临时车辆驶离停车场时，驾驶人需在出口处将 IC 卡交给收费员。收费员刷卡后，收费计算机根据卡内记录的信息自动调取入口处拍摄的车辆图像，并自动计算应缴纳的费用。费用信息会通过出口票箱的 LED 收费显示屏显示，提示驾驶人支付相应金额。收费员还会对车辆的进出图像进行人工对比，确认费用无误后，按下确认键，道闸将升起，允许车辆出停车场。

（3）收费管理处

收费管理处的设备由收费管理计算机（内配图像捕捉卡）、IC 卡台式读写器、报表打印机、对讲主机系统及 UPS 组成。收费管理计算机除负责与出入口票箱控制器、发卡器通信外，还负责对报表打印机和 LED 显示屏发出相应控制信号，同时完成同一卡号入口车辆图像与出场车辆车牌的对比、车场数据采集下载、读写用户 IC 卡、查询打印报表、统计分析、系统维护和固定车辆卡片发售等工作。

四、信息安全管理系统

随着互联网的快速发展，各类企业、机关和组织纷纷构建并扩展自身的网络，并将这些网络接入互联网中。这为用户提供了丰富的信息资源，但同时也引发了信息安全的问题。信息安全管理系统通过综合运用防火墙、加密技术、虚拟专用网络（virtual private network，VPN）、安全隔离措施，以及病毒防治等多种技术和管理手段，确保网络系统能够稳定运行，保护通过网络传输和交换的数据不被篡改、丢失或泄露。

五、通用业务系统

通用业务系统是指那种面向各类通用业务的信息化应用系统。通过采用这类信息化应用系统，可以将大量烦琐且零散的工作交给计算机系统处理，通过管理、集成和优化常规事务，从而显著提升工作效率。

工作流管理系统就是一种典型的通用业务系统。作为一种软件系统，工作流管理系统能够定义和管理工作流程，并根据预先定义的工作流逻辑来执行实际的工作流实例。值得注意的是，工作流管理系统并非直接代表企业的业务系统，而是为业务的运行提供了一个软件支撑环境，确保业务流程的顺畅执行。工作流管理系统不是企业的业务系统，而是为企业业务系统的运行提供了一个软件支撑环境。它可以带来以下收益。

（1）改进和优化业务流程，提高业务工作效率。

（2）实现更好的业务过程控制，提高对顾客的服务质量。

（3）提高业务流程的柔性等。

（4）规范行为，落实制度。

（5）协同内外，快速响应。

（6）监控全面，提升执行力。

六、专业业务系统

专业业务系统，也被称为专业化工作业务信息化应用系统，是依据不同建筑种类，以满足其特定的职能和工作性质需求为目标，量身定制的信息化应用系统。鉴于建筑类型的多样性，这类系统又可细分为商业建筑信息化应用系统、文化建筑信息化应用系统、体育建筑信息化应用系统、医院建筑信息化应用系统、学校建筑信息化应用系统等。

各建筑类别承担的工作职能不同，因此对信息化应用系统的需求也各异。以商业建筑为例，其经营信息管理系统通常分为前台和后台两个部分：前台 POS 系统负责卖场零售管理，而后台系统则进行进货、销售、调货、库存和盘点的综合管理。通过信息处理，系统能有效控制物流、资金流和信息流，优化订货流程，加快商品周转，减少库存，提升资金利用率，降低运营成本，并提高工作效率。相比之下，体育建筑的信息化应用系统则需涵盖计时计分、现场成绩处理、影像采集及回放、电视转播与评论、售票、主计时钟、升旗控制及竞赛中央控制系统等。

在某些建筑分类中，尽管整体属于同一类型，但其内部包含了功能迥异的各种建筑，这时就需要依据各自的功能需求，分别设计信息化应用系统。例如，文化建筑类别中包括图书馆、博物馆、会展中心和档案馆等，其虽然同属文化类建筑，但功能差异较大，其信息化应用系统也因此各有特色。图书馆系统需涵盖电子阅览查询、图书订购、库存管理、采编标引、声像制作、咨询服务、借阅注册、财务管理和系统管理等；博物馆系统则应包括藏品管理、多媒体发布和导览等；而会展中心的信息化应用系统则需要具备会务管理、招商管理、展位管理、网络互动展览及资源管理等功能。

鉴于智能建筑功能的多样性，信息化应用系统的种类也相应繁多。此外，随着工作需求和社会发展的不断演变，新的信息化应用系统也将应运而生。

七、智能建筑信息化应用系统配置

不同的建筑类型要根据自身需求配置和选择信息化应用系统，下面举例说明智能建筑设计标准中对信息化应用系统配置的要求，见表 3-2 和表 3-3。

表 3-2　通用办公建筑信息化应用系统配置

信息化应用系统	设计标准		
	通用商务办公	通用科技办公	综合商贸办公
公共服务系统	●	●	●
智能卡应用系统	⊙	●	●
物业运营管理系统	⊙	⊙	●
信息设施运行管理系统	○	⊙	●
信息安全管理系统	○	⊙	●
通用业务系统	⊙	●	●
专业业务系统	●	●	●
其他业务应用系统	○	○	⊙

注：表中，●—应配置；⊙—宜配置；○—可配置。

表 3-3　行政办公建筑信息化应用系统配置

信息化应用系统	设计标准		
	其他职级行政职能办公	独立县处级、地市级行政职能办公	独立地市级、省部级及以上行政职能办公
公共服务系统	●	●	●
智能卡应用系统	⊙	●	●
物业运营管理系统	⊙	⊙	●
信息设施运行管理系统	⊙	●	●
信息安全管理系统	⊙	●	●

续表

信息化应用系统	设计标准		
	其他职级行政职能办公	独立县处级、地市级行政职能办公	独立地市级、省部级及以上行政职能办公
通用业务系统	●	●	●
专业业务系统	●	●	●
其他业务应用系统	○	○	⊙

注：表中，●—应配置；⊙—宜配置；○—可配置。

以上内容可以看出，通用办公建筑和行政办公建筑虽然同为办公建筑，但是由于承担的具体职能不同，信息化应用系统的配置有着明显的差别。

项目小结

本项目主要介绍了信息化应用技术在现代社会和企业中的核心角色与应用。首先介绍了信息化应用技术的概念和分类，帮助读者理解其广泛性和多样性；其次详细讲解了不同类别的信息化应用系统的具体功能，增强了读者对各种系统如何运作及相互区别的认识；最后探讨了提升对信息化应用系统的整体认知的重要性，强调了这些技能对于现代工作环境的贡献。通过本项目的学习，读者不仅掌握了信息化应用技术的相关知识和各类系统的功能，还为职业发展奠定了坚实的基础，能够在信息化应用技术领域发挥更大的作用，提高工作效率和创新能力。

项目工单

一、任务名称

智能卡应用系统部署。

二、任务描述

A 公司大楼现在要部署一套智能卡应用系统，该系统将集成门禁控制、员工考勤、访客管理、内部支付和身份认证等功能，用来提高大楼的安全管理水平和运营效率。

请根据 A 公司现在的情况，开动脑筋，想一想，如何来设计一套智能卡应用系统呢？

三、分组讨论

以 3 ～ 5 人为一组，选出组长并进行任务分工，将小组成员及分工情况填入实训表 3-4 中。

实训表 3-4　小组成员及分工情况

班级：　　　　　　　　组号：　　　　　　　　指导教师：

小组成员	姓名	学号	任务分工
组长			
组员			

四、任务思考

1. 明确智能卡应用系统的具体需求。
2. 怎样开发或者配置智能卡应用系统的软件呢？
3. 如何确保数据的安全性？

五、实施过程

按实际操作过程，将实施内容、遇到的问题及解决办法等记录于实训表 3-5 中。

实训表 3-5　工作实施过程记录表

序号	实施内容	遇到的问题及解决办法	结果

六、任务评价

各组展示任务完成情况，并完成实训表 3-6 的考核评价表。

实训表 3-6　考核评价表

项目名称	评价内容	分值 / 分	评分 / 分		
			自评	互评	师评
职业素养考核项目	考勤、纪律意识	10			
	团队交流与合作意识	10			
	参与主动性	10			

续表

项目名称	评价内容	分值 / 分	评分 / 分		
			自评	互评	师评
专业能力考核项目	积极参与教学活动并正确理解任务要求	10			
	认真查找与任务相关的资料	10			
	任务实施过程记录表的完成度	10			
	对智能建筑信息化知识的掌握程度	20			
	独立完成相应任务的程度	20			
合计：综合成绩______自评（20%）+ 互评（20%）+ 师评（60%）		100			

课后练习

一、填空题

1. 信息化应用系统应包括______、______、物业运营管理、______、信息安全管理、______、______等建筑所需要的多种门类的应用系统。

2. 按照智能卡的结构特点，可以分为______、______、______和超级智能卡。

3. 停车场自动管理系统可以采用______，并使用______控制车辆进出。

4. 校园一卡通系统的设备主要包括______、______、______、网络传输介质等。

5. 远程自动抄表系统的数据采集器也可以利用______与______连接进行数据传输。

二、简答题

1. 远程自动抄表系统有几种工作模式，请写出工作模式的具体操作？

2. 工作流管理系统可以带来哪些收益？请举例说明。

项目四

建筑设备管理系统

项目导读

建筑设备管理系统是智能建筑中不可或缺的核心组成部分。该系统通过集成计算机技术、网络通信技术和自动控制技术，对建筑物或建筑群内的各类设备，如冷热源系统、照明系统、空调系统、送排风系统、给水排水系统等进行集中监控和管理，同时实现分散控制。其目标是通过对设备运行状态、安全性、能源消耗及节能管理的集中监管，确保环境舒适、安全可靠，并优化能源使用，使设备始终处于最佳运行状态。这不仅提升了系统的经济性和运行效率，还实现了管理的智能化，为用户创造了良好的工作和生活环境。本项目主要介绍建筑设备管理系统的相关知识。

学习目标

知识目标

1. 了解建筑设备管理系统的概念。

2. 掌握冷热源系统监控的知识。

能力目标

1. 运用空调系统监控的工作原理进行组装。

2. 分析给水排水系统是如何运行的。

3. 准确计算配电系统运行参数。

素质目标

1. 培养学生系统思维和逻辑分析能力，提升学生在智能建筑中的综合素质。

2. 培养学生创新意识和解决问题的能力，通过智能建筑的应用实践，探索和推广成本节约和效益最大化的新方法。

3. 培养学生设计思路，通过学习建筑设备管理设计，强化其项目设计的理念。

思政目标

通过科技赋能提升公共建筑的能源利用效率和环境友好性，贯彻绿色发展理念，助力实现国家节能减排目标，体现生态文明建设和可持续发展的思想政治要求。强化系统安全管理，确保建筑设备运行的稳定性和可靠性，为人民群众提供安全、健康的公共环境，这是坚持人民至上、生命至上的具体实践。

任务一 建筑设备管理系统基础

任务描述

如果要设计和实施自动化控制系统，需以监控和优化建筑物内各种设备的运行状态，如暖通空调、照明、安防、能源管理等，本任务包括确定系统需求，选择合适的硬件和软件，进行系统集成和调试，确保系统的稳定性、可靠性和节能性，最终提升建筑物的运行效率和舒适度，怎样设计才合理？

任务分析

本任务需综合考虑建筑物的结构、功能需求、设备类型及其技术规格。首先，需评估建筑物内各项设备的运行数据和性能指标，以确定自动化控制的需求和优先级；其次，选择适合的控制器、传感器、执行器等硬件设备，以及能实现数据采集、处理和分析的软件平台；再次，进行系统集成，确保各子系统能够无缝协作，实现整体优化；最后，通过持续监控和数据分析调整控制策略，实现节能减排和设备寿命的延长，确保系统在长期运行中的稳定性和高效性。

任务实施

一、建筑设备管理系统的组成与功能要求

（一）建筑设备管理系统的组成

根据对监控和管理的对象及其功能要求的分析，建筑设备管理系统（building management system，BMS）的组成如图 4-1 所示。其监控的内容包括楼宇设备自控系统（BAS）、安全技术防范系统（security protection & alarm system，SAS）、火灾自动报警及消防联动控制系统（fire alarm system，FAS）、智能 IC 管理系统（intelligent IC system，ICS）以及背景音乐和应急广播系统（background music and emergency broadcasting system，BMS & EBS）。

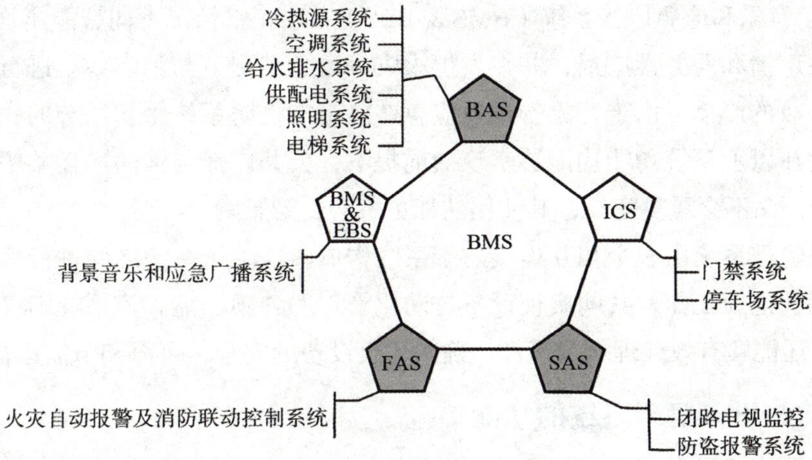

图 4-1　BMS 的组成

（1）楼宇设备自控系统（BAS），是智能建筑的关键组成部分，其主要功能包括对建筑内的空调系统、给排水系统、照明系统和变配电系统等进行管理与协调。通过系统的信号采集与控制功能，BAS 能够对空调机组、送（排）风机、制冷设备、冷却塔、锅炉、换热器、储水设施、水泵、照明回路、变配电设备，以及电梯等各类机电设备进行集中监控，实现设备的自动化管理。这不仅能优化系统运行质量，提升管理效率，降低日常运营的人工强度，还能显著节约能源消耗，从而实现更高效、更环保的楼宇管理。

（2）安全技术防范系统（SAS），以声音复核、图像复核、电视监控和通信系统为基础组成部分，加以门禁系统、巡更系统等，在多媒体计算机及软件的管理控制下，将以上系统集成起来实现各种功能，从而构成一个自动化、智能化程度高，功能设备完善，防范严密，综合防范能力强的安全技术防范系统。

（3）火灾自动报警及消防联动控制系统（FAS），通常由智能火灾报警控制器、智能感温感烟探测器、总线隔离模块、监视模块、接口模块、控制模块和现场执行模块等组件构成，同时还包括消防专用电源、消防对讲电话系统、消防广播控制系统及智能彩色图文显示系统。FAS 通过感温、感烟探测器实时监测火情，确保火灾发生时能迅速准确地发出报警信号。此外，系统还能自动控制消防泵、喷淋泵、喷洒头等灭火设备进行灭火，并对排烟风机、防火卷帘门、电梯、加压风机、非消防电源、消防对讲电话以及消防广播等设备进行联动控制，以实现全面的火灾应急响应和处理。

（4）智能 IC 管理系统（ICS），依托于计算机网络技术、通信技术以及先进的感应 IC 卡技术而构建，在计算机综合管理系统的支持下，集成楼宇中心的管理与服务设施。通过授权的智能卡，工作人员可以便捷地利用系统的全部功能，包括身份验证、出入控制、考勤管理、车辆管理等。该系统由多个子系统组成，涵盖门禁管理、考勤管理、停车场管理、消费管理、图书管理，以及发卡中心等。这些子系统的工作站通过以太网与上位机相连，利用先进的控制网络技术，实现分散控制设备与数据采集设备之间的通信，确保数据的高效传输与集中管理。

（5）背景音乐和应急广播系统（BMS & EBS），在正常情况下向智能建筑提供可靠、优质的服务性广播和业务性广播，并在发生火灾等紧急情况下与消防系统进行联动，实现火灾和紧急事故的广播。由于背景音乐及应急广播是与消防系统密切结合的一个建筑智能化系统，因此在以上系统功能均能够实现的前提下，公共广播与消防广播共用扬声器，既节省用户投资，又不会重复建设，其使用功能也不会受到影响。

建筑设备管理系统由多个相互连接的子系统构成，这些子系统之间进行信息交互与共享，通过协调和连锁工作，共同实现设备自动化管理的各项功能。该系统不仅实现了全局信息的管理，还能够有效处理全局事件，确保建筑设备的安全、可靠和节能运行。

（二）建筑设备管理系统的功能

建筑设备管理系统利用先进的计算机监控技术对智能建筑的机电设备进行集中的实时监测和控制，为用户提供舒适便捷的环境，并在此基础上通过资源优化配置和系统优化运行达到节约能源和人力的目的。该系统的功能见表 4-1。

表 4-1　建筑设备管理系统的功能

建筑设备管理系统的功能	基于对建筑设备综合管理的信息集成平台，具有各类机电设备系统运行监控信息互为关联和共享应用的功能，对建筑机电设备系统实施整体化综合管理
	确保各类设备系统运行稳定、安全，满足物业管理的需求
	对建筑耗能信息予以信息化管理，实施降耗生效的能效监管，实现对建筑设备系统运行的优化管理，提升建筑节能功效，为建筑物业提供科学管理的依据
	综合应用智能化技术，在建筑生命期内，实现节约资源与优化环境质量的综合管理，确保达到绿色建筑整体建设目标
	与建筑内火灾自动报警系统、安全技术防范系统等其他智能化专业设备系统互联，实现科学有效的建筑设备综合管理

此外，对建筑机电设备进行监控还应符合以下要求。

（1）系统监控范围宜包括冷热源、采暖通风和空气调节、给水排水、供配电、照明和电梯等建筑机电设备系统。

（2）系统对建筑机电设备采集的监测信息种类应包括温度、湿度、流量、压力、压差、液位、照度、气体浓度、电量、冷热量等，以及其他建筑设备运行状况中的基础物理量。

（3）系统对建筑各机电设备系统的监控模式，应符合建筑各设备系统的运行工艺要求，并应符合对建筑机电设施系统运行的实时状况监控、管理方式实施及具体管理策略持续优化完善等要求。

（4）系统应根据建筑设备系统状况，确定系统管理范围及配置相关管理功能。

综上所述，建筑设备管理系统旨在通过集成管理建筑物内的机电设施及其环境，助力绿色建筑的建设目标。智能建筑技术的进步与智能建筑数量的不断增加，要求建筑设备管理系统应具备高度的适用性，以满足这些建筑的有效运行及其实际建设需求。有效的建筑设备管理系统不仅能全面覆盖建筑物内的关键设备，还能优化设备管理，发挥设备的积极作用，充分满足建筑物的实际需求。从技术发展的视角来看，建筑设备管理系统提升了建筑技术的进步速度，直接促进了建筑技术的发展，成为建筑智能化系统工程中保障建筑物运营条件的关键设施。通过高效运行，建筑设备管理系统对于提高建筑物设备管理质量起到了显著的推动作用。

二、计算机控制技术在建筑设备管理系统中的应用

计算机控制技术是自动控制技术发展的高级阶段，该技术随着计算机技术和自动控制技术的发展而逐步成熟。它利用计算机的软件和硬件替代了传统自动控制系统中的控制器。计算机的强大计算能力、逻辑判断能力和大容量存储能力，使得计算机控制技术能够解决常规控制技术无法处理的复杂问题，达到常规控制技术难以实现的优异性能指标。

与使用模拟调节器的传统自动调节系统相比，计算机控制技术能够实施更为先进的控制策略（如最优控制、智能控制等），从而确保控制精度和性能。此外，计算机控制系统的结构灵活，易于在线调整控制方案，性价比高，便于将控制与管理相结合。

计算机控制技术在过程控制中的应用主要体现在以下几个系统中，即直接数字控制系统（DDC）、计算机监督控制系统（supervisory computer control，SCC）、分布式控制系统（DCS）和现场总线控制系统（fieldbus control system，FCS）。

（一）直接数字控制系统

DDC 用一台计算机对多个被控参数进行实时数据采集，再根据设定值和一定的控制算法进行运算，然后输出调节指令到执行机构，直接对生产过程施加连续调节作用，使被控参数按照工艺要求的规律变化。DDC 是利用计算机的分时处理功能直接对多个控制回路实现多种形式控制的多功能数字控制系统，具有可靠性高、控制功能强、可编写程序等特点，既能独立监控有关设备，又可通过通信网络接受来自中央管理计算机的统一控制与优化管理。在这类系统中，计算机输出直接作用于控制对象，故称直接数字控制。DDC 作为系统与现场设备的接口，通过分散设置在被控设备的附近收集来自现场设备的信息，并能独立监控有关现场设备，同时，它还通过数据传输线路与中央监控室的中央管理监控计算机保持通信联系，接受其统一控制与优化管理。DDC 控制系统原理图如图 4-2 所示。

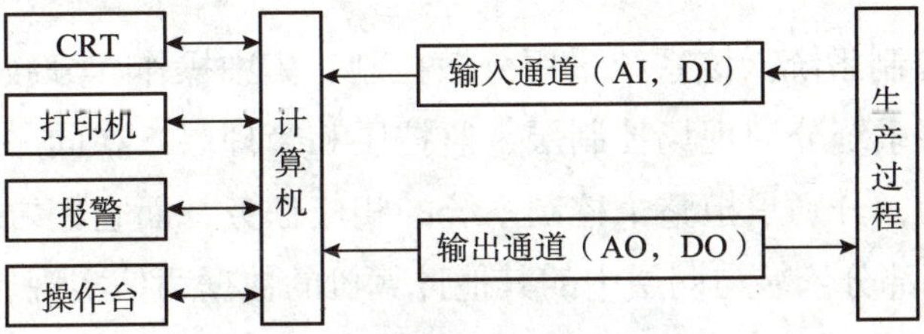

图 4-2　DDC 控制系统原理图

建筑设备管理系统通过计算机网络技术和接口技术，将分布在各个子系统中不同区域、不同用途的现场直接数字控制器连接起来。系统通过网络连接实现各子系统与中央监控管理级计算机之间的信息通信，以及子系统之间的相互通信，从而实现分散控制与集中管理的功能模式。该系统的主要组成部分包括中央操作站、分布式现场控制器、通信网络以及现场就地仪表。其中，通信网络部分包括网络控制器、连接器、调制解调器和通信线路；现场就地仪表部分则包括传感器、变送器、执行机构、调节阀、接触器等设备。某 DDC 控制器产品如图 4-3 所示。

图 4-3　某 DDC 控制器产品

（二）计算机监督控制系统

SCC 采用两级计算机架构。在这一体系中，上位计算机根据描述生产过程的数学模型和反映生产过程的参数信息，实时计算出最佳设定值，并将这些设定值传递给下位的 DDC 计算机或模拟控制器。DDC 计算机或模拟控制器接收这些设定值后，根据实时采集的数据信息，按照预定的控制算法进行运算，并生成相应的调节指令，进而传递给执行机构。执行机构按照这些指令对被控参数进行调整，确保其按照工艺要求的规律变化，从而使生产工况达到最优状态。SCC 结合 DDC 的控制系统原理图如图 4-4 所示。

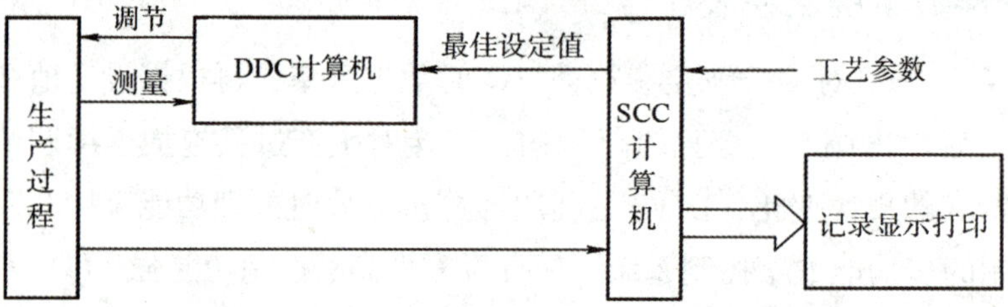

图 4-4　SCC 结合 DDC 的控制系统原理图

SCC 系统相较于 DDC 系统，更加贴近生产实际的变化情况，是操作指导系统与 DDC 系统的融合与升级。它不仅能够执行定值调节，还具备顺序控制、最优控制和自适应控制的能力，使其更能灵活应对复杂的生产环境。

（三）分布式控制系统

DCS 又称集散控制系统。该系统采用分散控制、集中操作、分级管理、综合协调的设计原则，从上到下将系统分为现场控制层、监控层和管理层。在同一层次中，各计算机的功能和地位是相同的，分别承担整个控制系统的相应任务，而它们之间的协调主要依赖上一层计算机的管理，部分依靠与同层中的其他计算机的数据通信实现。

（四）现场总线控制系统

FCS 是连接现场智能仪表和自动控制系统的数字式、双向传输、多分支结构的通信网络，可以说 FCS 是控制系统中最底层的通信网络，它以串行通信方式取代传统的 DC4 ～ 20 mA 模拟信号，能为众多现场智能仪表实现多点连接，支持处于底层的现场智能仪表，利用公共传输介质与上层系统互相交流信息，具备双向数字通信功能。

任务二　建筑设备系统监控

任务描述

建筑设备系统监控旨在通过先进的监控技术和方法，实时跟踪和分析建筑物内各类设备的运行状态，确保其高效、安全和可靠地运行。本任务覆盖了从设备数据的采集、处理到决策支持的全过程，旨在通过精细化管理，提升建筑设备的维护效率和使用寿命，降低能耗和运营成本。

任务分析

本任务需要详细列出建筑物内所有需要监控的设备，根据设备的种类、功能及重要性，确定所需的监控参数和功能，根据监控需求选择合适的传感器。选定数据采集设备，需要考虑其精度、稳定性和兼容性，确保能够实时、准确地采集设备数据。将监控系统与其他现有管理系统进行集成，确保数据能够无缝传输和共享。设计合理的网络拓扑结构，确保数据传输的稳定性和安全性。建立数据库，存储实时数据和历史数据，确保数据的完整性和可追溯性。

任务实施

建筑设备监控系统通过全面监测和控制建筑内的冷热源、采暖通风、空气调节、给水排水、供配电、照明及电梯等各类机电设备，确保这些设备系统能够稳定、安全、可靠地运行。这种系统不仅为人们营造了一个舒适、高效、便利的建筑环境，还充分考虑了节能和环保的需求。在体系结构上，建筑设备监控系统主要有两种类型：集散控制系统和现场总线控制系统。集散控制系统，也被称为分布式控制系统，其特点是中央计算机负责集中管理，而现场控制器则进行分散控制。现场总线控制系统则采用了不同的方式，它将传统控制分站的大部分控制功能转移到现场的智能仪表上，这些智能仪表在制造过程中就已经集成了 CPU、存储器、A/D 和 D/A 转换以及 I/O 现场总线通信等功能。因此，在这种系统中，控制分站被取消，所有现场设备都通过现场总线进行连接。

一、冷热源系统监控

（一）冷热源装置

1. 冷源装置

在智能建筑中，冷源主要应用于3个方面：一是空气调节；二是食品冷藏；三是某些生产工艺需要低温，以保证生产过程的顺利进行。在中央空调系统中，目前常用的制冷方式主要有压缩式制冷和吸收式制冷两种形式。

（1）压缩式制冷

图 4-5　工厂里的冷凝器

低压的制冷剂蒸汽在压缩机内被压缩为高压蒸汽后，会进入冷凝器（图4-5）。在冷凝器中，制冷剂与冷却水进行热交换，冷却水的作用是带走制冷剂的热量。经过热交换后，制冷剂放出热量，转变为高压液体。随后，高压液体通过热力膨胀阀，压力急剧下降，转化为低压液态制冷剂，并进入蒸发器。在蒸发器中，低压液态制冷剂与冷冻水进行热交换，冷冻水被送至空调空气处理机组用作冷媒。在此过程中，低压液态制冷剂通过与冷冻水的热交换而发生汽化，吸收冷冻水的热量，从而变成低压蒸汽。这一低压蒸汽随后经过回气管，被重新吸入压缩机，开始新一轮的制冷循环。显然，在这个过程中，制冷量即为制冷剂在蒸发器中发生相变时所吸收的汽化潜热。这一过程不仅确保了制冷系统的高效运行，也为空调系统提供了持续的冷量。

从压缩机的结构来看，压缩式制冷大致可分为往复压缩式、螺杆压缩式和离心压缩式3种类型。近年来新研究的涡旋压缩式制冷机，也逐渐开始在一些小型机组上应用。

（2）吸收式制冷

吸收式制冷与压缩式制冷都依赖于低压制冷剂的蒸发吸热效应来实现制冷，但它们的工作原理和能源来源不同。压缩式制冷需要电能驱动，而吸收式制冷则依赖热能。在大型民用建筑的空调系统中，吸收式制冷机组常用的制冷剂是溴化锂水溶液，其中水充当制冷剂，溴化锂作为吸收剂。因此，溴化锂制冷机组的蒸发温度通常不低于0 ℃，这限制了其在某些低温应用中的适用性，相比之下，其适用范围较压缩式制冷窄。然而，在高层民用建筑的空调系统中，要求的水冷温度一般在6～7 ℃，这使得溴化锂制冷仍能较好地满足需求。

图 4-6　蒸汽溴化锂吸收式制冷机

蒸汽溴化锂吸收式制冷机如图4-6所示，

由蒸发器、吸收器、冷凝器、低温再生器、高温再生器、冷剂凝水热回收装置、高温热交换器、低温热交换器、热回收器、吸收液泵、冷剂泵等组成。

在蒸发器内，冷水被来自冷凝器并经过减压节流的低温冷剂水冷却。冷剂水吸收冷水的热量后蒸发，成为冷剂蒸汽并进入吸收器。在吸收器中，冷剂蒸汽被浓溶液吸收，浓溶液因此变为稀溶液。稀溶液随后由溶液泵送往冷剂凝水热回收装置、低温热交换器、热回收器和高温热交换器，经过这些装置后，稀溶液的温度升高，最终进入高温再生器。在高温再生器中，稀溶液被加热，浓缩成中间浓度的溶液。接着，中间浓度溶液通过高温热交换器进入低温再生器，在这里被来自高温再生器产生的冷剂蒸汽加热，变为最终的浓溶液。浓溶液流经低温热交换器，温度降低，进入吸收器。在吸收器中，浓溶液滴淋在冷却水管上，吸收来自蒸发器的冷剂蒸汽，成为稀溶液。同时，在高温再生器内，经过外部蒸汽加热的溴化锂溶液产生冷剂蒸汽，这些蒸汽进入低温再生器，用于加热中间浓度溶液。冷剂蒸汽在低温再生器内凝结成冷剂水后，经过冷剂凝水热回收装置，温度降低，并与低温再生器产生的冷剂蒸汽一起进入冷凝器被冷却。冷剂水经过减压节流后，变成低温冷剂水，进入蒸发器，滴淋在冷水管上，冷却进入蒸发器的冷水。这一复杂的热交换过程不仅确保了高效的热量传递，还实现了制冷剂的再生循环，从而维持了整个制冷系统的连续、高效运行。

以上循环如此反复进行，最终达到制取低温冷水的目的。

在溴化锂制冷机组的制冷循环中，主要的用电设备是吸收液泵，其电功率为 5～10 kW，相比之下，这种功率在压缩式冷水机组中几乎可以忽略不计。两者之间的主要区别在于能源的种类：溴化锂制冷机组消耗矿物能，而压缩式冷水机组消耗电能。因此，在建筑所在地电力供应紧张且无法满足空调需求的情况下，溴化锂吸收式冷水机组是一个值得考虑的选项。然而，如果当地电力系统能够支持，并且没有特别的能源政策限制（作为建设单位，还需考量各地不同的能源政策），压缩式冷水机组仍是更为优先的选择。

2. 热源装置

凡是采暖的地区，均离不开热源，供热大体有两种方式：一种是集中供热，其热源来自热电厂、集中供热锅炉房等；另一种是由分散设在一个单位或一幢建筑物中的锅炉房供热。

（1）按热源性质分类

蒸汽热值较高，载热能力大，且不需要输送设备。其汽化潜热在 2 200 kJ/kg 左右，占使用的蒸汽热量的 95% 以上。

在使用蒸汽作为空调热源的工程中，通常选用表压不超过 0.2 MPa 的蒸汽。当凝结水回水顺畅时，可采用背压回水方式；若回水不顺畅，则需使用凝结水泵。此外，蒸汽压力过高会限制换热器的类型选择。

热水相较于蒸汽，在使用安全性方面更具优势，且其性质与空调冷水基本相同，传热过程较为稳定。在空调机组中，通过冷、热盘管共用的方式（即两管制），可有效减少机组及相关系统的建造成本。热水能很好地满足这种要求，蒸汽盘管通常无法与冷水盘管共用。

空调热水系统中，结垢问题是常见现象，这与水质和水温密切相关。当水温超过 70 ℃时，结垢现象显著增加，对换热设备的效率产生较大影响。因此，空调热水应尽量采用软化水，或采取加药、利用电子除垢器等水处理措施，以防止出现或减轻水结垢问题。

（2）按热源装置分类

锅炉是供热系统中的关键设备，主要分为热水锅炉和蒸汽锅炉两种类型。在空调热水系统中，由于空调机组及整个水系统需根据建筑物的使用需求进行调节与控制，因此通常会配置中间换热器。设有蒸汽锅炉的建筑物，在冬季空调加湿方面具有较为便利的条件。

热交换器的结构形式多样，主要包括列管式、螺旋板式和板式换热器。板式换热器因其高效换热特性，在近十几年中得到了广泛应用，其结构如图 4-7 所示。需要注意的是，板式换热器对安装精度要求较高，特别是在各板片组合时，密封垫片与板片的配合必须准确无误，以防止漏水现象的发生。在拆开检修后，这一点尤为重要。

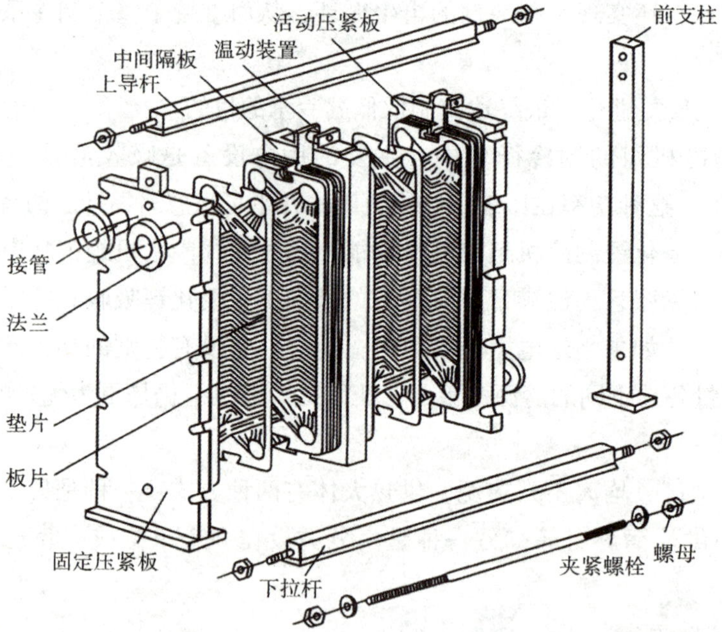

图 4-7　板式换热器的结构图

3. 冷热水机组

直燃吸收式冷水机组（简称直燃机），就是把锅炉与溴化锂吸收式冷水机组合二为一，通过燃气或燃油产生制冷所需要的能量。直燃机按功能可分为以下 3 种形式。

（1）单冷型：只提供夏季空调用冷冻水。

（2）冷、暖型：夏季提供空调用冷冻水，冬季供应空调用热水。

（3）多功能型：除能够提供空调用冷、热水外，还能提供生活用热水。

（二）冷热源系统的监控

通过实现对冷热源系统的自动监控，可以实时获取各机组、水泵、冷却塔等设备的运行信息，从而实现集中控制，自动管理和记录这些设备的启停及运行时间，便于后期维护。系统的整合优化能确保整个空调系统在最佳状态下运行，调控多台冷水机组、冷却水泵、冷冻水泵、冷却塔及其他冷热源设备的运行顺序，通过最新优化程序和预定时间程序实现最大限度的节能。自动化操作还减少了人为失误，简化了系统的操作流程。此外，集中监控和报警功能可及时发现设备问题，进行预防性维修，减少停机时间和设备磨损，从而降低维修成本，提高设备的使用价值。

冷热源系统的监测与自动控制的主要功能有如下 3 个方面。

（1）基本参数的测量。基本参数的测量包括：各机组的运行、故障、手动自动参数；冷冻水、热水循环系统总管的温度、流量，有的会同时考虑压力；冷冻水泵、热水循环水泵的运行、故障、手动自动参数；冷却水循环系统总管的温度、冷却水泵和冷却塔风机的运行、故障、手动自动参数；分集水器之间旁通阀的压差反馈；冷冻、冷却水路的电动阀门的开关状态等。参数的测量是使冷热源系统能够安全正常运行的基本保证。

（2）基本的能量调节。基本的能量调节主要是机组本身的能量调节，机组根据水温自动调节导叶的开度或滑阀位置，电动机电流会随之改变。

（3）冷热源系统的全面调节与控制。根据实时测量的参数与设定值，科学规划设备的启停次序和运行数量，借此实现"无人值守的机房"运营模式，这一过程体现了计算机系统在数据分析和处理方面的强大能力。通过精确的调节控制，有效节约运行能耗，实现经济效益的最大化，这是计算机控制系统相较于传统仪表或手动调节的根本优势所在。

智能建筑中的冷热源主要包括冷却水、冷冻水及热水制备系统。其监控特点如下。

① 冷却水系统的监控。冷却水系统的主要功能是通过冷却塔、冷却水泵及管道系统为制冷机提供冷却水。该系统由水泵、管道和冷却塔组成。监控冷却水系统的关键在于确保冷却塔风机、水泵的安全运行，保障制冷机获得充足的冷却水流量，并根据外界温度和制冷机开启的数量，优化冷却塔的运行状态，确保制冷机冷却水进口温度维持在预定范围内。

通常在制冷机的冷却水出口处安装的温度计用于监测冷却水系统的水流是否正常。如果因冷凝器内部阻塞或管道系统操作失误导致冷却水流量不足，冷凝器的出口水温会显著升高，通过温度传感器可以即时检测到这些异常并定位故障。

② 冷冻水系统的监控。冷冻水系统由冷冻水循环泵及管道连接制冷机的蒸发器与各类冷水用户（如空调机及风机盘管）构成。该系统的主要功能是将制冷机蒸发器产生的冷量，通过冷冻水输送至各个冷水用户，满足其制冷需求。监控冷冻水系统的目的在于确保制冷机蒸发器获得足够的水量，维持其正常功能；同时，为所有冷水用户提供足够的水量以满足其使用需求；在此基础上，精简水泵的能耗，达成节能运行的目标。

③ 热水制备系统的监控。热水制备系统以热交换器为核心设备，负责生成生活用水及空调采暖所需的热水。监控该系统的主要目标在于监测水力性能，确保热水系统顺畅循环；同时，调控热交换过程，以维持所需的供热水质与参数。

图 4-8 为热交换系统的监控原理。实际的热交换器可能不止一台，其中，热水供水常用于空调和生活供水等情况。热交换器根据热水循环回路出水温度实测值及设定温度，对热源侧蒸汽和热水回路调节阀开度进行控制，以控制热水循环回路出水温度。

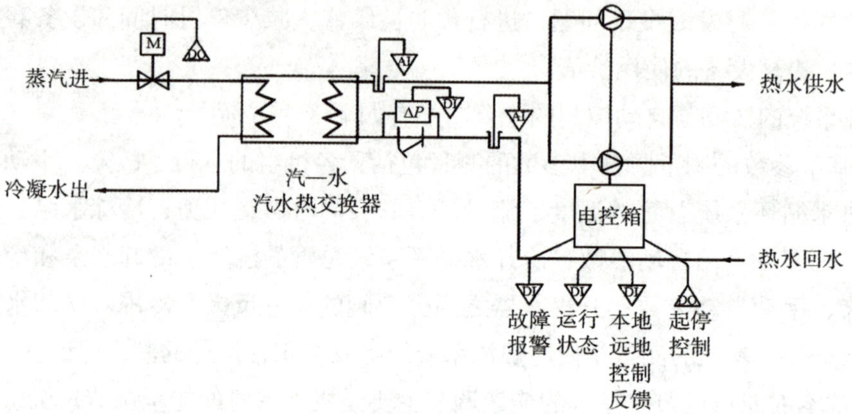

图 4-8　热交换系统的监控原理

热交换器启动时一般要求先打开二次侧蝶阀及热水循环泵，待热水循环回路启动后再开始调节一次侧蝶阀，否则容易造成热交换器过热、结垢。

二、空调系统监控

理想的环境需要适宜的室内温度、恰当的湿度，以及洁净的空气。智能建筑的空气环境极为复杂，受到诸多因素的影响，如人员和设备的散热、气候变化等带来的干扰，调节过程和执行机构的固有非线性及滞后性，以及建筑内人员活动的随机性。为实现节能与高效运营，这一复杂系统需进行全面管理与监控。

空调设备作为智能建筑中能耗的主要来源，其能耗在建筑总能耗中占比高达约 40%，并且智能建筑中广泛应用的电子设备进一步增加了空调负荷。智能建筑中的空调及其自动控制系统的重要性体现在以下几点：首先，智能建筑的核心功能之一是为人们创造舒适的生活与工作环境，而这一功能主要由空调及其控制系统实现；其次，由于空调系统是建筑中能耗显著的部分，通过建筑设备自动化系统优化空调系统的运行，对于降低运营费用、提高经济效益至关重要；最后，空调系统运行期间，控制系统需实时调节，因此空调控制系统在建筑设备管理系统中具有较高的配置与功能要求。

（一）空调系统的工作原理

1. 空调系统的组成

一般空调系统包括以下几部分。

（1）进风。根据人对空气新鲜度的生理要求，空调系统必须有一部分空气取自室外，常称新风。空调的进风口和风管等，组成了进风部分。

（2）空气过滤。由进风部分引入了新风，必须先经过一次预过滤，以除去颗粒较大的尘埃。一般空调系统都装有预过滤器和主过滤器两级过滤装置。根据过滤的效率不同，大致可以分为初（粗）效过滤器、中效过滤器和高效过滤器。

（3）空气的热湿处理。将空气的加热、冷却、加湿和减湿等多个功能集成在一起的部分，被称为空调系统的热湿处理部分。热湿处理设备主要分为两大类：直接接触式和表面式。在直接接触式空气处理设备中，与空气进行热湿交换的介质直接与被处理的空气接触，通常采用喷淋方式将介质喷入被处理的空气中。这类设备包括喷水室、蒸汽加湿器、局部补充加湿装置，以及使用固体吸湿剂的设备。

（4）空气的输送和分配。将经过调节的空气均匀地输送到空调房间内，确保房间内的温度和风速分布达到适宜要求，这是空调系统中空气输送与分配部分的主要任务。该部分由风机和不同类型的管道组成。根据具体的用途和需求，有些系统仅配置一台送风机，称为“单风机”系统；而有些系统则同时配备一台送风机和一台回风机，称为“双风机”系统。管道的横截面形状通常为矩形或圆形，其中低速风道多采用矩形设计，而高速风道则多使用圆形设计。

（5）冷热源部分。为了保证空调系统具有加温和冷却能力，必须具备冷源和热源。冷源有自然冷源和人工冷源两种。热源也有自然和人工两种。自然热源指地热和太阳能。人工热源是指用煤、石油或煤气作燃料的锅炉所产生的蒸汽和热水，目前应用较为广泛。

2. 空气调节系统

按照空气处理设备的设置情况，空气调节系统可分为全分散系统、半集中系统和集中系统。

（1）全分散系统，也称为局部空调机组。全分散系统特点是将冷、热源与空气处理、输送设备（如风机）集中设置在一个紧凑的箱体内，构成一个独立且紧凑的空调系统。房间空调器即是此类机组的典型代表。全分散系统无须集中的机房，安装便捷，使用灵活。这种机组可以直接放置在要求空调的房间内，或放在相邻的房间并通过短小的风道与所需房间相连。全分散系统能够灵活满足不同房间的送风需求，具有易移动的特点，但由于每个机组都需要单独供电，整体能耗相对较高。

（2）半集中系统。在半集中空调系统中，除了位于集中空调机房的设备外，还配置了分散于被调节房间内的二次设备（又称末端装置）。变风量系统、诱导空调系统，以及风机盘管系统均属于半集中空调系统。

（3）集中系统。集中系统的所有空气处理设备（包括风机、冷却器、加热器、加湿器和过滤器等）都设在一个集中的空调机房内。经集中设备处理后的空气，用风道分送到各空调房间。因而，集中系统便于集中管理、维护。

在建筑领域，通常采用集中式空调系统，这种系统通常被称为中央空调系统。中央空调系统主要由制冷制热设备（如压缩机、压缩冷凝机组、冷水机组、空调箱和锅炉）、管路（包括制冷剂管路、冷媒管路和载冷剂管路）、室内末端设备（如室内风管水管、散流器、风机盘管和空调室内机）、室外设备（如室外风管、冷却塔和风冷式冷凝器）、水泵、控制装置，以及各种附属设备组成。空气的处理集中在专门的机房内进行，而处理空气所需的冷源和热源则分别由冷冻站和锅炉房提供。

根据处理空气的来源，集中式空调系统可分为 3 种类型：循环式系统、直流式系统和混合式系统。循环式系统中，新风量为零，完全使用回风，这意味着其冷、热消耗量最低，但空气质量也较差。相反，直流式系统的回风量为零，完全采用新风，虽然空气质量好，但其冷、热消耗量较大。由于循环式系统和直流式系统的这些特性，它们通常只在特定环境中使用。对于大多数场合，一般采用新风和回风按适当比例混合的系统。这种混合系统既能保证空气质量，经济上又较为合理，因此集中式空调系统目前应用较广泛，其结构示意图如图 4-9 所示。

混合式系统的所有空气处理设备和送、回风机等都集中设置在空调机房内，空气经处理后由送风、回风管道送入空调房间，集中式空调系统原理如图 4-10 所示。

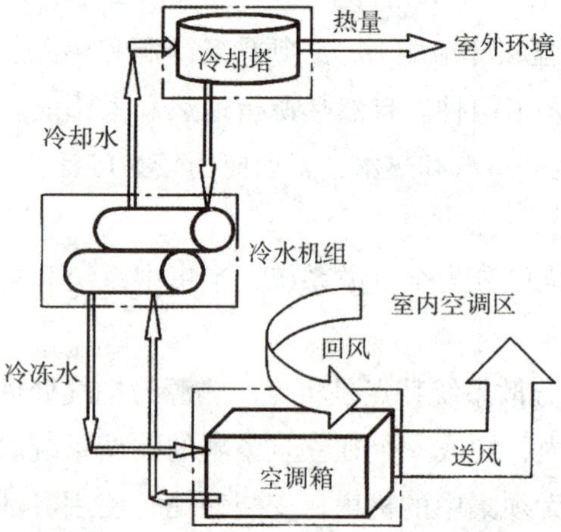

图 4-9　集中式空调系统结构示意图

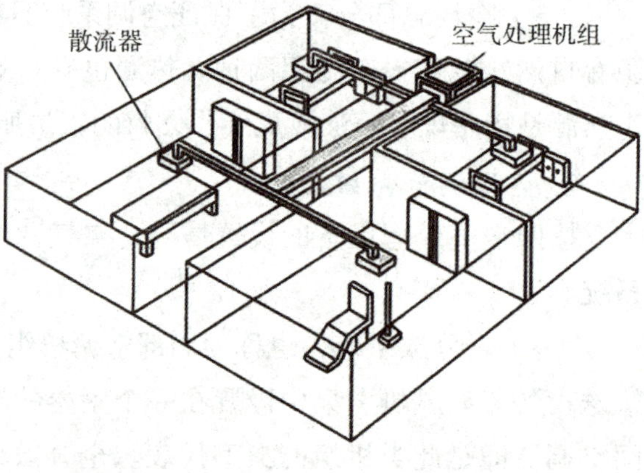

图 4-10　集中式空调系统原理图

根据送风管的设置形式，集中式系统可分为单风管式和双风管式。单风管式系统只能输送一种状态的空气，如果不采取额外措施，难以满足不同房间对送风状态的差异需求。双风管式系统则通过一条管道输送冷风，另一条管道输送热风，冷热风在送入房间前按不同比例混合，以实现不同的送风状态，从而满足房间的特定需求。

此外，根据送风量是否可调节，集中式系统可分为定风量式和变风量式。定风量式系统的送风量是固定的，通常按照最不利情况确定房间的送风量。当室内负荷减少时，系统通过调节再热提高送风温度，减小送风温差来维持室内温度，但这会导致能耗增加。相比之下，变风量式系统配备了可根据室内负荷变化自动调节送风量的装置。当室内负荷减少时，系统可以保持送风参数不变，通过自动减少风量来稳定室内温度，这不仅能减少再热的能耗，还能降低风机功率和制冷机的冷量消耗。虽然变风量系统的初始投资略高，但其节能效果显著，运行费用更低，综合经济效益更佳。随着空调容量的增大，采用变风量系统的经济效益更加明显。

在建筑设备管理系统中，对空调系统的监控主要针对集中式中央空调系统。一般的局部空调设备，如窗式空调机、柜式空调机及专用恒温恒湿机等，它们自带冷 / 热源和控制系统，并非建筑设备管理系统的主要监控对象。

（二）空调机组的监控

空气调节设备有新风机组、空气处理机组、风机盘管、变风量系统等类型。由于使用环境和功能需求的差异，同一种设备在不同情况下，其结构和配置都会有不同的变化。下面主要介绍定风量空气处理机组的监控原理。

空调机组的应用场合广泛，对机组的结构、组成和功能的要求也各不相同，因此空调机组的类型多样。通过对具有代表性的空调机组监控系统进行分析，可以全面深入地理解空调机组的基本控制功能，为其他各类空调机组的监控系统设计和工程问题的处理提供基础。如果能够熟练掌握这些系统的监控原理和设计方法，处理其他各种空调机组的控制问题将会变得相对容易。图 4-11 为典型的定风量空调机组的监控原理图。

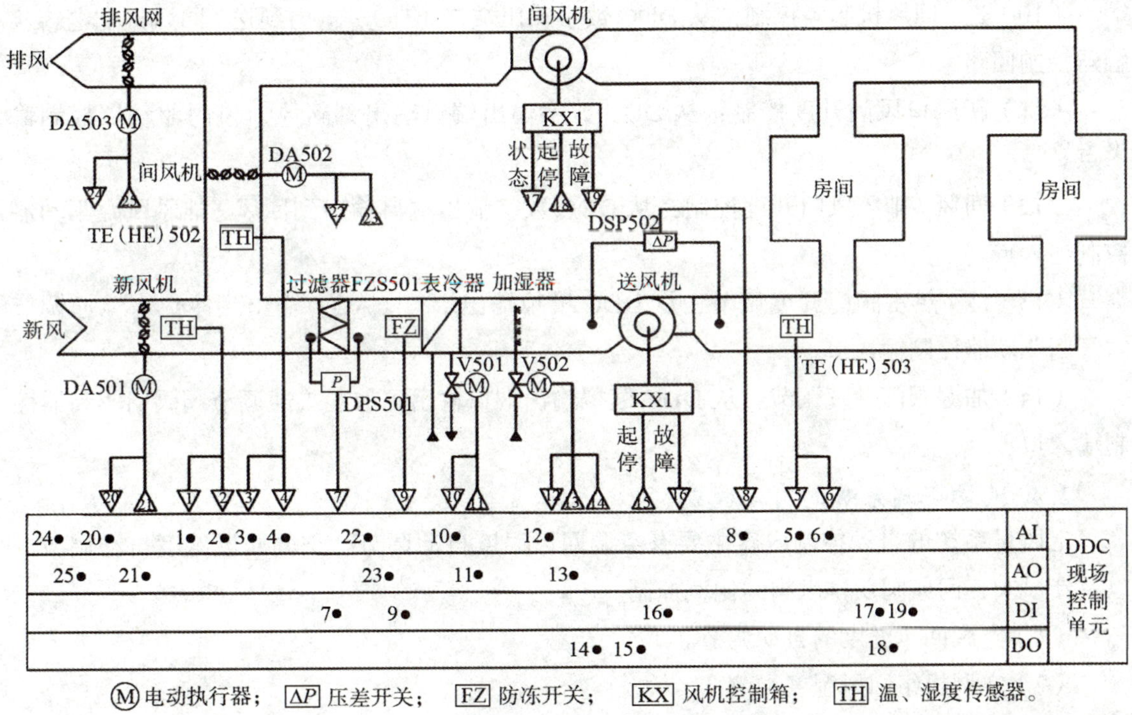

图 4-11 典型的定风量空调机组的监控原理图

1. 定风量空调机组运行参数与状态监控

（1）室外 / 新风温度测量：取自安装在室外 / 新风口上的温度传感器，采用室外 / 风管空气温度传感器。

（2）室外 / 新风湿度测量：取自安装在室外 / 新风口上的湿度传感器，采用室外 / 风管空气湿度传感器。

（3）过滤网两侧压差监测：取自安装过滤网上的压差开关输出，采用压差开关监测过滤网两侧压差。

（4）送 / 回风温度测量：取自安装在送 / 回风管上的温度传感器，采用风管式空气温度传感器。

（5）送 / 回风湿度测量：取自安装在送 / 回风管上的湿度传感器，采用风管式空气湿度传感器。

（6）送风风速检测：取自送风管上的风速传感器，采用风管式风速传感器。

（7）防冻开关状态监测：取自安装在送风管表冷器出风侧的防冻开关输出（只在冬天气温低于 0 ℃的地区使用）。

（8）送 / 回风机运行状态监测：可取自送 / 回风机配电柜接触器辅助触点，也可通过监测点在风机前后的压差开关监测。

（9）送 / 回风机故障监测：取自送 / 回风机配电柜热继电器辅助触点。

（10）送 / 回风机起停控制：从 DDC 数字输出端口（DO）输出到送 / 回风机配电箱接触器控制回路。

（11）新风口风门开度控制：从 DDC 数字输出端口输出到新风口风门驱动器控制输入点。

（12）回风 / 排风风门开度控制：从 DDC 数字输出端口输出到回风 / 排风风门驱动器控制输入点。

（13）冷 / 热水阀门开度调节：从 DDC 模拟输出端口（AO）输出到冷热水二通调节阀阀门驱动器控制输入口。

（14）加湿阀门开度调节：从 DDC 模拟输出端口输出到加湿二通调节阀阀门驱动器控制输入口。

2. 定风量空调系统的自动控制

定风量系统的自动控制内容主要有空调回风温度自动调节、空调回风湿度自动调节，以及新风阀、回风阀及排风阀的比例控制。

（1）空调回风温度的自动调节。

（2）空调机组回风湿度调节。

（3）新风电动阀、回风电动阀及排风电动阀的比例控制。

（4）排风阀的开度控制从理论上讲应该和新风阀的开度相对应。

3. 定风量空调机组连锁控制

定风量空调机组启动顺序控制：新风风门、回风风门、排风风门开启—送风机启动—回风机启动—冷热水调节阀开启—加湿阀开启。

定风量空调机组停机顺序控制：关加湿阀—关冷热水阀—送风机停机—新风风门、回风风门、排风风门关闭。

4. 定风量空调机组运行与节能控制

（1）定风量空调机组的温度调节与节能策略。定风量空调系统主要依赖于回风温度的控制，通过将回风温度作为调节参数，DDC 控制器会计算回风温度传感器测得的回风温度与设定值之间的偏差，并根据预定的调节规律（通常为 PID）输出调节信号，控制空调机组中冷 / 热水阀门的开度，以调节冷 / 热水量，确保空调区域的温度保持在设定值。夏季设定温度一般低于 28 ℃，冬季则高于 16 ℃。

此外，为了优化系统的控制性能，可以将室外新风温度作为额外的扰动信号，通过前馈补偿的方式来消除新风温度变化对输出的影响。例如，当室外新风温度下降时，新风温度测量值随之减小，这一降低的温度增量经 DDC 运算后，输出一个相应的控制电信号，使回水阀的开度减小，从而减少冷量。

提示

> 在春秋过渡季节或是特定气候条件下，当室外气温处于空调设定温区之内时，空调设备可转换至全新开风运行模式。这时，应回收室内空气的风门将关闭，而引入外部新鲜空气的风门和排出室内空气的风门则完全开启，以便向空调空间输送充足的自然空气。同时，空调将暂停对空气温度的控制，以此达到更加节能的效果。

（2）空调机组回风湿度调节。空调机组回风湿度调节与回风温度的调节过程基本相同，把回风湿度传感器测量的回风湿度送入控制器与给定值比较，产生偏差，DDC 控制器按 PI 规律调节加湿电动阀开度，将空调房间的相对湿度控制在设定值。

（3）新风风门、回风风门及排风风门调节。根据新风的温湿度、回风的温湿度在 DDC 进行回风及新风的焓值计算，按回风和新风的焓值比例以及空气质量检测值对新风量的需要量控制新风门和回风门的开度比例，使系统在最佳的新风 / 回风比状态下运行，以便达到节能的目的。

（4）过滤器压差报警。用压差开关测量过滤器两端压差，当压差超限时，压差开关报警，表明过滤网两侧压差过大，过滤网积灰积尘、堵塞严重，需要清理、清洗。

（5）机组防冻保护。为监控表冷器的工作状态，采用了防冻开关来监测其出风侧的温度。一旦温度降至 5 ℃以下时，系统将发出警报，提示室外温度过低，此时应立即关闭风门并停止风机的运转，以防止换热器的温度进一步降低。风门的设计要求具有优异的气密性和保温性，以有效阻止与外界冷空气的热交换。然而，实际应用中风门的气密性和保温性往往不佳，难以达到预期的保温隔热效果。更为可靠的策略是，即使机组停止工作，也应保持水量调节阀适当开启（如开启 30%），使换热器内的水流保持缓慢循环。如果水泵已停机，整个水系统仍应启动一台小功率的水泵，确保水系统中有一定的水流速度，从而防止水系统冻结和损坏。

（6）空气质量控制。为保证空调区域的空气质量，应选用空气质量传感器，当房间中 CO_2、CO 浓度升高时，传感器输出信号到 DDC 控制器，控制器输出控制信号，控制新风风门开度以增加新风量。

（7）空调机组的定时运行与设备的远程控制。控制系统能够依据预定的运行时间表，实现空调机组的按时起停；应有对设备进行远程开 / 关控制的功能，也就是在控制中心能实现对空调机组的现场设备的远程控制。

三、给水排水系统监控

给水排水系统是任何建筑中不可或缺的关键部分。通常，建筑物的给水排水系统涵盖生活给水、生活排水和消防水系统，这些系统均是建筑设备管理系统的重要监控对象。鉴于消防水系统与火灾自动报警系统、消防自动灭火系统的密切关联，国家技术规范明确规定消防给水系统的管理应由消防系统统一负责，因此，消防给水系统的控制权归属于消防联动控制系统。

（一）给水监控系统

智能建筑的生活给水系统是整个建筑必不可少的重要组成部分。许多新建的高档建筑，如写字楼、高档办公楼、会展中心、星级宾馆、医院等，除了有冷水供水系统外，还有生活热水供水系统。生活给水系统主要是对给水系统的状态、参数进行监测与控制，保证系统的运行参数满足建筑的供水要求，以及供水系统的安全。

1. 智能建筑的给水系统

在现代智能建筑中，由于建筑高度较高，城市管网压力往往难以满足高层建筑的用水需求。除了建筑底部的几层可以直接由城市管网供水外，其余各层均需要通过加压来保证供水。然而，随着供水高度的增加，底层的水压会变得过高，这不仅不利于日常使用，还会对材料设备和维修管理带来不利影响，因此，合理的竖向分区供水策略显得尤为重要。

在进行分区供水规划时，应综合考虑建筑物的给水需求、高度和分区压力等因素，合理划分供水区域，并优化给水系统的布置。智能建筑中常见的生活给水系统主要有 3 种方式：高位水箱给水方式、气压罐压力给水方式和水泵直接给水方式。这些系统各有优势和不足，适用于不同的给水需求和建筑条件。

（1）高位水箱给水方式

在建筑的最高楼层设置高位供水水箱，用水泵将低位水箱水输送到高位水箱，再通过高位水箱以重力向给水管网配水，将水输送到用户，如图 4-12 所示。对楼顶水池（箱）水位进行监测及高 / 低水位超限时报警，根据水池（箱）的高 / 低水控制水泵的起 / 停，监测给水泵的工作状态和故障，当工作水泵出现故障时，备用泵需自动投入工作。

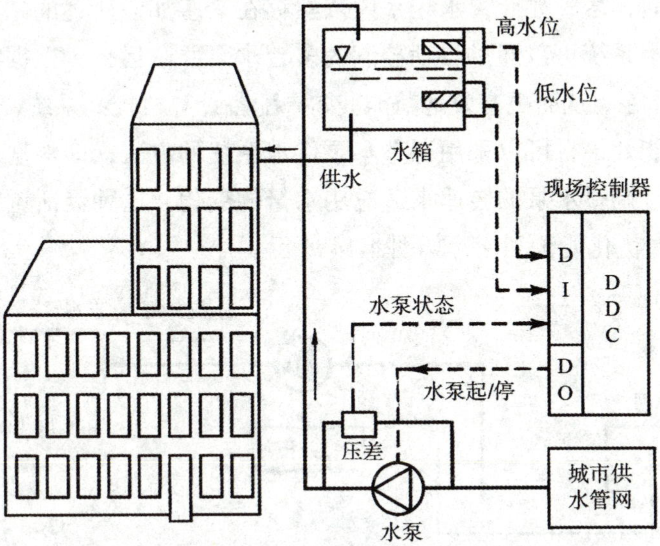

图 4-12　高位水箱给水系统示意图

高位水箱给水系统通过水箱直接供应用水，具有供水压力稳定、具备储水安全性较高的优点。然而，水箱的重量较大，增加了建筑物的负荷，并占用楼层空间。

在高层建筑中，由于最高层与最低层之间存在较大的压差，如果仅依靠一个高位水箱供给整栋建筑（或建筑群），底层的生活给水压力会过高，供水效果不佳。因此，在高层建筑（群）中采用高位水箱供水时，常用的有两种策略：一是在不同标高的分区设立独立的高位水箱，分别对各分区进行供水；二是对最高层的高位水箱进行减压处理，再向不同分区供水，从而解决低楼层供水压力过大的问题。

（2）气压罐压力给水方式

气压罐压力给水系统是以气压水箱（罐）代替高位水箱，而气压水箱可以集中于地下室水泵房内，从而避免在楼房中设置水箱的缺点，如图 4-13 所示。目前大多采用密封式弹性隔膜气压水箱（罐），可以不用空气压缩机补气，既可节省电能又可防止空气污染水质，有利于优质供水。

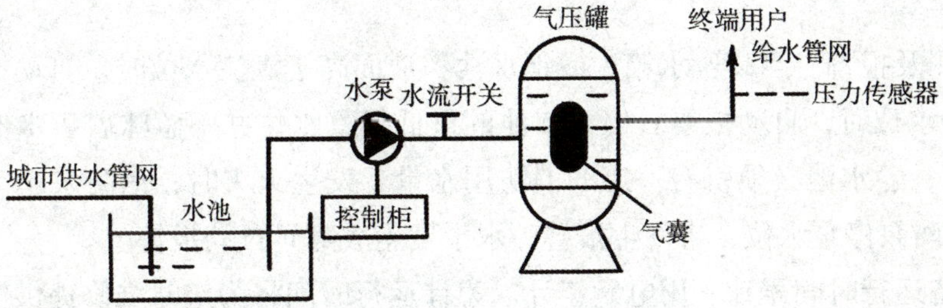

图 4-13　气压罐压力给水系统示意图

（3）水泵直接给水方式

无论是使用高位水箱还是气压水箱，均为配置水箱的供水系统。配置水箱的优点在于能够预储一定量的水，确保供水的直接性和可靠性，尤其对于消防系统而言，这是一种必要的安全措施。然而，尽管如此，水箱系统依然存在诸多如前所述的缺点。相比之下，无水箱的水泵直接供水系统可以通过自动控制的多台水泵并联运行，根据实际用水量的变化来启动或停止不同水泵，从而更有效地节能。如果配备计算机控制系统，效果则更为理想。为了进一步提升节能效果，可以采用调整水泵供水系统的方法，即根据水泵出水量与转速成正比的关系，通过调整水泵的转速来适应用水量的变化。这种灵活调整的方式有助于更好地匹配实际需求，优化能源利用，如图 4-14 所示。

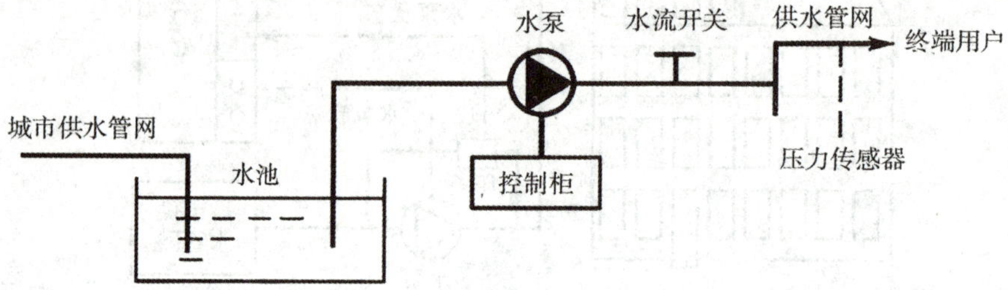

图 4-14　水泵直接给水系统示意图

无水箱的水泵直接给水系统最好用于水量变化不太大的建筑物中，因为水泵必须长时间不停地运行，即便在夜间用水量很小时，也将消耗动力，且水泵机组投资较高，所以，需要进行技术经济比较后确定。

当建筑的高度很高，且分区数较多时，可根据实际情况混合采用上述几种供水方式。

2. 给水系统监控

（1）生活泵起 / 停控制。建筑物中的生活给水系统可以由高位（屋顶）水箱、生活给水泵和低位（或地下）蓄水池等构成。

生活泵的启动和停止由水箱和蓄水池的水位自动控制。生活水箱设有 4 个关键水位：溢流水位、最低报警水位、生活泵停泵水位和生活泵起泵水位。DDC 通过接收水位开关传输的信号，来控制生活泵的运行：当高位水箱液面低于起泵水位时，DDC 发出信号自动启动生活泵；当高位水箱液面高于停泵水位或蓄水池液面达到停泵水位时，DDC 发出信号自动停止生活泵。此外，如果工作泵发生故障，备用泵将自动投入运行，并实时显示水泵的启停状态。

（2）检测及报警。当高位水箱（或蓄水池）液面高于溢流水位时，自动报警；当液面低于最低报警水位时，自动报警。但蓄水池的最低报警水位并不意味着蓄水池无水，为了保障消防用水，蓄水池必须留有一定的消防用水量。发生火灾时，消防泵起动。如果蓄水池液面达到消防泵停泵水位，将发生报警。水泵发生故障时自动报警。

（3）设备运行时间累计、用电量累计。累计运行时间将为定时维修提供依据，并根据每台泵的运行时间自动确定其是作为工作泵或是备用泵。对于超高层建筑，由于水泵扬程限制，因此需采用接力泵及转水箱。

（二）排水监控系统

排水监控系统通常由水位开关和直接数字控制器组成，如图 4-15 所示。在污水集水坑（池）中，安装了液位开关用以检测停泵水位（低）、起泵水位（高）及溢流报警水位。DDC 控制器根据液位开关的检测信号来控制排水泵的启停：当集水坑（池）的液面达到起泵水位时，控制器自动启动污水泵，将集水坑中的污水排出，随后当液面降至停泵水位时，DDC 发出信号自动停止排水泵。如果集水坑的液面达到起泵水位，但水泵未及时启动，液面继续上升至最高报警水位，监控系统将发出警报，提醒值班人员及时处理，并同时启动备用水泵以应对紧急情况。

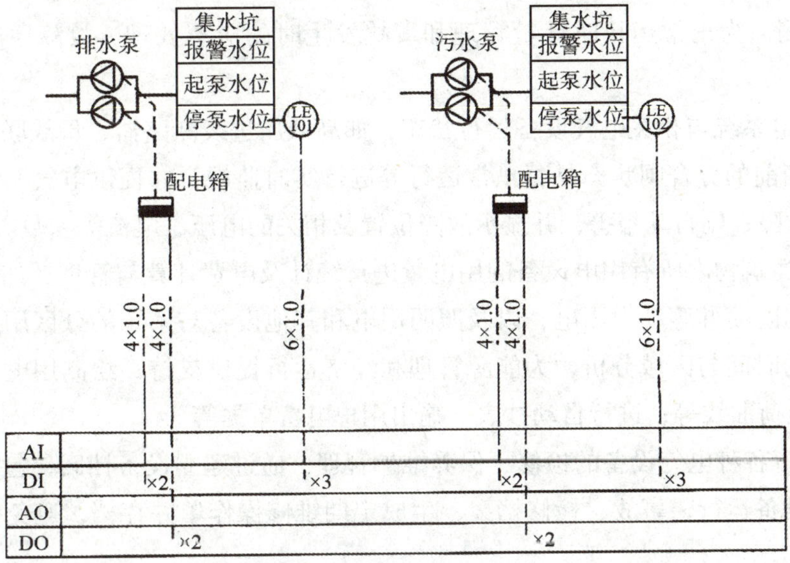

图 4-15　排水监控系统原理

排水监控系统的监控对象为集水坑（池）和排水泵。排水监控系统的监控功能包括以下几方面。

（1）污水集水坑（池）和废水集水坑（池）水位监测及超限报警。

（2）根据污水集水坑（池）与废水集水坑（池）的水位，控制排水泵的起 / 停。

（3）排水泵运行状态的检测，以及发生故障时报警。

（4）累计运行时间，为定时维修提供依据，并根据每台泵的运行时间自动确定其是作为工作泵或是备用泵。

为了延长各水泵的使用寿命，通常要求水泵累计运行时间数尽可能相同。因此，每次起动系统时，都应优先起动累计运行小时数最少的水泵，控制系统应有自动记录设备运行时间的功能。

四、供配电系统监控

供配电系统主要负责对从城市电网获取的电能进行转换和分配，进而为建筑物内的各类用电设备提供电力。作为智能建筑中最主要的能源供应系统，它是智能建筑运转的命脉，因此供配电设备的监控与管理显得尤为关键。供配电监控系统通过对智能建筑内各供配电设备的用电情况进行计量和统计，并采用科学的管理方法，合理均衡负荷，从而确保电力供应的安全性和可靠性。

扫一扫

电力监控系统

（一）供配电系统的监控功能

供配电监控系统对智能建筑供电设备和供电状况进行监控，为整个建筑物安全、可靠地供电，合理地调配用电负荷，进而实现最大限度的节能。其主要功能包括以下几个方面。

（1）对配电系统运行参数，如电压、电流、功率、功率因数、频率、变压器温度等进行实时检测，为正常运行时计量管理和事故发生时的应急处理、故障原因分析等提供数据。

（2）配电系统与相关电气设备运行状态，如高低压进线断路器、母线联络断路器等各种类型开关当前的分合闸状态是否正常运行等进行实时监视，并提供电气系统运行状态画面；若发现故障，则自动报警，并显示故障位置及相关的电压、电流等参数。

（3）对建筑物内所有用电设备的用电量进行统计及电费计算与管理，如空调、电梯、给水排水、消防喷淋等动力用电，以及照明用电和其他设备与系统的分区用电量的统计；进行用电量的时间与区域分析，为能源管理和经济运行提供支持；绘制用电负荷曲线，如日负荷、年负荷曲线等；进行自动抄表、输出用户电费单据等。

（4）进行各种电气设备的检修、保养维护管理，通过建立设备档案，包括设备配置、参数档案，设备运行、事故、检修档案，生成定期维修操作单并存档，避免维修操作时引起误报警等。

（二）供配电系统的监控内容

1. 高压线路电压及电流的监控

6～10 kV 高压线路的电压及电流测量方法如图 4-16 所示。

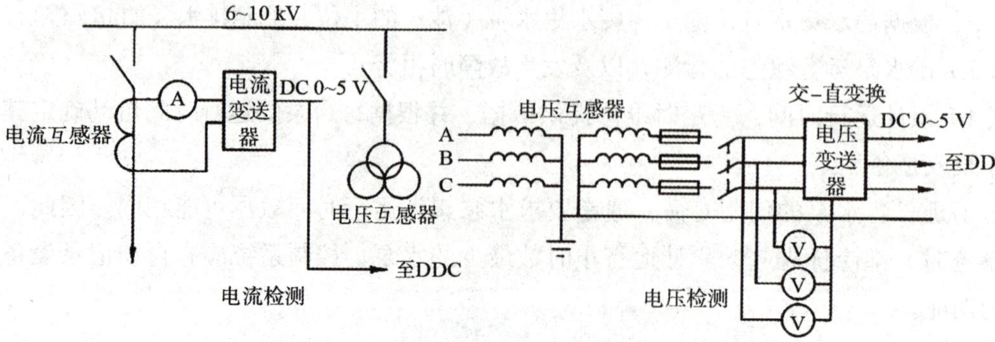

图 4-16　6～10 kV 高压线路的电压及电流测量方法

2. 低压端电压及电流的监控

低压端（380 V/220 V）的电压及电流测量方法与高压侧基本相同，只不过是电压和电流互感器的电压等级不同。主要监控内容包括以下几点。

（1）参数检测、设备状态监视与故障报警：DDC 通过温度传感器 / 变送器、电压变送器、电流变送器及功率因数变送器自动检测变压器线圈温度、电压、电流和功率因数等参数，与额定值比较，发现故障时报警，显示相应的电压、电流数值和故障位置。经由数字量输入通道可以自动监视各个断路器、负荷开关和隔离开关等的当前分、合状态。

（2）电量计量：DDC 根据检测到的电压、电流和功率因数计算有功功率、无功功率，累计用电量，为绘制负荷曲线、进行无功补偿及计算电费提供依据。

3. 功率、功率因数的监控

通过测量流量电压与电流之间的相位差，可以获得功率因数。一旦得知功率因数、电压和电流的具体数值，就可以进一步计算出有功功率和无功功率。这种通过先测量功率因数再间接推导出功率的方法，被称为间接测量功率法。然而，如果追求更高的精确度，可以采用模拟乘法器构成的功率变送器，或者利用数字化测量技术（通过高速采样电压和电流数据，并对这些数字信号进行处理）来直接测量功率。

4. 应急柴油发电机组的监控

为确保消防泵、消防电梯、紧急疏散照明、防排烟设施，以及电动防火卷帘门等关键消防设备的电力供应，在系统中必须配置自备的应急柴油发电机组。这组发电机组需要按照一级负荷的标准，为消防设施提供稳定的电力。理想中的柴油发电机应具备快速启动、自启动控制便捷的特点，能够在市网停电后的 10 至 15 s 内迅速接入应急负荷，非常适合作为应急电源使用。图 4-17 为应急柴油发电机组的结构。对于应急柴油发电机组的监控，主要包括电压、电流等关键参数的检测，机组运行状态的实时监控，故障报警的及时处理，以及油箱液位的准确监测。

图 4-17　应急柴油发电机组的结构

5. 供电品质的监控

供电品质的指标是指电压、频率和波形，其中尤以电压和频率较为重要。电压质量包括电压的偏移、电压的波动和电压的三相不平衡度等。

（1）频率

电气设备的铭牌上通常会标注额定频率，而我国电力工业统一的标准频率为 50 Hz。由于频率直接关系到电气设备的正常运作，因此对频率的偏差有着严格的要求。我国明确规定，电力系统对用户供电的频率偏差范围应控制在 ±0.5 %。

对电网频率的检测可在低压侧进行。在电网的频率偏差超过允许值时，监测系统应予报警，必要时应切断市电供电，改用备用电源或应急发电机供电。

（2）电压偏移

各类电气设备的铭牌上均标明了其额定工作电压。然而，在实际运行中，由于电力系统负荷波动或用户自身负荷变化等因素，电气设备的端电压常常会偏离额定值。通常情况下，电压低于额定值的情况多见于高峰负荷时线路的末端，而电压高于额定值则多发生在低负荷时线路的始端。

一旦监测系统检测到电压过高或过低，应立即发出警报，并采取相应的系统或局部调压及保护措施。为改善电压偏移，通常在电网的高压侧采取调控措施，确保电压随负荷增加而升高；反之，若负荷减少，则相应降低电压。对于那些对电压稳定性有严格要求的重要负荷，建议在其受电端或负荷端安装调压及稳压设备。

（3）电压波动及谐波

电动机的起动，电梯、电焊类冲击负荷的工作，将引起供配电系统中的电压时高时低，这种短时间的电压变化称为电压波动。电力系统中交流电的波形从理论上讲是正弦波，但实际上由于三相电气设备的三相绕组不完全对称，带有铁芯线圈的励磁装置，特别是大型晶闸管装置、电力电气设备的应用，在电力系统中产生了与50 Hz基波成整数倍的高次谐波，使电压的波形发生畸变成为非正弦波。

电压波动及谐波对电气设备的运行是有害的。传统的无源型LC滤波器已被用来解决这一问题，但由于结构原理上的原因，无源滤波器的应用中存在着以下缺点。

① 滤波器只对调谐点的谐波效果明显，而对偏离调谐点的谐波无明显效果，实际应用中不可能无限地增加滤波器。

② 当系统中谐波电流增大时，无源滤波器可能过载，甚至损坏设备。

③ 电源阻抗强烈地影响滤波特性，严重时电源和滤波器间可能发生谐振，这就是所谓的谐波放大现象。

提示

有源电力滤波器（active power filter，APF）是一种先进的电力电子装置，专门设计用于实时抑制电网中的谐波干扰并补偿无功功率。其核心能力在于能迅速识别并抵消各种幅度和频率的谐波电流。这里的“有源”一词直接反映了该设备的主动性，即它能够主动响应电网的变化，这与传统的无源LC滤波器形成鲜明对比——后者仅能处理特定频率和幅值的谐波，具有一定的局限性。相比于无源滤波器，有源滤波器不仅在消除谐波方面表现得更加全面，能够有效地清除多种及高频次的谐波，而且避免了可能引起的谐振现象。凭借这些显著的优势，有源电力滤波器在现代电力供应和分配系统中占据了重要位置，成为改善电能质量和提高系统效率的有效工具。

（4）电压的三相不平衡度

在低压系统中一般采用三相四线制，单相负荷接于相电压上，由于单相负荷在三相电压不可能完全平衡，因而三个相电压不可能完全平衡。电压的不平衡度可以通过测量三个相电压及三个相电流的数据，再相互比较其差值来检测。差值越大则不平衡度越大。当这个不平衡电压加于三相电动机时，由于相电压的不平衡使得电动机中的负序电流增加，因而增加了转子内的热损失。在设计中应尽量使单相负荷平衡地分配在三相中，对相电压不平衡敏感的负荷（如电子计算机类设备）应采用分开回路的措施，同时监测系统应予报警。

五、照明系统监控

在现代建筑中，照明用电量占据了建筑总用电量的一大部分，仅次于空调用电量。因此，如何在保证照明质量的同时实现节能，成为照明控制的关键任务之一。针对多功能建筑中不同功能区域对照明的不同需求，应根据其使用性质和特点，对照明设施进行差异化的控制。

照明系统的监控涵盖了建筑物各层的照明配电箱、应急照明配电箱，以及动力配电箱等部分。按照功能，照明监控系统可以划分为多个子系统，包括走廊、楼梯照明监控、办公室照明监控、障碍照明监控、建筑物立面照明监控，以及应急照明的应急启停控制和状态显示。

照明监控系统的核心任务主要包含两个方面：一是为了确保建筑物内各区域的照度及视觉环境而进行的灯光控制，这称为环境照度控制，通常通过定时控制、合成照度控制等手段来实现；二是以节能为导向，对照明设备进行的控制，简称照明节能控制。

（一）照明控制方式

正确的照明控制方式是实现舒适照明的有效手段，也是节能的有效措施。目前设计中常用的控制方式有跷板开关控制方式、断路器控制方式、定时控制方式、光电感应开关控制方式、智能控制方式等，下面对各种控制方式逐一介绍。

1. 翘板开关控制方式

翘板开关控制方式是指利用跷板开关（图 4-18）控制一套或几套灯具，是应用范围较广泛的控制方案。它能灵活适应设计者提出的布置要求，并在同一房间的各个出入口安装开关。单控开关适合于在一个位置开启或关闭照明，而双控及多控开关则通常用于楼梯、过道等需要多处控制照明的场所，使得可以在上层、下层或两端等多个位置操

图 4-18 翘板开关

控照明。其接线图如图 4-19 所示。然而，这种控制方式存在线路繁杂、维护工作量大、电力损耗较多等问题，不便于实现高效的控制操作。

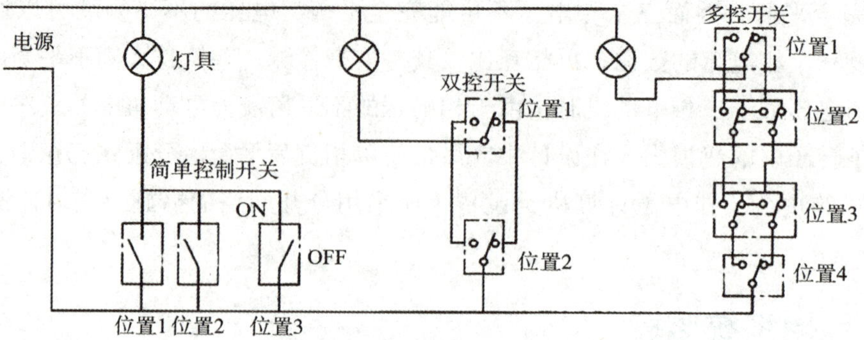

图 4-19 双控及多控开关接线图

2. 断路器控制方式

断路器控制方式采用断路器来控制一组灯具，虽然控制方式简单且投资较小，但由于同时控制的灯具数量较多，导致大量灯具同时开启或关闭，从而在节能方面效果不佳，并且难以满足特定环境下的照明需求。因此，在智能楼宇中应谨慎使用此方式，并尽量避免采用。

3. 定时控制方式

定时控制方式是指定时控制灯具，它可以通过建筑设备管理系统的接口和控制中心来实现。然而，这种方式过于机械化，一旦遇到天气变化或临时调整作息时间，就需要更改设定值才能适应，操作起来较为烦琐。

此外，还有延时开关，这类开关特别适用于短暂使用照明或人们容易忘记关灯的场所。它能在照明点亮后经过预设的延时时间自动熄灭，从而节省能源。

4. 光电感应控制方式

光电感应开关则是通过检测工作面的照度并与设定值进行比较来控制照明开关。这种方式能最大限度地利用自然光，实现更高效的节能，同时提供一个稳定的视觉环境，不受季节和外部气候的影响。光电感应控制方式特别适用于采光条件良好的场所，当检测到的照度低于设定值的极限时，灯具会自动开启，高于极限值时则会自动关闭。

5. 智能控制方式

在智能建筑中照明控制系统将对整个建筑的照明系统进行集中控制和管理，主要完成以下功能。

（1）照明设备组的时间程序控制将楼宇内的照明设备分为若干组别，通过时间区域程序设置菜单，来设定这些照明设备的启 / 闭程序。例如，营业厅照明在早晨和晚上定时开启 / 关闭；装饰照明晚上定时开启 / 关闭等。这样，每天照明控制系统按计算机预先编制好的时间程序，自动地控制各楼层的办公室照明、走廊照明、广告霓虹灯等，并可自动生成文件存档，或打印数据报表。

（2）当楼宇内有事件发生时，照明设备的联动功能需要照明各组做出相应的联动配合。当有火警时，联动控制应使正常照明系统关闭，事故照明打开；当有保安报警时，联动控制应使相应区域的照明系统开启。

（3）照明区域控制系统的核心是 DCS 分站，一个 DCS 分站所控制的规模可能是一个楼层的照明或是整栋楼宇的装饰照明，区域可以按照地域来划分，也可以按照功能来划分。各照明区域控制系统通过通信系统连成一个整体，成为建筑设备管理系统的一个子系统。

（二）照明系统的监控功能

照明监控系统将对整个建筑的照明系统进行集中控制和管理，主要完成以下功能。

1. 走廊、楼梯照明

除了走廊、楼梯除保留部分值班照明外，其余的灯在下班后及夜间应关闭，以节约能源。因此可按预先设定的时间，编制程序进行开 / 关控制，并监视开关状态。

2. 办公室照明

办公室照明的调光原理是：当自然光较弱时，自动增强人工照明；当自然光较强时，自动减弱人工照明。亦即人工照明的照度与自然光照度成反比例变化，以使二者始终能够动态地补偿。

3. 障碍照明、建筑物立面照明

航空障碍灯根据当地航空部门要求设定，一般装设在建筑物顶端，属于一级负荷，应接入应急照明电路。可根据预先设定的时间程序控制，并进行闪烁；或根据室外自然环境的照度来控制光电器件的动作，达到开启 / 关闭。

4. 应急照明的应急起 / 停控制、状态显示

在建筑物发生事故时，照明系统需要进行相应的联动配合。例如，当发生火警时，正常照明系统会被关闭，同时事故照明会被打开；而当有安保报警时，相应区域的照明灯会开启，并确保市电停电后事故照明和疏散照明的正常运作。

不同用途的场所对照明的要求各有不同。照明监控系统的核心部件是 DDC 分站，它可以控制一个楼层甚至整栋楼的照明。区域划分可以基于地域或功能来进行，各照明区域的控制系统通过通信系统连接成一个整体，成为建筑物设备管理系统的一个子系统。

图 4-20 为城市路灯智能照明监控系统。城市路灯远程监控中心通过传输 LED 灯控制模块与每一个路灯终端实时连接，能够实现远程操作，并且可以根据需要切换到自动或手动功能，从而实现城市路灯的集中智能管理。

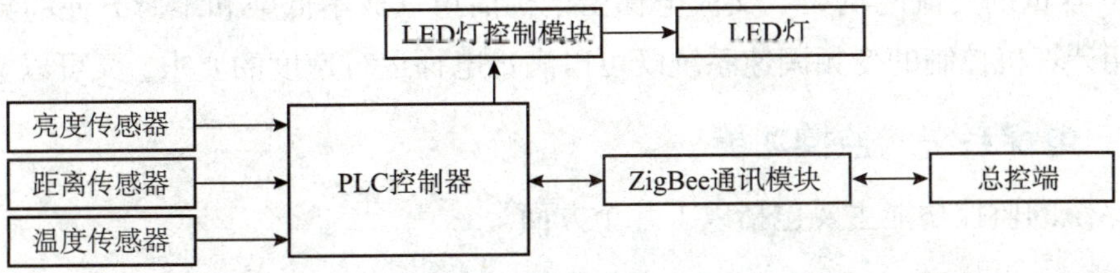

图 4-20　城市路灯智能照明监控系统

六、电梯系统监控

（一）电梯系统的工作原理

电梯作为现代建筑中的主要垂直交通工具，不仅是楼宇内频繁使用的设备，也是保障人身安全的关键设备。由于建筑内存在大量人流和物流的垂直输送需求，因此电梯需要具备智能化功能。对于配备有完备控制装置的电梯，将其控制装置与建筑设备管理系统连接，实现数据通信，以便管理中心能够随时监控各电梯的工作状态，并在火灾、安保等特殊情况下进行直接控制。

在大型智能建筑中，通常会安装多台电梯。若每台电梯独立运行，将无法提高运行效率。为了减少资源浪费，必须根据电梯台数和高峰客流量，对电梯运行进行综合调配和管理，即实行电梯群控。

电梯一般由轿厢、曳引机构、导轨、对重、安全装置和控制系统组成。电梯监控系统的基本要求是确保安全可靠，同时实现起制动平稳、乘坐舒适、平层准确、候梯时间短及节能。试验表明，人的舒适感受主要与加（减）速度 a 和加（减）速度变化率 ρ 有关，而与速度本身无直接关联。电梯运行速度曲线如图 4-21 所示，即在起动加速段和减速制动段均为抛物线、中间为直线的抛物线—直线综合速度曲线。电梯在加速上升或减速下降时，人会产生超重感；在加速下降或减速上升时，会产生失重感，而人对失重的不适感比超重更为敏感。

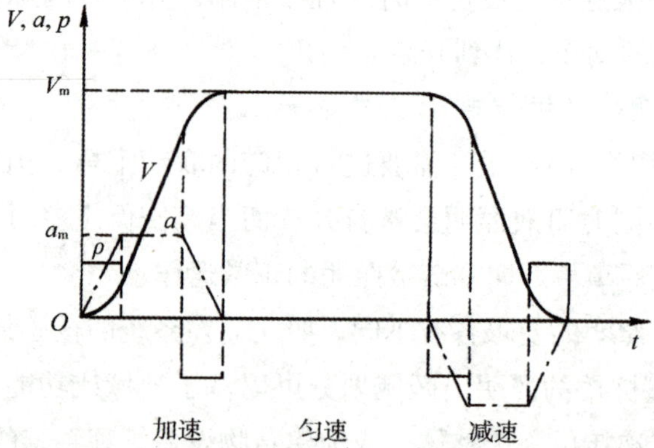

图 4-21　电梯运行速度曲线

按驱动电动机的电源，可将电梯分为直流电梯和交流电梯两大类。直流电梯由直流电动机拖动，由于直流电动机存在换向器和电刷，维修保养工作量大，而且体积、质量和成本都比同容量的交流电机大。交流电梯由结构简单、成本低廉和维修方便的异步电动机拖动，采用计算机控制的变频调速系统既可以满足电梯运行速度的要求，又可以节约能源。

（二）电梯系统的监控功能

电梯系统的监控功能主要包括以下几个方面。

1. 时间程序设定及状态监视、报警

通过设定的时间程序来控制电梯的启停，监控电梯的运行状态、故障及紧急情况报警。运行状态监控主要负责检测电梯的启动/停止状态、运行方向、当前楼层位置等，这些信息可以通过自动检测并传送至DDC，在上位计算机上动态显示各台电梯的实时状态。一旦电梯中的电动机、电磁制动器等关键装置发生故障，故障报警功能将自动触发，显示故障电梯的位置、发生时间及故障状态等信息。

电梯紧急情况主要包括火灾、地震检测，以及电梯故障时是否有人被困等情况。一旦出现紧急状况，应立即报警。当电梯发生故障时，远程监控报警系统可以直接向维保人员发送报警短信，确保维保人员第一时间掌握电梯故障信息，缩短故障解决时间。如遇电梯困人情况，维保人员可以回拨该短信号码，通过轿厢顶部的电梯故障采集仪与被困人员进行通话，及时安抚被困人员。

2. 电梯群控管理

电梯群控系统能够自动分配运行区域，并将电梯调配至各个服务区段。服务区域可以根据实际情况变化，其位置与范围由各台电梯通报的实际工作情况确定，并实时监控，以满足大楼各处不同的停站需求。业主可以通过刷卡或输入密码到达指定楼层；系统还具备与楼宇对讲联动的功能，使临时访客能够使用电梯进入指定楼层；在发生消防事故时，系统能够自动转入消防状态，恢复电梯的基本运行功能；系统还提供楼层时段管理功能，可以设定每个楼层的开放时间段，并且正常时间与节假日时间的开放时段可以有所不同，类似于门禁的功能，特别适用于写字楼等场合。此外，电梯群控系统还具备呼梯功能，通过呼梯器或计算机控制，电梯可以准确到达指定楼层。

以办公大楼中的电梯为例，上下班和午餐时间是客流量集中的高峰期，而其他时间则相对空闲。为了在不同客流时期自动进行调度控制，既减少候梯时间，充分利用现有交通能力，又避免多台电梯同时响应同一召唤导致空载运行和电力浪费，系统需要不断扫描各层站召唤信号和轿厢内选层信号，根据轿厢位置、上下行停站数、轿内人数等因素实时分析客流变化，并选择适合的输送方式。电梯群控系统能够自动分配运行区域，调配电梯至各个服务区段，服务区段可以根据实际情况动态调整，其实际位置和范围由各台电梯通报的工作情况确定，确保随时满足大楼各层的召唤需求。

在客流量很小的“空闲状态”，系统将从整体服务区中离发车点最近的一站调度发车，无须运行的轿厢自动关闭，避免空载运行，从而使各层站的候车时间最短。

在上班高峰期，几乎没有下行乘客，客流基本为上行，系统将切换至“上行客流方式”，各区电梯全力输送上行乘客，乘客走出轿厢后立即反向运行。下班高峰时，系统将切换至“下行客流方式”。午餐时间上、下行客流量都很大，系统将切换至“午餐服务方式”，持续监视各区域的客流量，并随时向客流量大的区域分派轿厢，以缓解载客高峰。

电梯群控管理可以显著缩短候梯时间，提升电梯交通的服务质量，最大限度地发挥电

梯的作用，使其具备理想的适应性和交通应变能力，这是单靠增加电梯数量和速度难以实现的。

通过优化控制多台电梯，可以提高整个系统的运行效率，减少乘客的候梯和乘梯时间，同时及时通报等待时间，满足乘客在生理和心理上的需求，实现高效的垂直输送。此外，系统可以根据不同的交通状况提供最佳的运行方案，从而降低能耗。一般智能电梯系统均采用多微机群控技术，并与维修、消防、公安、电信等部门联网，既节能，又确保安全，实现了无人化管理。

3. 配合安全技术防范系统协同工作

当接到防盗信号时，根据保安级别自动行驶至规定楼层，并对轿厢门实行监控。当发生火灾时，普通电梯直驶首层、放客，切断电梯电源；消防电梯由应急电源供电，在首层待命。

任务三 建筑设备管理设计

任务描述

建筑设备管理设计旨在通过科学合理的设计方案，优化建筑物内设备的配置和管理流程，确保设备的高效运行和长期可靠性。本任务涉及设备选型、布局设计、维护策略规划、能效管理，以及应急预案制定等多个方面，主要通过精细化管理，提升建筑物的整体运营效率和安全性。

任务分析

本任务需要详细列出建筑物内所有需要管理的设备，根据建筑物的用途和运营需求，确定各类设备的功能要求。评估设备的技术参数，如能耗、效率、噪音、可靠性等，确保选型符合建筑物的实际需求。合理设计设备的安装位置和布局，确保设备运行的高效性和维护的便利性。制订设备的预防性维护计划，包括定期检查、保养和更换易损件，降低设备故障率。建立能耗监测系统，实时监控设备的能耗数据，分析能耗趋势，制订节能措施。

任务实施

近年来，国民经济快速发展，固定资产投资规模不断扩大，高档次现代化办公大楼、酒店、智能大厦大量兴建。这些大厦普遍要求通过建筑设备管理系统来保障其高效运行。建筑设备管理系统设计的主要目的，是通过分析、归类、处理和判断建筑物内各种机电设备的信息，采用最优化的控制手段，并结合现代计算机技术，对各系统设备进行全面有效的监控和管理。该系统使各子系统设备能够在高效、有序的状态下协同运行，确保建筑物内环境的舒适与安全，并尽可能减少能耗和日常管理费用，保证系统在安全、节能方面稳定有效地运行。通过实施建筑设备管理系统，可以提升建筑物的整体运行效率，优化资源利用，满足现代建筑对高效管理的需求。

一、建筑设备管理系统的设计原则

在设计建筑设备管理系统时，应遵循先进高效、技术成熟、经济合理、安全可靠的原则。设计方案和选用产品应满足建筑物内设备监控及管理的功能需求，系统硬件设备和软件配置应符合具体工程应用的实际需求，选择具备结构化、模块化、标准化特性，具备良好可扩展性和开放性的产品；并需充分考虑系统内各子系统或设备之间的相互通信，同时根据实际需求适度进行系统集成。具体设计应从以下几个方面考虑。

（1）技术的适用性。为了延长建筑物及其设备的寿命，更好地满足用户日益增长的需求，应尽量采用国际上先进的、成熟的、实用的技术和设备。

（2）开放性。由于建筑设备监控系统通常由不同厂商的产品构成，选择具有开放性的系统，能够与其他厂商产品互联，可有效减少系统维护、扩展和更新的麻烦。

（3）可扩展性。在设计过程中，需根据受控设备的分布，编制监控设备点数表和系统设备配置表，在进行设备配置时，应考虑系统的冗余度，以满足后期系统的扩展需求。

（4）一体化整合设计原则。建筑设备管理系统涉及的专业范围有建筑、暖通空调、冷热源、给水排水、供配电、电梯、照明等众多子系统，与计算机技术、控制技术、通信技术密不可分。因此，在规划、设计、施工中，各工种的协调配合至关重要。一体化整合设计具体到土建、暖通、给水排水、电气等方面，需对控制室、竖井的面积和位置、土建装修条件、电缆桥架、管线的预埋件、预留孔洞、工艺流程图、测量控制要求、所带设备的控制要求、供电系统图、测量控制要求、动力、照明配电箱的平面位置等进行详细规划和设计。

（5）可靠性。建筑设备管理系统必须具有保证可靠运行的自检试验与故障报警功能，主要包括交流电源故障报警、通信故障报警、接地故障报警和外部设备控制单元故障报警等。

（6）节能环保。建筑设备的能耗占大楼的 50% 以上，且节能潜力巨大，应强化节能意识，将能源供应管理及节能控制列为重点。有条件的地方应采用中水处理和综合利用，以减少污染，节约资源。

综上所述，智能建筑的工程建设以实现绿色建筑为目标，做到功能实用、技术适时、安全高效、运营规范和投资合理。

二、建筑设备管理系统的设计流程

建筑设备管理系统的设计应贯穿于建筑电气设计的全过程。在民用建筑电气设计的方案及初步设计阶段，必须结合工程需求，充分考虑建筑设备管理系统的方案设计。原则上，方案设计文件应满足编制初步设计文件的需要，初步设计文件应满足编制施工图设计文件的需要，施工图设计文件应满足设备材料采购、非标准设备制造和施工的需要。通常，设计单位对建筑设备管理系统的设计包括在弱电设计或总的电气设计中，而工程承包方的二次深化设计有时仅涉及建筑设备管理系统的单项设计。具体到各个阶段的设计内容如下。

（一）方案设计阶段

在方案设计阶段，建筑电气专业建筑设备管理系统设计文件主要包括设计说明书。其中在电气或智能化系统总说明中阐述设计范围及建筑设备管理系统的设计标准，并说明建筑设备管理系统设计包含的内容，当由建筑设备管理系统完成系统集成时，应说明集成的内容等。

（二）初步设计阶段

在初步设计阶段，建筑电气专业建筑设备管理系统的设计内容包括设计说明书、图纸目录、系统图、平面图以及主要设备材料表等。

设计说明书是其中最为重要的部分，其设计依据主要包括建筑概况、相关专业提供给本专业的工程设计资料、建设方提供的有关职能部门认定的工程设计资料及建设方设计要求、本工程采用的主要标准及法规；建筑设备管理系统控制室的位置、面积、独立设置或与哪些系统合用；监控总点数包括数字输入、数字输出、模拟输入、模拟输出各为多少；系统的组成等。

对于制冷及热力系统应说明制冷机及锅炉的形式、台数及自带的控制功能与控制要求，以及建筑设备管理系统要实现的控制功能；对冷冻（冷却）水系统应说明冷冻（冷却）水泵的台数、冷却塔的台数，控制要求及建筑设备管理系统实现的功能；对于空气处理及给水排水系统应说明设备的台数、控制要求及建筑设备管理系统实现的功能；对于供配电设备监测系统应说明高低压开关柜、变压器、发电机、直流电池屏台数，主要设备的使用功能（同时应注意变电所综合自动化系统与基于建筑设备管理系统的简化的变配电智能化系统的区别）；说明照明系统的控制要求（同时应注意专用的照明控制系统与基于建筑设备管理系统的照明控制的区别）；说明与安防系统的联动控制要求等。

当完成智能化系统集成功能时，设计说明书还需说明集成的子系统及其要求；主要产品的选型；设计中所使用的符号、标注的含义；接地要求、导线选型及敷设方式等；需提请在初步设计审批时解决或确定的主要问题（这点往往容易被设计者忽略）。

系统图中，应画出系统干线图，控制室大体位置，设备、DDC 大体位置；数量应在干线图中大体标出（可只标出线路连接路径不做线路具体选型）。平面图中，应包括控制室平面布置图和各分站 DDC 平面布置（可只画出设备平面分布不做线路具体连接）。主要设备材料表中，应包括主要设备的图例、名称、型号规格、技术参数、单位、数量、安装做法等。

（三）施工图设计阶段

在施工图设计阶段，建筑设备管理系统的设计文件包括图纸目录、施工图设计说明、系统图、平面图、主要设备材料表等。

施工图设计说明中的设计依据可沿用初步设计中的内容进行说明，设计范围包括建筑设备管理系统控制室的位置、面积、独立设置或与其他系统合用、监控总点数及现场控制器输入和输出信号的数量、系统的组成等。

在建筑设备管理系统中，现场控制器输入、输出信号有以下 4 种类型。

（1）AI（模拟量输入）：用于采集如温度、湿度、压力等连续变化的物理量，信号通常为 0 ～ 10 V 或 4 ～ 20 mA。

（2）AO（模拟量输出）：用于控制连续调节阀门、风门驱动器等，信号通常为 0 ～ 10 V 或 4 ～ 20 mA。

（3）DI（数字量输入）：用于监测触点闭合、断开的状态，通常用于监视起动、停止状态和报警。

（4）DO（数字量输出）：用于控制电动机的起动、停止，以及两位式驱动器的控制等。

若系统具备智能化集成功能，施工图设计说明中还需包含集成子系统的要求、主要产品的选型、设备订货要求、设计中所使用的符号和标注的含义、接地要求、导线选型及敷设方式、系统的施工要求和注意事项（包括布线、设备安装等），以及工程选用的标准图等。

系统图方面，应绘制至 DDC 站为止的系统干线图，明确系统主要设备、与 DDC 站的连接方式、线路选型与敷设方式、线缆和设备的数量与路由等。监控点表应详细说明设备和 DDC 的分布位置、监控对象、实现的功能、监控点分类、点数统计及 DDC 的点数占用率等，各监控点、DDC 与干线系统图应严格一致。

平面图包括控制室平面布置图、接地平面图、DDC 平面布置图、干线及设备机房外线路平面图。主要设备材料表中，应列出主要设备的图例、名称、型号规格、技术参数、单位、数量、安装做法等详细信息，确保这些内容与平面图材料表一致，设备位置应与实际位置基本一致。

建筑设备管理系统及系统集成包括绘至 DDC 站为止的监控系统方框图，详细说明相关建筑设备监控（测）要求、点数、位置，配合承包方了解建筑设备情况及要求，审查承包方提供的深化设计图纸。

同时，在施工图设计中还需说明对成套产品的技术要求，并以能满足编制投标书的要求和审核承包商深化设计文件为原则。进行施工图设计时，应尽量缩短控制器同各个被控设备之间的距离以提高系统的可靠性和系统的整体性能；应合理分布控制器以提高控制器的利用率，减少浪费。

（四）深化设计阶段

深化设计阶段与施工图设计的主要区别在于需增加详细的分系统图、详细的设备机房内 DDC 与监控设备的连接平面图和接线图及详细的设备材料清单。调整到深化设计中的图纸主要是子系统的系统图，传感器、执行器的材料选择，机房内设备与 DDC 之间具体连接的平面图等。深化设计要求承包方应负责提供相应的深化设计，主要有设计说明（包括系统功能说明及性能指标、监控点数表、系统设备配置清单、监控原理说明等）、系统图（包括系统结构图、网络拓扑图）、平面图（包括控制中心、分控室、受控设备机房、末端设备安装及配线平面施工图）、设备安装大样图（包括控制中心和分控室设备的平面、立面、剖面安装图，DDC、传感器、执行机构的安装大样图）、各系统或设备的监控原理图及电气端子接线图、系统设备配置及器材与线缆清单、系统安装及施工的土建条件与环境要求。

三、建筑设备管理系统的节能优化设计

维持智能建筑的运行需要消耗大量能源，其中空调、给水排水、照明等子系统的能耗占据了智能建筑运行能耗的 2/3 以上。因此，降低建筑物的能耗重点在于降低这些设备的运行能耗。一旦各类设备的选型确定，要降低设备能耗，就必须深入分析设备系统的运行控制过程，考察外界气候条件和建筑物内人员、设备变化对建筑物运行能耗的影响，以便在设备运行控制过程中实施节能措施。

为此，应充分运用现代计算机技术、互联网技术、制造技术、信息技术、管理技术和分析工具，对各类智能建筑的设备系统运行特性、集成控制方式、控制过程、控制内容、控制软件系统进行详细的分析和研究。在此基础上，还需分析影响建筑物内部舒适性的因素，定量分析建筑物内部舒适度指标，确定控制目标和控制参数，构建相应的设备控制模型和目标函数，进行设备运行能耗的仿真计算和实验，深入分析设备能耗与智能建筑功能以及建筑物使用时间、空间之间的关系，优化设备运行。在确保智能建筑使用性能的前提下，降低设备使用的能耗，从而在节能、智能化、安全性、舒适性、快捷性、经济性等方面推动智能建筑更好地发展，进而促进智能建筑整体的发展。

建筑设备管理系统的节能优化设计主要集中在空调系统、给水排水系统和照明系统。通过这些系统的优化设计，可以有效地降低能耗，实现建筑物的节能目标。

（一）空调系统节能

维持智能建筑内部舒适性的设备是空调系统。而空调系统较复杂，控制参数多，影响其运行能耗的因素多，控制目标多。在对空调系统运行过程中各部分的耗电进行分析的基

础上，确定影响空调运行能耗的主要参数和控制目标。建立优化运行的目标控制模型和目标函数，选用一种算法进行控制参数求解，将优化后的控制参数送入控制系统进行控制，达到节能的目的。

对于空调机组的控制优化，目前多采用自适应控制的方式有效实现空调机组的精细化控制。自适应控制在系统的运行过程中不断地提取有关模型的信息，使模型逐步完善，同时，依据对象的输入输出数据，不断地辨识模型参数，通过在线辨识，模型会变得越来越准确，越来越接近于实际。这样，系统在刚开始投入运行时可能性能不理想，但是只要经过一段时间的运行，通过在线辨识和控制以后，控制系统逐渐适应，最终将自身调整到一个满意的工作状态。

（二）给水排水系统节能

给水排水系统节能分为节电与节水，其耗电主要是水泵耗电。一般水泵耗电量占给水排水系统总耗电量的 70% 以上，在给水排水系统的运行费用中居第一位。要保证系统的安全可靠运行，应实现对水泵的最佳运行控制。其控制功能简单，控制参数少，节电措施主要是对水泵进行调速，使得无论用户用水量如何变化，水泵都能及时改变其运行方式，实现最佳运行。水泵调速可有下列几种方法。

（1）用水泵电动机可调速的联轴器（力矩耦合器）。电动机的转速不可调，在用水量变化时，通过调节可调速水泵电动机的联轴器，可以改变水泵的转速，以达到调节水量的目的。联轴器类似于汽车的变速器。

（2）用调速电动机。由用水量的变化来控制电动机的转速，从而使水泵的水量得到调节，此方法设备简单、节省动力。调速水泵给水系统原理图如图 4-22 所示。

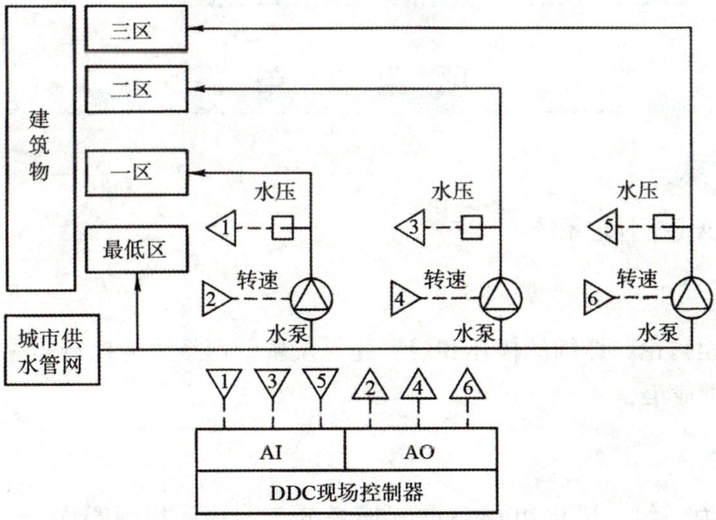

图 4-22　调速水泵给水系统原理图

（三）照明系统节能

照明系统能耗在设备系统总耗电量中占比约 30%，当前主要的节电措施包括合理规划用电需求、减少不必要的用电，并通过智能控制方式优化照明系统的运行。

建筑设备管理系统的设计旨在全面监控和管理智能建筑内的各项机电设施，包括冷热源系统、空调通风系统、给水排水系统、供配电系统、照明系统、电梯系统、消防、安防系统等。通过对各子系统的监视、控制和信息记录，系统能够实现分散的节能控制和集中的科学管理，从而为建筑物用户提供舒适优良的工作环境，为建筑管理者提供便捷高效的管理工具。这种全面的管理不仅能够减少建筑物的能耗，降低运营成本，还能确保智能建筑内各系统的安全、可靠和节能运行。

项目小结

本项目主要介绍了建筑设备管理系统的基本框架和实践应用。首先介绍了建筑设备管理系统的基本概念，使读者对系统的功能和重要性有一个基本的认识；其次详细讲解了建筑设备系统监控所包含的各个系统监控内容，让读者了解如何通过监控这些系统来维护建筑设备的正常运行；最后介绍了建筑设备管理设计的流程，包括规划、设计、实施及维护阶段的各项要求和注意事项。通过本项目的学习，读者不仅掌握了建筑设备管理系统相关的理论知识，还在设备监控、维护管理、能耗分析等方面显著提升了技术能力和实际操作技能，同时通过理论与实践相结合的方式增强了解决问题能力和实际应用能力，能够在建筑管理中高效应用自动化工具，提升设备运行效率和建筑的整体管理水平。

项 目 工 单

一、任务名称

设计一个建筑设备管理系统。

二、任务描述

全班同学分组讨论，详细的描述和规划建筑设备管理系统的执行步骤、所需资源、责任分配，以及预期成果。

三、分组讨论

以 3 ～ 5 人为一组，选出组长并进行任务分工，将小组成员及分工情况填入实训表 4-2 中。

实训表 4-2 小组成员及分工情况

班级： 组号： 指导教师：

小组成员	姓名	学号	任务分工
组长			
组员			

四、任务思考

1. 如何分析建筑设备管理的需求？
2. 如何设计文档开发建筑设备管理系统的软件呢？
3. 如何将新开发的软件集成到现有智能建筑设备管理流程中呢？

五、实施过程

按实际操作过程，将实施内容、遇到的问题及解决办法等记录于实训表 4-3 中。

实训表 4-3 工作实施过程记录表

序号	实施内容	遇到的问题及解决办法	结果

六、任务评价

各组展示任务完成情况，并完成实训表 4-4 的考核评价表。

实训表 4-4 考核评价表

项目名称	评价内容	分值 / 分	评分 / 分		
			自评	互评	师评
职业素养考核项目	考勤、纪律意识	10			
	团队交流与合作意识	10			
	参与主动性	10			

续表

项目名称	评价内容	分值 / 分	评分 / 分		
			自评	互评	师评
专业能力考核项目	积极参与教学活动并正确理解任务要求	10			
	认真查找与任务相关的资料	10			
	任务实施过程记录表的完成度	10			
	对建筑设备管理监控知识的理解程度	20			
	独立完成相应任务的程度	20			
合计：综合成绩________自评（20%）+ 互评（20%）+ 师评（60%）		100			

课后练习

一、填空题

1. 建筑设备管理系统内容包括________、________、________、________，以及________。

2. 建筑设备管理系统通过________和________，将分布在各个子系统中________、________的现场直接数字控制器连接起来。

3. 应急柴油发电机组的监控，主要包括________、________等关键参数的检测，机组运行状态的________，________的及时处理，以及________的准确监测。

4. 照明控制方式常用的设计中控制方式有________、________、________、________、智能控制器控制方式等。

5. 建筑设备管理系统的节能优化设计主要集中在________、________和________。

二、简答题

1. 直燃机按功能可分为哪几种形式？简述直燃机的含义。

2. 照明监控系统的核心任务主要包含哪些方面？

3. 简述建筑设备管理系统的设计原则。

项目五

办公自动化系统

项目导读

办公自动化是在设备、通信逐步实现自动化的基础上，通过管理信息系统的发展而形成的一门综合性技术。它将计算机网络与现代办公实践紧密结合，不仅能够自动化处理办公事务，提升个人或团队的办公效率，还为企业或部门机关的管理决策提供了科学的依据。通过这种新型办公方式，办公自动化极大地优化了工作流程和信息处理，成为现代企业和机构不可或缺的管理工具。本项目主要介绍办公自动化系统的基本模式、组成、设备、管理信息系统，以及数据库技术。

学习目标

知识目标

1. 了解办公自动化系统的基本构成。
2. 掌握办公自动化系统的组成。

能力目标

1. 掌握决策支持系统的技术构成。
2. 具备分析创建 Web 架构方式的能力。

素质目标

1. 通过办公自动化系统促进跨部门、跨区域的高效沟通和协作，提升团队成员之间的信息共享和协调配合能力，增强团队精神。

2. 通过系统中的数据分析工具，培养学生的数据意识和数据分析能力，使其能够利用数据辅助决策，提高决策的科学性和准确性。

3. 培养学生对新技术的快速适应能力，鼓励终身学习和持续进修，以适应办公自动化系统不断更新和发展的需求。

思政目标

办公自动化系统聚焦于提升现代办公室的运营效率、优化资源配置和增强员工的综合素质。通过自动化和信息化手段，提高工作效率和准确性，这是实现现代化治理的重要途径，体现了科技创新是引领发展的第一动力的思想。办公自动化系统能促进信息共享和协同办公，培养团队合作精神和集体荣誉感，增强组织凝聚力和向心力。

任务一 办公自动化系统的基本模式

任务描述

办公自动化系统的基本模式设计旨在通过集成信息技术，优化办公流程，提升工作效率和决策能力。本任务涉及基础功能的配置、系统架构的设计、安全性保障、用户交互体验优化，以及系统集成等多个方面。通过科学合理的设计方案，实现办公流程的自动化、信息共享和数据管理，助力企业提升管理水平和运营效率。

任务分析

根据企业的办公流程和业务需求，确定系统所需的基本功能，如文档管理、电子邮件、日程管理、会议管理、任务分配等。选择适合企业规模的系统架构模式；配置好基础功能配置；采用数据加密、访问控制、备份恢复等技术，确保数据的安全性和完整性；设计简洁、直观的用户界面，确保用户能够快速上手和高效使用系统。

任务实施

在智能建筑中按照《智能建筑设计标准》（GB 50314—2015），根据各类建筑物的使用功能需求，可以构建两种类型的办公自动化系统：通用办公自动化系统和行政办公自动化系统。通用办公建筑又细分为普通办公建筑和商务办公建筑，而行政办公建筑则可以根据行政级别划分为省部级及以上职能、地市级职能，以及其他职能 3 种类型。按照办公自动化系统的功能层次，可以将其分类为事务处理型、信息管理型和决策支持型办公自动化系统。这种分类有助于根据不同的需求和层级，选择和配置适合的办公自动化系统，从而提高办公效率和管理水平。

一、通用型系统

通用办公自动化系统是一个用于处理建筑物物业管理、电子账务、电子邮件、信息发布、信息检索、导引、电子会议，以及文字处理和文档管理等公共事务的管理系统。例如，建筑设备管理系统、物业管理系统、建筑物（内联网、互联网）、一卡通系统、综合信息服务系统等。这个系统旨在提升建筑物的运营效率和管理便捷性，通过集成多种功能和应用，满足建筑物内部的多样化需求。

通用型系统的主要功能包括以下几个方面。

（1）对建筑物内各类设备的运行状况、统计信息及维护进行管理。

（2）具有文字处理、文档管理、各类公共服务的计费管理、电子账务管理、人员管理等功能。

（3）具有共用信息库，向建筑物内公众提供信息采集、装库、检索、查询、发布、导引等功能。

（4）智能卡管理子系统应能识别身份、门钥、信息系统密钥等，并进行各类计算，随着人像识别技术的推进，智能卡有一些场所将逐步被活体人像识别所取代。

根据《智能建筑设计标准》（GB 50314—2015），智能建筑办公自动化系统的设计应主要针对通用办公自动化系统，并设置建筑设备综合管理系统，以满足通用办公建筑的使用及管理要求。智能建筑需要汇集内外部各种信息，实现各智能化子系统的集成，因此需设置智能建筑综合管理系统（intelligent building management system，IBMS）来整合各智能化子系统。IBMS 能够处理和分析楼内外的资料，将其转化为高附加值的信息，从而优化管理系统的作业流程，降低运营成本，增强竞争力。此外，IBMS 还能高度集成各实时子系统，实现安保、防火、设备监控三位一体，通过统一的图形操作界面进行全面监控、控制和管理，提升建筑全局事件管理和物业服务的效率和综合功能。

随着被管理对象的复杂度增加，智能建筑的发展也进一步深化。这主要体现在被管理对象的数量和种类增多，智能建筑内部的异构性增强，对智能化服务综合程度的要求不断提高。

建筑智能化综合管理的层次主要包括网络管理层、系统管理层、信息管理层、应用程序管理层及商务管理层。网络管理层主要关注通信网络及其组件的管理，如集成器、网桥、路由器等；系统管理层涉及对工作站、主机及 PC 端的管理。

信息管理层包括网络信息和数据，负责维护和应用整个建筑智能系统的数据，保证信息数据的一致性和可靠性。应用程序管理层是指各种应用程序，商务管理层则从人事、技术和产品等角度，对建筑智能化管理系统的操作进程和服务进行管理。随着现代智能建筑中管理任务的增多，传统的单一网络管理层次已不再适用，综合性的管理方式能够实现对多任务的控制和约束。

二、专用型系统

对于专用型办公建筑，虽然其办公自动化系统具有通用办公自动化系统的功能，但是仍应按其特定的业务需求，建立专用办公自动化系统。例如，银行业务系统、商场 POS 系统、酒店管理系统、政府机关办公系统、各类企业管理系统等。

三、事务处理型系统

办公事务处理主要涉及执行日常办公中的例行任务，大致可分为办公事务处理和行政事务处理两大类。办公事务处理包括文字处理、电子表格、电子邮件等，而行政事务处理则涉及公文流转等行政工作。事务处理型办公自动化系统可以是单机系统，也可以是用于处理基本办公事务和行政事务的多机系统。

在单机系统中，由于不具备计算机通信能力，信息交流主要依赖人工方式或传统的电信方式。而在多机系统中，可以通过局域网、程控交换机综合通信网或 Internet 连接等多种方式实现计算机之间的通信，从而更高效地完成办公事务处理和行政事务处理的任务。智能建筑常用的多机系统事务处理型办公系统模型，如图 5-1 所示。

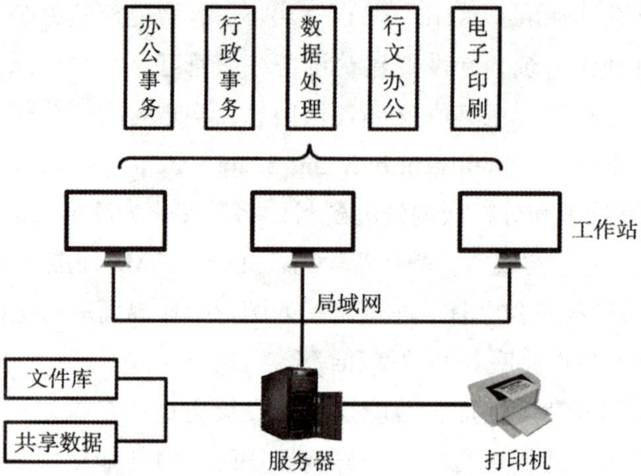

图 5-1　事务处理型办公系统

四、信息管理型系统

信息管理型办公自动化系统是事务处理型办公系统与综合信息紧密结合的一体化办公信息处理系统。它依托事务处理型办公系统的支持，以管理控制活动为核心，不仅具备事务处理型系统的全部功能，还增加了信息管理功能。根据应用领域的不同，信息管理型办公系统可分为政府机关型、商业企业型、生产管理型、财务管理型和人事管理型等。

在智能建筑中，信息管理型办公自动化系统主要由局域网构成，该网络可以连接不同类型的主机，便于实现本地微机间或与远程网间的通信。通信网络通常采用主机系统、二级计算机和办公处理工作站的三级通信网络结构。中心计算机位于第一层，设置在计算机中心机房，主要负责管理信息系统的功能；二级计算机位于中间层，设置在各职能管理机关，主要执行办公事务处理功能；而工作站位于最底层，设置在各基层部门，负责实际操作。这种结构具有强大的分析处理能力，良好的资源共享性及高可靠性。信息管理型办公系统结构如图 5-2 所示。

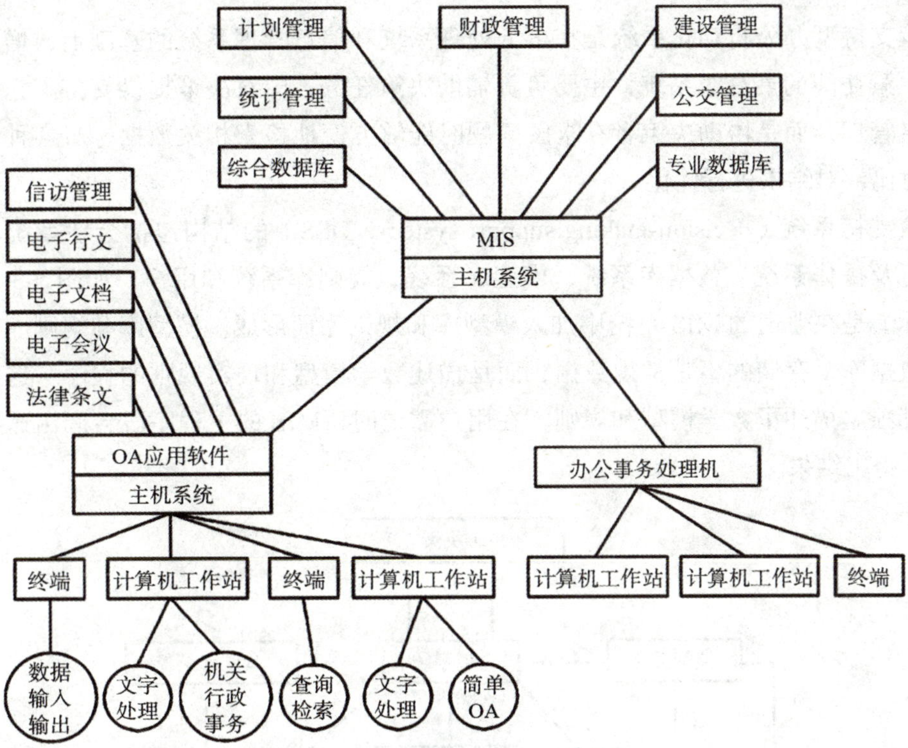

图 5-2　信息管理型办公系统结构

对于范围较大的系统，可以采用以程控交换机为通信主体的通信网络，连接各种办公计算机、终端设备，以及电话机、传真机等互连起来，构成一个范围更广的办公自动化系统。

信息管理型系统与事务处理型系统在硬件配置上基本相似，没有本质区别。事务处理型系统通过网络实现计算机间的资源共享，但各计算机的工作大多独立进行。而信息管理型系统增加了层次结构，中心计算机通过管理信息系统（management information system，MIS）实现对各计算机的综合管理，各计算机在不同层次上工作，协同性能更佳。同时，各计算机通过网络连接，形成一个服务于特定目标的整体。MIS 实质是将事务处理型办公系统与数据库紧密结合。

在信息时代，数据的价值日益凸显，在不同领域形成多样化的数据。大数据环境下的信息管理系统在日常生活和生产中将发挥更重要的作用，并逐步向企业数据收集、风险预警和流程优化等方向发展。

随着移动终端的普及，基于移动终端的通用办公服务平台也开始流行，如钉钉实现了即时消息、短信、邮件、语音、视频等多功能集成，构成安全独立的协同通信体系，能与移动办公等第三方业务系统无缝连接，为内部员工提供点对点的消息、提醒和信息服务，实现高效的协同办公。

五、决策支持型系统

决策支持型办公自动化系统是在事务处理系统和信息管理系统的基础上，增加了决策或辅助决策功能的最高级系统，主要负责辅助决策任务，即对决策提供支持。它不同于一般的信息管理，而是协助决策者在求解问题时能够方便地检索相关数据，对各种方案进行实验和对比，对结果进行优化。

决策支持系统（decision-making support system，DSS）的结构包括会话系统、控制系统、运行及操作系统、数据库系统、模型库系统、规则库系统和用户，如图 5-3 所示。该结构实际上是在普通的 MIS 系统中加入模型库和规则库而形成。模型库和规则库实际上是特殊的数据库，存储的不是常规数据，而是描述数学模型和现实规则的程序。这些程序的每一段都独立描述了数学模型和规则，在用户需要时，MIS 的主程序段会调出这些程序进行运算，得出结果。

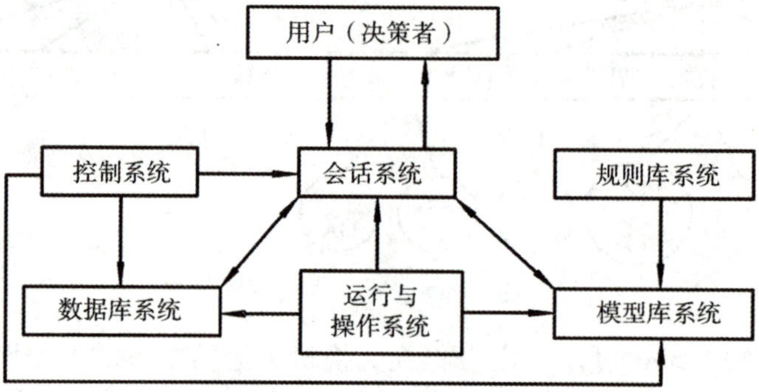

图 5-3　DSS 结构示意图

决策支持系统的运行过程：首先，用户通过会话系统输入需要解决的决策问题，会话系统将输入的问题信息传递给问题处理系统（主程序）；接着，问题处理系统从数据库中收集相关数据信息，并调用模型库和规则库中的程序进行计算，如果用户提供的问题信息不明确，会话系统将通过交互式对话与用户沟通，直至问题明确；然后，主程序开始搜索合适的模型程序和规则程序以解决问题，通过计算得出解决方案，并评估其可行性；最后，将计算结果和可行性分析提供给用户，用户基于自己的经验和分析结果进行决策，选择一个可行的方案实施。

决策支持系统的技术构成包括以下几个方面。

（1）接口部分。接口部分是输入、输出的界面，也是人机进行交互的窗口。

（2）模型库部分。系统要根据用户提出的问题调出系统中已有的基本模型，模型管理部分应当具有存储、动态建模的功能。此部分是 DSS 的关键，目前模型管理的实现是通过模型库系统来完成的，通常由计算机专业人员进行数学建模、编制程序完成，离计算机自动动态建模尚有一定距离，需要决策人员与计算机专业人员密切配合。

（3）规则库部分。规则库部分通过程序，描述决策问题领域的知识（规则和事实），需要决策人员与计算机专业人员密切配合。

（4）数据库部分。数据库部分管理和存储与决策问题有关的数据。

（5）推理部分。推理部分属于会话系统程序段功能，识别并解答用户提出的问题，分为确定性推理和不确定性推理两大类。

（6）分析比较部分。分析比较部分可以对方案、模型和运行结果进行可行性分析，将计算结果供用户参考。

（7）问题处理部分。问题处理部分属 DSS 主程序段功能。根据交互式对话识别用户提出的问题，构造出求解问题的模型和方案，并匹配算法、变量和数据等，计算求解结果。

（8）控制部分。控制部分连接协调系统各个部分，规定和控制各部分的运行程序，维护和保护系统。

上述各部分主要依靠程序实现，目前 DSS 的开发和应用主要解决半结构化决策问题。模型和方法的使用是确定的，程序运行的结果也有一定规律，但决策者的理解差异导致决策结果具有不确定性，决策质量最终仍依赖于人的判断。尽管如此，DSS 将人的决策从定性提升至定量，显著提高了决策质量。

可视化、多媒体、大数据和云计算技术的出现为决策支持系统发展提供了新的途径，未来的决策支持系统将朝着更便捷、更强大、更智能的方向发展。传统的决策过程包括材料收集、调查、分析、论证、选择、评估等环节，借助大数据技术，这些环节将加速进行，并产生更科学简洁的决策结果；云计算技术具有超大规模、虚拟化、可靠、可扩展等特点，能充分利用 IT 资源，赋予系统更强大的计算能力。

从用户角度看，智能建筑就是向用户提供一个安全、高效、舒适、便利的建筑环境。一栋办公类智能建筑如果不能提供一个高效的办公环境，尽管它很安全、很舒适，恐怕也不会有多少企业愿意入驻，高效的办公自动化系统在此起着决定性的作用。

任务二　办公自动化系统的组成和设备

任务描述

办公自动化系统的组成和设备旨在通过合理配置硬件和软件资源，构建一个高效、安全、易用的办公自动化环境。本任务涉及硬件设备的选型、软件系统的配置、网络架构的设计、安全性保障等多个方面，以确保系统能够满足企业的日常办公需求，提升工作效率和决策能力。

任务分析

根据企业的办公流程和业务需求，确定系统所需的基本功能。接下来，要选择合适的硬件设备选型，把软件系统配置好，设计合理的网络拓扑结构，确保数据传输的稳定性和安全性。采用数据加密、访问控制、备份恢复等技术，确保数据的安全性和完整性。将办公自动化系统与其他内部系统进行集成，实现数据共享和业务协同，对系统的各项功能进行全面测试，确保功能符合设计要求。

任务实施

一、办公自动化系统的组成

办公自动化系统主要由硬件设备和支持软件系统组成。

办公自动化系统涉及的硬件设备，包括计算机的扫描仪、打印机、绘图仪等，以及办公自动化设备，如传真机、复印机、打字机、数码速印机、数码录像及刻录像设备、数码投影与显示设备等。系统中的计算机通常通过网络实现信息资源共享，并方便接入互联网。

办公自动化软件是指为了完成信息处理和管理所用的计算机程序，通常包括计算机系统软件、应用软件、诊断和测试软件等。办公自动化系统支持软件系统主要有办公自动化系统通用工具软件，包括数据库管理系统、文字处理软件、表格处理软件、翻译软件、校对软件等；还包括办公自动化应用软件，如财务管理、劳动工资管理、项目计划管理、图书资料管理、会议管理等软件。

二、办公自动化系统的设备与信息处理技术

办公自动化系统的基本设备主要分为两大类：图文数据处理设备和图文数据传输设备。图文数据处理设备包括计算机、打印机、复印机、电子印刷系统等；图文数据传输设备则包括图文传真机、电传机、程控交换机及各种通信设备等。

随着计算机技术、计算机网络技术和信息处理技术的发展，更多新的办公自动化技术设备被引入，如扫描仪、数字图像处理系统、远程网络视频会议系统、数字电视、数码相机、网络数码摄像机、笔记本电脑、无线网络设备等。

（一）信息的输入设备

字符识别（optical character recognize，OCR）技术及设备主要用于对纸上的印刷及打印文字字符进行识别，将识别结果以文本方式存储在计算机中。目前的印刷和打印文字字符识别软件及设备能阅读各类中西文字符，且准确率可达 98% 以上。

OCR 技术研究算法主要分为 4 类：①利用统计特征对字符进行分类识别；②利用结构

体特征对字符进行分类识别；③利用人工神经网络对字符进行分类识别；④基于模糊数学对字符进行模糊识别。

（二）信息处理、复制、存储和检索

目前，将字处理、数据处理、排版、通信结合在一起的技术已经相当成熟。视频数据信息的处理、传输和显示技术仍有巨大的发展空间。数码照相和摄像技术提供了强大的图像和色彩存储、调用、传送、编辑和检查功能。在存储和检索方面，大容量的微型化存储器正在迅速发展，科学的知识管理和检索技术也在迅速更新。由此可见，新的知识管理和检索技术将在办公自动化系统和建筑智能化系统中带来革命性的变革。

音频、视频和图片作为非结构化数据的一种，无法被计算机直接读取和识别。因此，对这些非结构化信息识别监测技术的研究，能够填补在智能识别监控音频、视频及图像信息方面的空白。

远程网络视频会议系统已成为现代化的自动办公系统中的一个不可缺少的环节，它将对人们的办公方式产生重大影响，不仅可以在办公室进行，还可以在其他地方进行，即可以实现远程办公。

（三）通信设备

办公自动化系统中一般均设置程控交换机综合通信网、微机局域网与远程网，以满足办公中的国际长途直拨电话、传真、电子邮件、会议电视等通信功能使用要求。

（四）数据库

事务处理型办公自动化系统配置有必要的基础数据库，主要包括小型办公事务处理数据库和基础数据库。其中，基础数据库存储与整个办公系统主干业务相关的原始数据。

（五）应用软件

在办公自动化系统中，通常将文字处理、公文管理、档案管理、编辑排版等以文字为处理对象的功能统称为字处理；而将报表处理、工资管理、财务管理等以数据为处理对象的功能统称为数据处理。应用软件是为具体事务处理服务的工程软件，包括数字处理软件、电子报表软件、小型关系数据库管理系统等。从发展角度看，办公自动化事务处理应用软件系统还应包括信息管理软件。

办公事务处理需要提供具有通用性的应用软件包，软件包内的不同应用程序可以相互调用或共享数据，从而提高办公事务处理的效率。目前，电子排版、电子文档管理、信息检索、光学汉字识别和远程信息传输等多种办公自动化应用技术都已相当成熟。在公共服务与经营业务方面，办公自动化已逐渐普及，如订票、售票、证券交易、银行储蓄等业务普遍通过网络实现了自动化。

应用于办公自动化管理领域中的常用软件技术包括以下几个方面。

（1）系统软件的主要功能是调度、监控和维护计算机系统，并负责对各种独立硬件进行管理，使其能协调工作。系统软件又主要分为个人操作系统与网络操作系统。

（2）支撑软件也被称为软件开发环境，其功能主要是用于各类软件的开发与维护。支撑软件主要包括环境数据库、各种接口软件，以及多种基本工具，如数据库管理、文件系统管理、驱动管理、用户身份验证、编译器、网络连接等多方面的工具。

（3）应用软件是指为了解决某一领域具体问题而编制的软件产品，也可为满足办公自动化领域中的特定任务而进行开发。应用软件又可细分为通用软件与专用软件两类。

2019 年问世的 Quicker 软件被定义为真正意义上的办公自动化软件，被称为"指尖工具箱"，它拥有丰富的动作库和多样的触发方式。其积木式的动作设计允许用户自定义组合动作，显著减少键盘和鼠标的重复操作，为办公人员提供更集中的办公时间，极大地提升了办公效率。这一理念也推动了 Python 编程语言的发展。到 2021 年，Python 开始在全球范围内广泛普及。

Python 是一种体现简单主义思想的计算机编程语言，其设计简洁易学，功能强大，与 Java、C 和 JavaScript 相比毫不逊色。编写良好的 Python 程序如同阅读英语一样直观，让人更专注于解决问题而非语言本身。在处理复杂、重复性任务时，几行 Python 代码便能轻松完成大量烦琐工作。Python 可作为是编程语言，也可作办公工具软件使用，这也标志着办公自动化软件往个性化方向发展，在智能的实现奠定了软件基础。

任务三 管理信息系统

任务描述

管理信息系统是一个集成的计算机化工具，旨在支持组织的管理和决策过程。通过收集、处理、存储和分发组织内部的各种信息，帮助管理层做出更加明智的决策。管理信息系统应具备数据收集与整合功能、信息处理与分析功能、报告与可视化功能、系统安全性与合规性功能、用户支持与培训功能。

任务分析

本任务首先明确管理信息系统（MIS）所需实现的功能，确定系统在高负荷、大数据量处理时的性能要求；其次进行系统设计，包括技术架构设计、数据模型设计、模块设计、安全设计；最后根据设计文档编写代码，并进行单元测试，确保每个模块的功能正确，将系统部署到生产环境，并进行性能调优和安全配置。

任务实施

在办公事务中，为了及时获取所需信息并高效工作，必须对信息进行有效的记录、存储和管理，这正是管理信息系统的核心功能。

管理信息系统以计算机为工具，能够进行信息的收集、传输、存储、加工、维护、组织和检索。它能够实时监测企业的运行状况，通过信息控制企业行为，帮助企业实现长期规划的目标。此外，管理信息系统还能增设决策支持系统模块，利用历史数据预测未来，从全局出发辅助决策。管理信息系统的主要特点是数据量大、类型多样、关系复杂、分布存储，但数据加工相对简单。它是以字符为主的结构化数据处理的中心，以数据库为基础，以业务管理和办公自动化为应用目标。智能化建筑中的计算机管理信息系统应具备数据通信和资源共享的功能。

随着互联网技术的持续进步，计算机管理信息系统将不断多元化发展，发展空间也将进一步扩大。总体趋势呈现为网络化、智能化、虚拟化和集成化。

一、管理信息系统的建设过程

MIS 从开发到使用，一般采用结构化设计方法，需经历以下 6 个阶段。

1. 准备阶段

准备阶段对 MIS 开发方法和工具进行评价和选择。

2. 规划阶段

规划阶段进行 MIS 规划，先进行现行系统调查与分析，进行方案构想及可行性研究、系统规划，确定分期开发目标。

3. 系统分析阶段

系统分析阶段对使用环境进行系统分析，包括组织结构与功能分析、业务流程分析、数据及其流程分析、功能 / 数据分析、系统运行环境分析。

4. 系统设计阶段

系统设计阶段确定系统设计的目标与内容、设计总体结构、设计数据库，设计输入、输出和处理过程，此过程主要是确定各组成部分的设计模块及其相互关系。

5. 系统实施与评价阶段

系统实施与评价阶段根据设计模块进行程序设计，对每段程序进行调试，然后组合起来进行系统调试，系统运行后进行运行管理。

6. 发展更新阶段

发展更新阶段根据 MIS 的使用情况，在总结使用和维护经验的基础上，根据规划阶段确定的分期发展目标进行新一轮的开发，使 MIS 能够升级甚至换代，不断适应用户的要求。

二、开发管理信息系统的方法

管理信息系统的建立、运行和使用不仅是单纯的技术实现，而是信息技术组织与管理、系统工程的综合应用。其内容涵盖数据库、程序设计语言、开发工具、多媒体技术、人工智能以及包括互联网（Internet）、内联网（Intranet）、Web 在内的网络与通信技术，同时还涉及管理体制及变革方案、系统分析、组织与优化等一系列技术。管理信息系统的结构包含 3 个子系统：战略决策与计划子系统、管理控制子系统和执行控制子系统。

在智能建筑形成多智能体的过程中，其运维软件的开发实现思路如下。

每个组件分别映射为一个智能体，现场层的每个通信接口也分别映射为一个智能体，并根据功能形成相应的智能体类。此系统主要包括包含通信接口智能体类（所含智能体与现场层异构网段一一对应）、设备驱动智能体类（所含智能体与现场层异构网段一一对应）、OPC Server 智能体类（含一个 OPC Server 智能体）、OPC Client 智能体类（含一个 OPC Client 智能体），它们都是自治的实体，共同组成一个分层的智能体系统，重点考虑的是分层协调与平等协调问题。智能体的通信包括管理层与接口层（即 OPC Server 与 OPC Client）智能体间的通信问题，以及接口层 OPC Server 智能体与设备驱动智能体之间的通信问题。智能建筑多智能体运维软件架构如图 5-4 所示，这一架构确保了系统的协调性与高效性，为智能建筑的运维提供了坚实的技术基础。

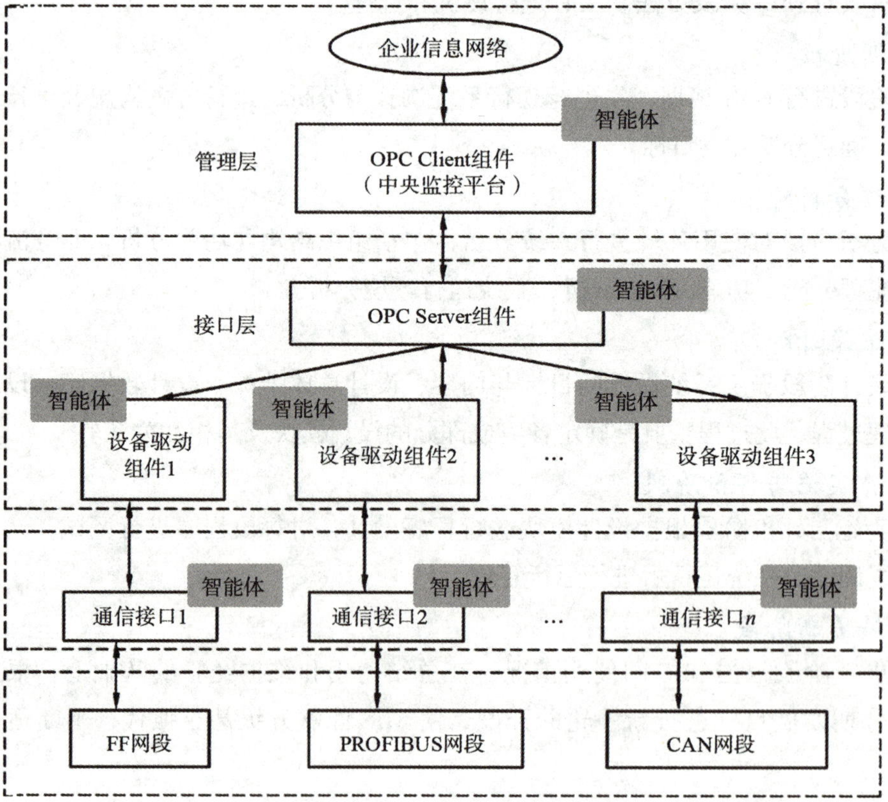

图 5-4　智能建筑多智能体运维软件架构

信息系统的开发是一个系统工程，要在统一的数据环境中集成化地开发各个子系统。开发策略有自上而下方式、自下而上方式和十字形方式等类型，主要开发方法有以下4种。

（一）结构化生命周期法

结构化生命周期法是开发管理信息系统最常用的基本方法，由结构化系统分析和设计构成。其核心思想是将系统的生命周期细分为系统调查、系统分析、系统设计、系统实施与转换、系统维护与评价等阶段，使用系统工程的方法，严格按照规定的步骤和任务要求，利用特定的图表工具完成标准文档，实现结构化和模块化基础上的管理信息系统开发。

在结构化生命周期法的开发过程中，通常先将系统功能视为一个大模块，然后根据系统分析和设计的需求，进一步分解或组合这些模块，确保每个模块的功能明确且独立，从而提高开发效率和系统可靠性。这种方法通过明确分段和模块处理，确保每个阶段和模块的任务清晰，文档标准化，极大地简化了管理信息系统的开发流程。其主要有以下特点。

（1）开发目标清晰化。结构化生命周期法的系统开发以“用户第一”为目标，开发中要保持与用户的沟通，取得与用户的共识，这使管理信息系统的开发建立在可靠的基础之上。

（2）工作阶段程式化。结构化生命周期法每个阶段的工作内容明确，这便于开发过程的控制。每一阶段工作完成后，要根据阶段工作目标和要求进行审查，这使阶段工作有条不紊，也避免为以后的工作留下隐患。

（3）工作文件规范化。结构化生命周期法每一阶段工作完成后，要按照要求完成相应的文档报告与图表，以保证各个工作阶段的衔接与系统维护工作的便利。

（4）设计方法结构化。结构化生命周期法采用自上而下的结构化、模块化分析与设计方法，使系统各个子系统间相对独立，便于系统的分析、设计、实现与维护。

结构化方法的主要缺点是设计周期较长，但这一缺点对智能建筑而言，影响并不大，因为智能建筑的发展和使用呈阶段性特点，一般不会在短时间出现明显的变化。

（二）快速原型化方法

快速原型化方法是一种基于用户需求的系统开发策略，通过利用快速开发工具快速构建系统模型，从而实现用户需求的方法。其开发过程包括系统需求分析、系统初步设计、系统调试和系统转换、系统检测与评价等阶段。

在快速原型法的开发流程中，用户只需在系统分析和初步设计阶段描述应用系统的需求，开发者则在获取基本需求定义后，使用开发工具生成应用系统，快速创建一个最初版本，并提交给用户试用和评价。根据用户的反馈，开发者进行修改和补充，进一步开发新版本，这个过程不断重复，直到生成用户满意的应用系统。

提示

目前市场上广泛使用的管理信息系统快速开发工具有PowerBuilder、Python、C语言等。这些基于面向对象原则的开发工具，让开发者可以将更多精力集中在应用问题的分析和系统核心逻辑的提炼上，而无须过多关注复杂的实现细节。这样一来，不仅大幅减少了编程所需的时间，同时也确保了系统的用户界面的美观和实用，功能也更加丰富强大。

快速原型法具有开发周期短、见效快、便于业务人员交流的优点，因此被广泛应用于银行财务报表系统、信贷管理系统、固定资产管理系统等的开发中，特别适合智能建筑中管理子系统的开发。

然而，快速原型模型的缺点在于，设计初期需要大量经济和人力成本投入，且如果原型设计无法满足用户需求，可能需要多次修改，持续加大成本。为了充分发挥原型法的优势，设计初期应建立廉价的抛弃式原型，充分利用现有资源，重点解决用户需求问题，同时利用重用机制。

（三）综合法

综合法是将周期法和原型法二者结合使用，采用结构化生命周期法的设计思想，在系统分析与系统初步设计上采用原型法作出原始模型，与用户反复交流达成共识后，继续按结构化生命周期法进行系统详细设计及系统实施与转换、系统维护与评价阶段的工作。

综合法的优点是它兼顾了周期法开发过程控制性强的特点，以及原型法开发周期短、见效快的特点。专业型的办公自动化系统，如商业银行的MIS，采用综合法能使开发过程更具灵活性，往往会取得更好的开发效果。

（四）面向对象的软件开发方法

随着面向对象编程（object oriented programming，OOP）向面向对象设计（object-oriented design，OOD）和面向对象分析（object-oriented analysis，OOA）的发展，最终形成面向对象的软件开发方法（object modeling technique，OMT）。OMT是一种自底向上和自顶向下相结合的方法，而且它以对象建模为基础，不仅考虑了输入、输出数据结构，实际上也包含了所有对象的数据结构。所以，OMT彻底实现了结构法没有完全实现的目标。不仅如此，面向对象技术在需求分析、可维护性和可靠性这3个软件开发的关键环节和质量指标上有了实质性的突破，基本解决了在这些方面存在的严重问题，非常适合未来智能建筑的办公自动化系统。

面向对象的软件开发方法基本思想同“面向对象的程序设计语言”的设计思想一致，它采用对象模型、动态模型和功能模型等面向对象的建模技术来描述一个系统。以此方法进行系统分析和设计建立起来的系统模型，需使用面向对象开发工具来具体实现。

三、基于 Internet 网络的管理信息系统

基于 Internet 的管理信息系统，用户只需借助一个通用浏览器，使用超级链接、搜索引擎等方法，通过简单地点击或操作，便可方便地访问 Internet 网络内外的信息资源。通过浏览器界面，还可集成许多已有系统，如电子邮件、电子表格和各种数据库应用等，这是一种更有效的构造管理信息系统的方法。

四、管理信息系统的开发平台和辅助开发工具

开发管理信息系统软件须具备一个基础平台，由硬件平台和软件平台两部分构成。硬件平台包括工作站的计算机和服务器的网络硬件，而软件平台则涵盖了服务器硬件的操作系统软件、管理信息系统开发工具、数据库和数据分析工具等软件。

在信息系统的开发中，系统的分析与设计是至关重要的环节，开发工具只是实现这些分析与设计的手段。所选的辅助开发工具应具备交互性（通过人机对话方式实现用户与计算机之间的互动）、易用性、高效性、易调试性和易维护性。

提示

目前，市场上存在多种多样的软件开发工具，涵盖了一般编程工具、数据库管理系统、程序自动生成工具、特定领域系统开发工具，以及面向对象的编程平台等。

下面常用的开发工具在管理信息系统的构建中扮演着关键角色。这些工具不仅提高了开发效率，还增强了系统的灵活性和可维护性，满足了不同行业和应用场景的需求。

（一）PowerBuilder 开发工具

Power Builder 是著名数据库应用开发工具厂商 Power Soft（现已被数据库厂商 Sybase 收购）推出的产品，它完全依照客户机 / 服务器（C/S）体系结构设计，在 C/S 体系中，Power Builder 作为应用程序开发工具存在于客户机侧。由于 Power Builder 采用了面向对象和可视化技术，提供了直观便捷的应用开发环境，利用 Power Builder 可以快速开发利用后台服务器数据和 DBMS 的数据库应用程序。这一工具在数据库应用开发领域中表现出色，简化了开发流程，提高了效率。

PowerBuilder 是按照 Client/Server 体系结构设计、研制的开发系统，是面向对象的数据库应用开发工具，可同时支持多种目前广泛使用的关系数据库系统，如 Oracle，Informix，SQL Server 等各种关系数据库。

数据库应用在办公自动化中占据非常重要的地位，当前普遍采用的技术是客户机 / 服务器体系结构。在这种结构中，所有数据和数据库管理系统都部署在服务器上，而客户机则通过标准的结构化查询语言（structured query language，SQL）等方式访问服务器上的数据库数据。这种结构将数据及其管理集中于服务器，确保了数据的安全性和完整性，

同时充分利用了服务器的高性能特点。正因如此，客户机/服务器体系结构得到了广泛应用。

随着网络技术的迅速发展，还有OLE、OCX、跨平台等技术，Power Builder自6.0版就提供了对这些技术的全面支持，自9.0版本后还可访问Web Service，这也令Power Builder成了时下最具有成本效益的分布式应用解决方案。

（二）Excel软件

Excel作为一种强大的数据报表分析工具，为用户提供了多种数据分析功能，专注于报表处理。其卓越的功能和便捷的用户体验使其在数据处理和分析能力上几乎涵盖了日常经济、经营和管理活动的各个领域，包括工作文件建立、模型定义、数据提取、定量化分析和图形分析等。此外，Excel面向最终用户设计，使企业管理人员即使不熟悉计算机和程序设计原理，也能通过短期培训灵活使用它来解决实际问题。

Excel电子表格具备4大核心功能：工作单、图表、数据库和宏，但这些功能常常未被充分利用。根据现有使用经验，Excel与Python结合可高效开发管理信息系统的操作层。这一结合不仅能提升数据处理效率，还能让开发成果更加适合实际业务需求。

（三）低代码开发平台

常规的工厂管理和不复杂的办公室管理，可以利用低代码开发平台快速开发信息系统，也是指通过少量代码就可以快速生成应用程序的开发平台。低代码开发平台下基于Web的MIS系统的核心是浏览器/服务器（browser/sever，BS）架构。BS架构比起CS架构有着很大的优越性，传统的MIS系统依赖于专门的操作环境，这意味着操作者的活动空间受到极大限制；而BS架构则不需要专门的操作环境，在任何地方，只要能上网，就能够操作MIS系统。平台以流行的可视化开发平台模式，通过可视化进行应用程序开发的方法，使具有不同经验水平的开发人员可以通过图形化的用户界面，使用拖拽组件和模型驱动的逻辑来创建网页和移动应用程序，直接在浏览器上呈现在线开发环境，无须编译。

任务四　办公自动化中的数据库技术

任务描述

在办公自动化系统中，数据库技术扮演着至关重要的角色。它不仅用于存储和管理大量的办公数据，还支持数据分析、报表生成、决策支持等高级功能。设计并实现一个办公自动化系统中的数据库模块，该模块应具备数据存储与管理功能，数据查询与报表生成功能，数据安全与备份功能。

任务分析

本任务首先要从需求分析开始，明确数据库模块所需实现的功能，考虑数据库在高并发访问、大数据量处理时的性能表现；其次要考虑数据库该如何设计；再次根据设计文档，使用 SQL 或其他数据库编程语言创建数据库和表结构；最后将数据库模块部署到生产环境，并进行性能调优。

任务实施

办公自动化中的数据处理在很大程度上要借助于数据库来实现。数据库系统以其可靠的数据存储和管理、高效的数据存取和方便的应用开发等优点而得到了广泛的应用。

一、商务与管理领域主要应用的传统数据库

商务与管理领域的数据库分为网状、层次和关系 3 种数据库。

（一）网状数据库

网状数据库以记录为基本存储单元，每个记录包含若干数据项，这些数据项可以是多值的或复合的。作为一种导航式的数据库，用户在进行操作时，不仅需要指定操作目标，还需指示具体的存取路径。如查找时需明确查找对象及其路径。

（二）层次数据库

层次数据模型用树状结构来表示实体之间的联系，结构简单清晰，但查询必须按照从根节点开始的某条路径指针进行，否则就不能直接作出回答，而且路径一经指定就无法改变。

（三）关系数据库

关系数据库是用可以施加关系代数操作的二维表格来描述实体属性间的关系及实体集之间联系的模式，它将数据的逻辑结构归纳为满足一定条件的二维表格。所以，关系模型的主要特点是不仅其中的数据用二维表格来表示，而且所有的二维表格及表格中的数据都存在一定关系。

结构化查询语言作为一种典型的关系数据库，是一种非过程化语言，类似英语口语；易于学习和理解，功能全面，包括查询、数据操作、定义和控制等，适用范围将越来越广。尽管关系数据库技术成熟，但随着市场和信息技术的发展，其局限性也逐渐显现，主要表现在处理“表格型数据”的能力强，但对日益增多的复杂类型数据（如文本、图像、视频等）处理能力不足。为了应对这些挑战，现代数据库技术正不断进化以适应更广泛的应用需求。

（四）非关系数据库

非关系型数据库又称为NoSQL（not only SQL），译为不仅仅是SQL，不需要事先定义结构，也就是不需要建表建库等，每条记录可以有不同的类型和约束条件。非关系型数据库以键值对存储，且结构不固定，每一个元组可以有不一样的字段，每个元组可以根据需要增加一些自己的键值对，不局限于固定的结构，可以减少一些时间和空间的开销。

非关系数据库可以存储和提取复杂类型数据，存储数据的格式可以是key，value形式、文档形式、图片形式等，使用简便，支持硬盘和随机存储器两种存储载体。而关系型数据库只能使用硬盘，但数据结构相对复杂，在复杂查询功能的实现上略显不足。这些特性使非关系型数据库在处理多样化和高灵活性的数据需求时表现出色。

提示

*常见的非关系型数据库有*Hbase，Redis，MongodDB，Neo4j。

二、数据库的互联网/Web架构方式

早期的数据库以大型机为平台，是一种集中存储、集中维护、集中访问的“主机/终端”模式，客户机/服务器模式的数据库技术，使数据库的应用更方便，与现在的网络技术结合得更加紧密。网络化应用催生了第三代数据库技术。

基于网络的客户机/服务器系统在继承传统C/S架构可用性与灵活性的同时，借助集中化用户权限和访问限制管理，提高了系统扩充性和管理便利性。用户只需在一种界面——浏览器，访问各类信息，不受限制。Web服务器作为万维网的支柱，通过浏览器与其通信，不仅提供自身专属信息服务，还能引导访问存储于其他服务器的信息，形成一个由服务器互联构成的信息网络。这一全球范围的信息交互平台，依靠超文本传输协议（HTTP）确保浏览器与Web服务器间的顺畅通信。

还有一种简化的浏览器/服务器结构，用户通过浏览器向分布在网络上的许多服务器发出服务请求。浏览器/服务器结构简化了客户机的管理工作，客户机上只需安装配置少量的客户端软件，服务器将负担更多的工作，对数据库的访问和应用系统的执行均在服务器端完成。

三、非结构化的Internet数据库

信息技术中的数据信息大体上可以分为以下两类。

（1）能够用数据或统一的结构加以表示的，称为结构化数据，如数字、符号等。

（2）根本无法用数字或者统一的结构表示的，如文本、图像、声音乃至网页等，称为非结构化数据。

非结构化数据库是指数据库的不定长记录由若干不可重复和可重复的字段组成，而每

个字段又可由若干不可重复和可重复的子字段组成。从本质上看，非结构化数据库就是字段数和字段长度可变的数据库。

随着互联网技术的发展，数据库的应用环境发生了巨大的变化。例如，电子商务、远程教育等都需要新的数据库支持。传统关系型数据库由于其联机事务处理、联机数据分析等方面的优势，仍将会在 Internet 数据库应用方面发挥自己的传统优势并获得发展。

非结构化数据库是传统关系数据库的一个非常有益的补充。虽然非结构化数据库兼容各种主流关系数据库的格式，但是非结构化数据库在处理变长数据、文献数据和因特网应用方面有自己独特的优势：检索的多样化、检索效率较高（如全文检索）、开发工具更为全面。

四、分布式数据库系统

扫一扫

分布式数据库

分布式数据库系统在地理上分散布局，但在逻辑上统一管理，包括集中式和分割式两种主要类型。集中式的优势在于所有数据片段集中存放在同一站点，便于后续的数据控制与管理，确保数据的统一性和完整性。然而，这也意味着每个站点需承担较大的负载，容易形成瓶颈，且一旦某一站点故障，整个系统将受影响，系统的可靠性相对较低。

相比之下，分割式数据库将数据分为多个逻辑片段，分散存储于不同站点，这使得其能有效处理大量数据的存储和管理。然而，由于数据的分散性，实现整体数据的统一管理和维护变得非常复杂。这种系统灵活性更高，但管理难度也随之增大。在实际应用中，需根据具体需求选择合适的数据库类型，以平衡性能与管理需求。

分布式数据库系统需配置功能强大的计算机系统和通信网络。分布式数据库系统的主要特征如下。

（一）节点透明

不同节点上的全局用户面对的是逻辑上统一的同一个分布式数据库，数据分布和交换的分布式加工等技术细节对全局用户透明。

（二）同构和异构系统能够整合

各节点系统的数据模型（层次型、网状型、关系型、函数型、面向对象型等）相同的分布式数据库系统是同构的，反之就是异构的。分布式数据库系统可同时存在同构和异构两类结构。大多数分布式数据库系统都是关系型同构系统。

（三）节点自主

每个节点上既有全局用户，也有局部用户。这样，在分布式数据库系统中存在着全局控制和局部控制二级控制，其程度也不相同。但是，大多数分布式数据库系统都支持全局目录，是一种面向数据对象的目录结构。

在智能建筑控制领域，无中心的自控网络正在有效地促进分布式数据库，尤其是分布式非结构化数据库的发展。但是分布式数据库也存在一些问题。例如，众多节点之间通信会花费大量的时间；数据的安全性和保密性在众多节点之间会受到威胁；在分布式系统复杂的存取结构中，原本在集中式系统中有效存取数据的技术可能不再适用。

五、云数据库

云计算（cloud computing，CC）的迅猛发展使得数据库部署和虚拟化在“云端”成为可能。云数据库即数据库部署和虚拟化在云计算环境下，通过计算机网络提供数据管理服务的数据库。因为云数据库可以共享基础架构，极大地增强了数据库的存储能力，消除了人员、硬件、软件的重复配置。

云数据库将传统数据库系统部署在“云上”，由专业的云服务提供商负责管理和配置，用户通过付费即可获得数据库服务。与传统数据库不同，云数据库通过计算与存储的分离、存储的在线扩展和计算的弹性伸缩，大幅提升了数据库的可用性与可靠性。例如，亚马逊的 Aurora，它首创“日志即数据库”的理念，通过减少网络消耗显著提高了系统的稳定性。

云数据库可分为关系型数据库（如亚马逊的 Aurora 和微软的 SQL Azure）和非关系型数据库（如亚马逊的 Dynamo DB，采用键值存储）。这种分类方法涵盖了各类数据库的应用场景，适应不同的数据存储和访问需求。通过云数据库，用户能在享受高效、可靠的数据管理服务的同时，减轻自身在数据库管理上的负担。

2019 年 6 月，Gartner 发布 The Future of the Database Management System（DBMS）Market is Cloud 报告，明确提出传统的部署数据库的方式已经过时，云是未来，所有组织，无论大小，都将越来越多地使用云数据库。但是，云数据库中存在的问题也不可忽略，云计算中最值得关注的是安全问题，数据极易泄露，存在意外丢失的风险。

项目小结

本项目主要介绍了办公自动化系统的核心内容与实际应用。首先介绍了办公自动化系统的基本模式，为读者构建了一个基础的理解框架；其次详细讲解了办公自动化系统的组成和所使用的设备，使读者对系统的各个组成部分及其功能有了清晰的认识；最后探讨了办公自动化系统在文档处理、流程管理、数据分析等方面的应用方法和技术要求。通过本项目的学习，读者不仅夯实了办公自动化相关的基础知识，还通过实践操作显著提升了在文档处理、流程管理、数据分析等方面的技术能力和实际操作技能，并增强了解决问题能力和实际应用能力，能够在现代办公环境中高效应用自动化工具，有效提升工作效率和企业竞争力。

项 目 工 单

一、任务名称

办公自动化数据库系统开发。

二、任务描述

学生分组讨论，怎样规划和执行办公自动化数据库的设计、开发和部署工作，用来支持企业B公司S内部文档管理、工作流程自动化和数据共享。

三、分组讨论

以3～5人为一组，选出组长并进行任务分工，将小组成员及分工情况填入实训表5-1中。

实训表5-1　小组成员及分工情况

班级：　　　　　　组号：　　　　　　指导教师：

小组成员	姓名	学号	任务分工
组长			
组员			

四、任务思考

1. 怎样设计一个包含数据模型和ER图的数据库?
2. 如何设计一个文档开发的数据库表创建、试图定义呢?
3. 在生产环境中部署数据库，怎样设置监控和报警机制?

五、实施过程

按实际操作过程，将实施内容、遇到的问题及解决办法等记录于实训表5-2中。

实训表5-2　工作实施过程记录表

序号	实施内容	遇到的问题及解决办法	结果

六、任务评价

各组展示任务完成情况，并完成实训表5-3的考核评价表。

实训表 5-3　考核评价表

项目名称	评价内容	分值 / 分	评分 / 分		
			自评	互评	师评
职业素养考核项目	考勤、纪律意识	10			
	团队交流与合作意识	10			
	参与主动性	10			
专业能力考核项目	积极参与教学活动并正确理解任务要求	10			
	认真查找与任务相关的资料	10			
	任务实施过程记录表的完成度	10			
	对办公自动化系统知识的理解程度	20			
	独立完成相应任务的程度	20			
合计：综合成绩________自评（20%）+ 互评（20%）+ 师评（60%）		100			

课后练习

一、填空题

1. 信息管理层包括____________和____________，负责维护和应用整个建筑智能系统的数据，保证信息数据的____________和____________。

2. 通信网络通常采用____________、____________和____________的三级通信网络结构。

3. 决策支持系统的概念结构包括____________、____________、____________、数据库系统、____________、规则库系统和用户。

4. 原型法具有____________、____________、便于业务人员交流的优点，因此被广泛应用于银行____________、____________、____________等的开发中，特别适合智能建筑中管理子系统的开发。

5. 开发管理信息系统软件由____________和____________两部分构成。

6. 云数据库通过____________、____________和____________，大幅提升了数据库的可用性与可靠性。

二、简答题

1. 通用型系统主要功能包括哪几种？

2. 目前字符识别技术研究算法主要分为哪几类？

3. 简述结构化生命周期法的主要特点。

项目六

建筑环境

项目导读

建筑物所在地的气候条件和外部环境，通过围护结构的传递，对室内环境产生直接影响。要想深入研究建筑环境的各个方面，需要全面掌握当地主要气候要素的变化规律及其特征。这些要素包括太阳辐射、气温、湿度、风速和降水量等，它们如同无形的手，塑造着建筑内外部环境的各个方面。本项目主要介绍建筑环境的相关知识。

学习目标

知识目标

1. 了解建筑环境学的概念。
2. 掌握建筑学的主要内容。

能力目标

1. 熟悉城市微气候的特点。
2. 分析出声波遇到边界和障碍物时的传播规律。
3. 掌握光的性质。

素质目标

1. 培养学生要有包容性的设计理念，满足不同人群的使用需求，体现人文关怀。
2. 引导学生树立生态文明观，理解人与自然和谐共生的重要性。

思政目标

传承中华优秀传统建筑文化，挖掘传统建筑中蕴含的天人合一、以人为本等哲学思想和生态智慧，增强文化自信和文化传承的责任感。教育学生关注社会弱势群体的居住环境，以人为本，设计更加公平、包容的建筑环境，提升人民的幸福感和获得感。

任务一 建筑环境概述

任务描述

要设计、实施和管理一个集成化的自动化控制系统，需以监控、调节和优化建筑物内各种机械和电气设备，如暖通空调、照明、安防、电梯、能源管理系统等。本任务包括需求分析、系统设计、硬件和软件选择、系统集成、测试与调试、运行维护等，确保建筑物设备的有效运行和能源的高效利用，提升建筑的整体性能和用户舒适度。

任务分析

本任务首先需明确建筑物的用途、规模和设备需求，进行详细的需求分析，以确定系统功能和技术规格；其次选择和配置合适的硬件设备（如传感器、控制器、执行器等）和软件平台（如楼宇自控软件、能源管理软件等），确保系统的兼容性和可扩展性；再次进行系统集成，包括数据采集、信号传输、控制策略的实现，确保各子系统（如 HVAC、照明、安防等）的协调工作；最后通过持续的监控和数据分析，优化系统运行参数，确保系统的稳定性和高效性，达到节能减排、提高设备运行效率和提升用户满意度的目标。

任务实施

一、建筑环境学的概述

建筑环境学作为一门研究人工环境的学科，涵盖了建筑室内环境、建筑群内部的室外微环境，以及各类设施和交通工具内部的微环境。其核心在于探索由人类活动塑造的各种物理微环境。通过深入学习建筑环境学，要达成以下任务。

（1）了解人类生活和生产过程需要什么样的室内和室外环境。

（2）了解各种内部和外部因素如何影响人工环境。

（3）掌握改变和控制人工环境的基本方法和原理。

二、建筑环境学的主要内容

建筑环境学的研究内容如图 6-1 所示。

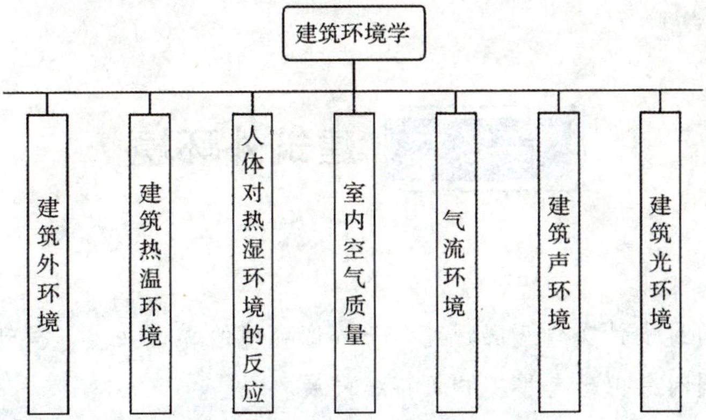

图 6-1 建筑环境学的研究内容

（一）建筑外环境

建筑物所在地区的气候条件和外部环境会直接影响室内的人工环境，因此为了得到良好的室内环境，必须了解当地主要气候要素的变化规律。

（二）建筑热湿环境

热湿环境是建筑环境学最主要的研究内容。室内热湿环境形成的主要因素包括室外气候参数、相邻区域的影响、室内电气设备等热湿源的影响等。

（三）人体对热湿环境的反应

人体对热湿环境的反应是建筑环境学重要的研究内容，涉及生理学和心理学等方面的内容。

（四）室内空气质量

室内空气质量主要介绍室内空气质量的定义、评价标准、对人体的影响，以及室内空气污染源方面的相关知识。

（五）气流环境

气流环境的营造是通过自然通风（建筑物的开口、通风口）和机械通风（通风系统或空调系统）将空气送入建筑物中，形成合理的气流组织。

（六）建筑声环境

建筑声环境学是研究建筑环境中的噪声控制问题，学习的重点是声音的产生与传播的基本原理与噪声控制方法。

（七）建筑光环境

建筑光环境是建筑环境非常重要的组成部分，充分发挥人的视觉效能是营造适宜光环境的主要目标。

任务二 建筑外环境

任务描述

本任务旨在通过设计实践，实现建筑与外部环境的和谐共生，提升城市空间的功能性和美学价值，同时考虑生态平衡和可持续发展。

任务分析

本任务分析需要从多个层面进行，包括宏观层面的地球环境、地域环境、地方环境和城市环境，以及微观层面的基地环境和场地环境。分析时需考虑自然要素、人文要素和技术要素，以及它们如何影响建筑设计和城市规划。此外，还需关注建筑与环境的交流与对话，环境文脉的延续，以及建筑的有机生长理论的应用，确保建筑设计既满足功能需求，又能与周围环境相协调，反映地域特色和文化价值。

任务实施

建筑物所在地的气候条件和外部环境，会通过围护结构直接影响室内环境。了解当地各主要气候要素的变化规律及其特征，是进行建筑环境研究的先决条件。这些要素包括太阳辐射、气温、温度、湿度、风、降水等。这些外部环境和气候要素的形成又主要取决于太阳对地球的辐射，同时又受人类城乡建设和生产、生活的影响。

一、天文特性

地球作为太阳系八大行星之一，也是人类赖以生存的家园，拥有一个天然卫星——月球。地球与月球共同构成了地月系统，这一系统与其他天体，包括太阳和月球，存在着复杂的相互作用。地球并非静止不动，而是始终绕着太阳进行轨道运动。其公转路径位于一个固定的平面，称为地球轨道面。在这一平面上，地球以约 29.79 km/s 的速度沿着一个偏心率极小的椭圆轨道绕日运行。日地平均距离为 1.5 亿公里，一个完整的公转周期大约为 365 天 5 小时 48 分 46 秒，即一年。

与此同时，地球在公转的过程中，还在自西向东绕自转轴旋转（从北极点上空观察，呈现逆时针转动），自转一周耗时约 23 小时 56 分，地轴是地球自转的假想轴，实际上并不存在物理形态的轴，如图 6-2 所示。地轴的北极指向北极星，穿过地心，连接南北极，与地球轨道面的夹角为 66° 34′。这种地轴的运行方式，导致地球四季的交替和昼夜的变化，展现了地球运动的复杂性和多样性。

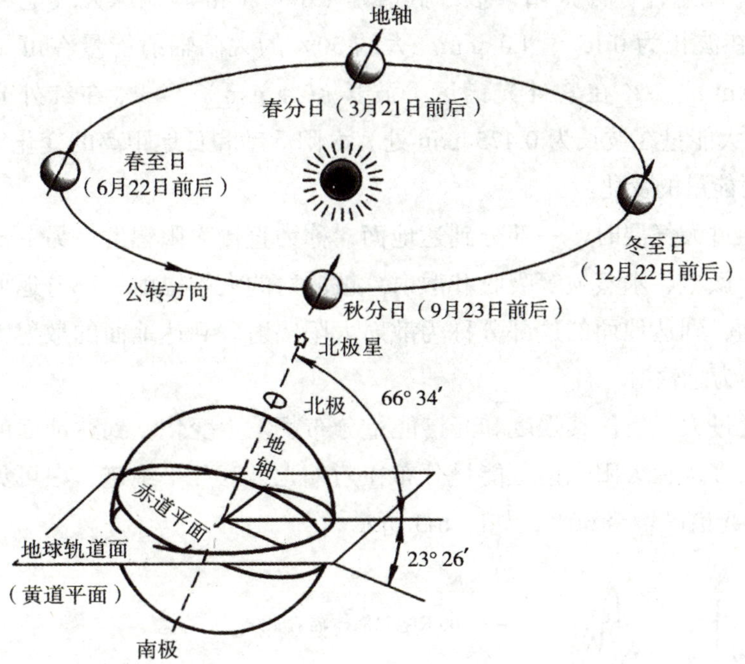

图 6-2　地球公转示意图

太阳辐射是地球上最主要且决定性的能量来源，极大地影响了各地的气候。随着地球绕其公转轨道在不同位置上的变化，不同地区的太阳辐射量和接收到太阳的热量会有显著差异，从而导致季节更替和气温冷热的变化。地球上的四季变化不仅仅是温度上的差异，还包括昼夜长短和太阳高度角的周期性变动。

以北半球为例，当太阳直射点达到北纬 23° 26′ 时，这一天被称为夏至。夏至是二十四节气之一，通常发生在公历的 6 月 21 日或 22 日。夏至当天，太阳几乎直射北回归线，这是太阳直射点一年中北移的最远点，因此北半球的日照时间在这天达到最长。相反，当太阳直射点位于南纬 23° 26′ 时，这一天称为冬至，通常在公历的 12 月 21 日至 23 日之间。冬至时，北半球经历全年中最短的白天和最长的夜晚。

春分和秋分则是太阳两次直射赤道的时间点。春分在每年的 3 月 20 日或 21 日，秋分则在 9 月 22 日或 23 日。这两天昼夜等长，是春、秋季节的分界点。太阳的运动和地球的公转使得地球上的生命圈得以维持，季节变化也由此产生，这些天文现象深刻影响着我们的日常生活和生态系统。

太阳是一个巨大而炽热的气体星球，内部发生剧烈的热核反应，最高温度可达 2×10^7 ℃，表面温度约为 5 500 ℃。地球所接收到的太阳辐射总量约为 2×10^7 kW，仅为太阳向宇宙空间放射的总辐射能量的二十亿分之一，但却是地球大气运动的主要能源。

太阳辐射在大气上界的分布是由地球的天文位置决定的，称此为天文辐射。在地球位于日地平均距离处时，地球大气上界垂直于太阳光线的单位面积在单位时间内所受到的太阳辐射的全谱总能量，称为太阳常数，数值是 1 368 W/m^2。地球大气上界的太阳辐射光谱的 99% 以上在波长为 0.15 ～ 4.0 μm。大约 50% 的太阳辐射能量在可见光谱区（波长为 0.4 ～ 0.76 μm），7% 在紫外光谱区（波长 <0.4 μm），43% 在红外光谱区（波长 > 0.76 μm），最大能量在波长为 0.475 μm 处。太阳活动和日地距离的变化等会引起地球大气上界太阳辐射能量的变化。

太阳辐射通过大气层时，一部分到达地面，称为直接太阳辐射；另一部分受到天空中各种气体分子、微尘、水蒸气等吸收和散射。被散射的太阳辐射一部分返回宇宙空间，另一部分到达地面，到达地面的这部分称为散射太阳辐射。到达地面的散射太阳辐射和直接太阳辐射之和称为总辐射。

太阳辐射通过大气后，其强度和光谱能量分布都发生变化。到达地面的太阳辐射能量比大气上界小得多，在太阳光谱上能量分布在紫外光谱区几乎绝迹，在可见光谱区减少至 40%，而在红外光谱区增至 60%，如图 6-3 所示。

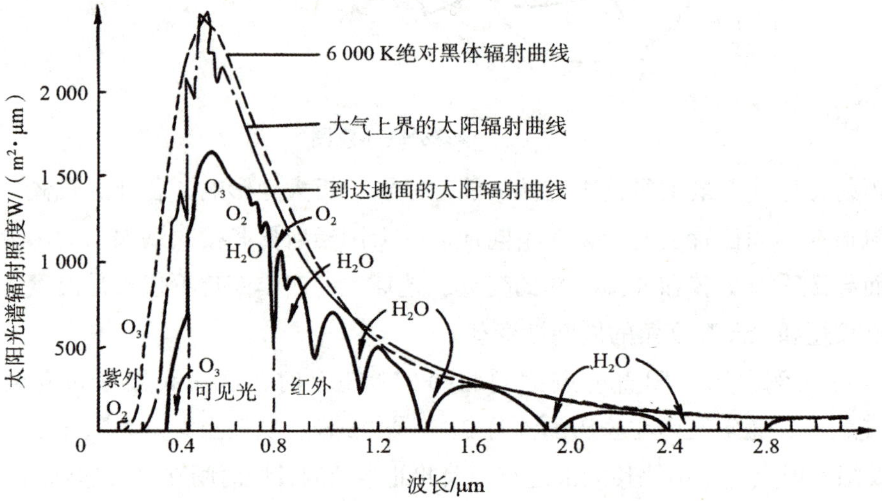

图 6-3　太阳辐射光谱

二、地理特性

地球近似于一个球体，平均赤道半径约 6 371 km，极半径约 6 357 km。地球拥有一个由 78% 的氮气、21% 的氧气，以及其他气体包括二氧化碳和水蒸气组成的厚密大气层。地球大气是分层的，将最靠近地面的一层称为对流层，它蕴含了整个大气层约 75% 的质量，以及几乎所有的水蒸气及气溶胶。对流层的上界随地球纬度、季节的不同发生变化。就纬度而言，对流层上界在低纬度地区平均为 16 ～ 18 km，在中纬度的地区则为 9 ～ 12 km，而在高纬度地区只有 7 ～ 8 km。在对流层，高度每上升 1 km，气温会平均下降 6.49 ℃。

地球气候的形成主要受到太阳辐射的影响。太阳辐射在穿过大气层后，只有约 45% 能够到达地球表面，这个比例随着纬度的增高而减少，但随着海拔的升高而增加。太阳辐射的强度在一天中中午时分达到最大，夜间则为零；在一年中，夏季强于冬季。

以我国为例，南北跨越的纬度近 50°，大部分地区位于温带，少部分位于热带，没有寒带地区。我国的地势西高东低，呈阶梯状，且山地和高原占据了广大的面积。

此外，地球表面的海洋和陆地分布也对气候产生重要影响。海洋覆盖了地球表面的 71%，是地球最大的储热体，而洋流则是地表最大的热能传送带。海洋与大气之间的气体交换，如水蒸气、二氧化碳和甲烷等，对气候变化有着显著的影响。同时，洋流与其流经的区域之间也通过能量交换来改变环境特征。

除了海陆分布和洋流，地形也是影响气候的重要因素。高大的山脉和高原通过其热力和动力作用对气候产生深远影响，进一步破坏了气候的纬度地带性，使得地面气候更加复杂多样。而局部地形的差异，如海拔、坡向、坡度和形态的不同，可以在短距离内产生显著不同的局地气候。

以北京市为例，北京地处华北平原西北边缘，中心位于北纬 39° 54′，东经 116° 23′，西、北和东北三面群山环绕，东南是缓缓向渤海倾斜的北京平原。北京平原的海拔在 20 ～ 60 m，山地一般海拔 1 000 ～ 1 500 m。北京为暖温带半湿润大陆性季风气候，夏季炎热多雨，冬季寒冷干燥，春、秋短促，年平均气温 10 ～ 12 ℃。图 6-4 为中央气象台发布的北京市某年度月平均气温和降水统计。

由图 6-4 可以看出，北京市 1 月温度在 -9 ～ 2 ℃，7 月温度在 22 ～ 31 ℃。年降雨量约为 600 mm，并且降水季节分配很不均匀，全年降水的 75% 集中在夏季，7、8 月常有暴雨。

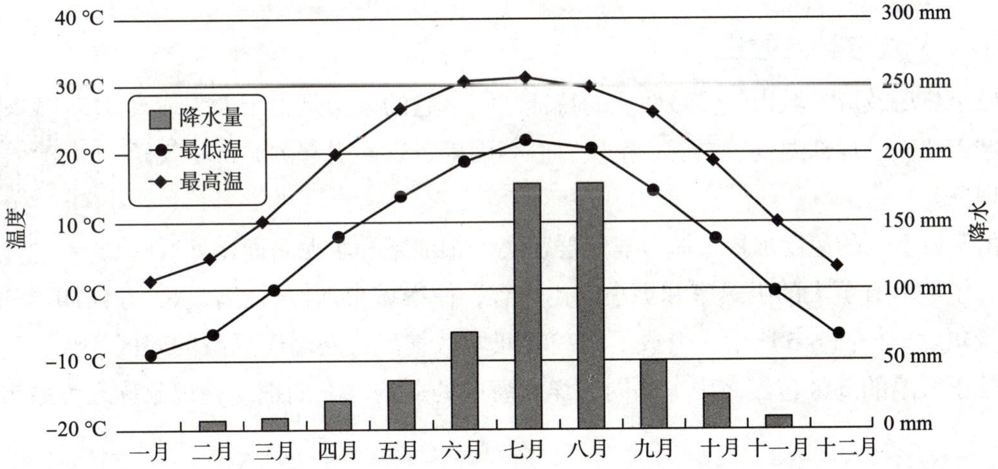

图 6-4　中央气象台发布的北京市某年度月平均气温和降水统计

三、城市微气候

在城市建筑物的表面及周边，气候条件会有较大的变化。又由于城市一般由人口密集的生产生活区域构成，这些因素将大大改变建筑物的能耗及热反应，可造成与周边乡村迥然不同的城市微气候。城市建筑物群一般具有高大的墙面，易形成风障，并在地面与其他建筑物上投下阴影，都会改变该处的微气候。城市微气候主要有以下特点。

（1）城市风场与远郊乡村不同，具体表现在风向改变，并且平均风速低于远郊乡村。

（2）城市内部气温高于周边乡村，形成热岛效应。

（3）城市的云量（尤其是低云量）多于周边乡村，大气透明度低，太阳辐射较弱。

（一）风场

风场是指风向和风速的分布状况。研究表明，随着城市建筑密度的增加和高度提升，城市内的风向和风速与郊区相比有显著变化，且市区内某些区域的主导风向与来流的主导风向也可能不同。城市和建筑群内的风场对城市气候和局部小气候有着显著影响。城市的风环境主要影响污染物的扩散和分布，因此需要基于区域的主导风向，在城市规划中将产生大量污染的企业或建筑置于主导风向的下游位置；而建筑群内的风场主要影响热环境，包括室外环境的热舒适度、夏季通风以及冬季的渗透风。

建筑群内风环境的形成受建筑布局影响，研究城市和建筑群风场的方法包括物理模型试验和计算流体力学（computational fluid dynamics，CFD）的数值模拟。使用 CFD 软件能够方便地模拟建筑外环境，从而优化设计。以某科技馆的室外风环境优化问题为例，在秋季条件下，来流风从扇形平台掠过，由于平台较低且呈阶梯状，因此对圆形主体及主要活动区域的风环境影响较小，人行高度（1.5 m）的风速约为 2.5 m/s，表现良好。受到秋季主导风的影响，地面停车场对活动区域的汽车尾气有一定影响；建筑背风面的风速较低，但由于下风向也是停车场，因此无显著影响。

（二）城市热岛效应

城市热岛效应是城市气候最明显的特征之一。它的产生是由于人为地改变了城市地表的局部温度、湿度、空气对流等因素，进而引起的城市小气候变化现象。

扫一扫

城市热岛效应

由于城市化的速度加快，城市建筑群密集、柏油路和水泥路面比郊区的土壤、植被具有更大的吸热率和更小的比热容，使得城市地区升温较快，并向四周和大气中大量辐射，如图 6-5 所示。造成了同一时间城区气温普遍高于周围的郊区气温，高温的城区处于低温的郊区包围之中，如同汪洋大海中的岛屿，人们把这种现象称之为城市热岛效应。

城市热岛效应作为一种严重的城市环境问题，不仅扰乱人们的日常工作和生活，还对居民的身心健康构成威胁。在热岛效应的驱动下，城市上空的云雾增多，有害气体和烟尘等污染物质在市区上空积累，导致严重的大气污染。这种环境状态是引发城市居民多种疾病的重要因素。

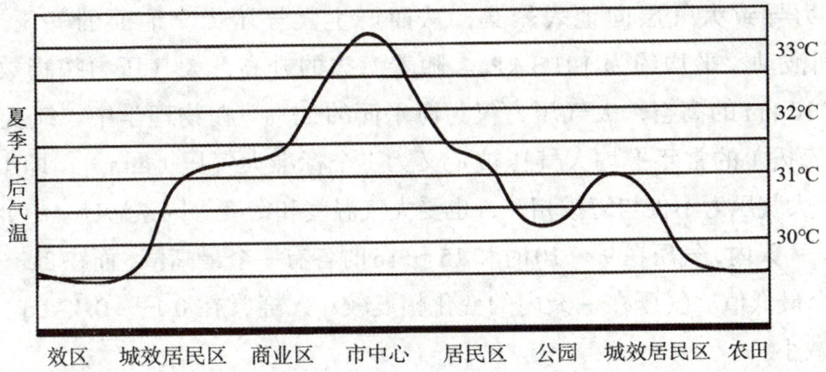

图 6-5 城市热岛效应的形成

在医学研究中，当环境温度超过 28 ℃时，人们便开始感到不适；当温度进一步升高，容易导致烦躁、中暑和精神紊乱。当气温达到或超过 34 ℃，并伴随频繁的热浪冲击，会加剧心脏、脑血管和呼吸系统疾病的发病率，致使死亡率显著增加。此外，高温还会加速光化学反应的速率，导致大气中有害气体浓度上升，对人体健康造成进一步伤害。

因此，开发和应用技术手段以削减城市热岛效应，对于改善居民的生活质量，推进城市的健康和可持续发展具有重要意义。

四、室外气候

室外气候因素包括大气压力、风、空气温度等，均由太阳辐射与地球本身的特性决定。

（一）大气压力

地球表面覆盖着一层厚厚的由空气组成的大气层。大气层的厚度大约在 1 000 km 以上，但没有明显的界限，可简单分为对流层、平流层、中间层、暖层和散逸层 5 层。如图 6-6 所示，对流层是紧贴地面的一层，它受地面的影响最大。因为地面附近的空气受热上升，而位于上面的冷空气下沉，这样就发生了对流运动，所以把这层叫作对流层。它的下界是地面，上界因纬度和季节而不同。据观测，在低纬度地区其上界为 17 ～ 18 km；在中纬度地区为 10 ～ 12 km；在高纬度地区仅为 8 ～ 9 km。夏季的对流层厚度大于冬季。建筑环境研究的大气层，主要是指对流层。

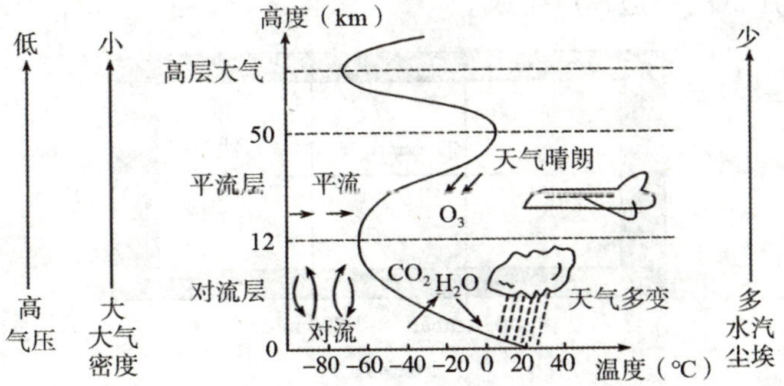

图 6-6 大气层的结构示意图

地球引力导致大气层向地表聚集，从而产生大气压力。地面的气压通常在 98 ～ 104 kPa 之间波动，平均约为 101.3 kPa。随着海拔的升高，大气压力按指数规律减少，在距离地面 10 km 的高空，大气压力仅为海平面的 25%。在物理学中，纬度 45° 的海平面上（即 0 海拔）的常年平均大气压被定义为 1 个标准大气压（atm），即 101 325 Pa 或 760 mmHg。大气压力不仅与海拔相关，也受大气温度和密度等因素影响。一年中，冬季气压比夏季高。一天内，气压在 9 ～ 10 时和 15 ～ 16 时各有一个最高值，而在 21 ～ 22 时和 3 ～ 4 时各有一个最低值。气压在一天内的变化幅度较小，通常在 0.1 ～ 0.4 kPa，并且随着纬度的增高而减小。

研究表明，大气压力的变化对人体健康具有显著影响，这主要包括生理和心理两方面。在生理层面，大气压力的变化主要影响人体氧气的供给。人每天大约需要 750 mg 的氧气，其中 20% 为大脑所消耗。当大气压下降时，大气中的氧分压、肺泡中的氧分压和动脉血氧饱和度也会随之下降，导致人体出现一系列生理反应。例如，由低地登山时，由于气压下降，身体为了补偿缺氧，会加快呼吸和血液循环，出现呼吸急促和心率加快的现象，同时由于大脑缺氧，会导致头晕、头痛、恶心、呕吐和乏力等症状，严重时甚至可能引发肺水肿和昏迷。

提示

从心理学角度来看，气压的变化能够影响人们的情绪状态，造成情绪上的压抑感。例如，在低气压条件下出现的阴雨或降雪天气，以及夏季节日之前的高温高湿环境，往往会让人感到心情低落、不舒适。当个体感受到这种压抑时，其自主神经系统可能会进入一种较为紧张的状态，促使体内释放肾上腺素，进而引起血压升高、心率加速和呼吸急促等一系列生理反应。现代医疗气象学的研究成果显示，低气压条件不仅可能诱发心脏病的发作，而且气压的波动还与脑卒中发生率的增加存在关联。

（二）风

风是由气压分布的差异所引起的，如图 6-7 所示。太阳辐射造成地球表面受热不均，各地的气压如果存在高低差异，即两地之间存在气压梯度的话，气压梯度就会把空气从气压高的一边推向气压低的一边，产生风。

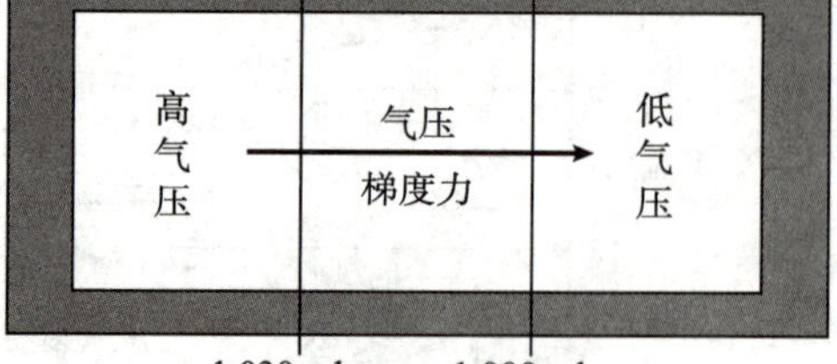

注：1 bar=10^5 Pa。

图 6-7　风的形成原理

当两地间的气压差异增大时，气压梯度力随之增加，从而导致风速加快。从地理范围来看，风可以分为大气环流和地方风两大类。大气环流是指大范围内大气层中具有一定稳定性的气流运动综合现象。在赤道和低纬度地区，由于高纬度与低纬度之间的温度差异，形成了南北方向的气压梯度，促使空气进行水平运动。同时，地球自转带来了作用于空气水平运动上的偏向力，使得北半球的气流向右偏转，南半球则向左偏转。这些气流不仅受到这两种力的影响，还受到地球表面海陆分布不均以及大气内部热量和动量交换的显著影响。因此，大气环流构成了全球大气运动的基本格局，是全球气候特征和大范围天气形势的主导因素，同时也是各种尺度天气系统活动的背景条件。

地方风则是因为地表水陆分布、地形起伏、表面覆盖等地区性条件差异所引起的风，如海陆风、山谷风、季风、巷道风及庭院风等。海陆风与山谷风是由于局部地区昼夜温度不均所造成的，因此其变化周期为一天，风向随之日夜交替变化，山谷风多见于地理特征显著的山谷或山地与平原交界地带；季风是由于海陆之间的季节性温度差异引起的；而巷道风和庭院风则是由特定建筑结构所形成的小范围气流。这些地方风都会对室外环境产生一定的影响。

（三）室外气温

室外气温一般是指距地面 1.5 m 高、非太阳直射处的空气温度。空气中的气体分子在吸收和放射辐射能时具有选择性，它对太阳辐射几乎是透明体，主要靠吸收地面的长波辐射（波长为 3 ～ 120 μm）升温。因此，地面与空气的热量交换是空气温度变化的主要原因。地表空气通过导热的作用被加热，又靠对流的作用将热量转移到上层空气中。影响地面附近气温的主要因素是入射到地面上的太阳辐射热量，气温的四季变化、日变化及随着地理纬度的变化，都是由于太阳辐射的热量的变化而引起的。

气温的变动规律包括年变化和日变化。在晴朗的日子里，气温在一昼夜内的变化遵循特定模式。通过一天 24 h 所测得的温度数据图，可以观察到气温日变化中存在一个最高值和一个最低值。通常，最高值出现在下午 2 时，而不是在正午太阳高度角最大的时候。最低值则一般出现在日出前后，而非午夜。这一现象是由于空气与地面之间的辐射换热过程需要时间，无法在瞬间完成。一日中，气温的最高值与最低值之差被称为气温的日较差，这是衡量气温日变化的一个重要指标。

气温的年变化和日变化深受地表温度的变化影响，在此背景下，陆地和水面表现出显著差异。在相同的太阳辐射条件下，大型水体受影响的速度较地块缓慢。因此，陆地和海面上形成的气团在夏季和冬季也会有所不同，海面上的平均气温在夏季较陆地低，而在冬季则较高。受海陆分布和地形起伏影响，我国各地气温的日较差一般从东南向西北逐渐增加。

此外，地表的覆盖面如草原、森林、沙漠、河流等地形地貌，以及这些不同覆盖面的性质也会对气温产生影响。不同的地形及地表覆盖面对太阳辐射的吸收和反射，以及它们自身温度变化的性质有所区别，这导致了地面的升温速度存在差异。无论是水平方向还是垂直方向的空气流动，都会使空气在两地间混合，从而减少两地气温的差异。

任务三 建筑热湿环境

任务描述

本任务旨在通过科学合理的设计和配置，优化建筑物内部的热湿环境，提升室内舒适度和能效水平。本任务涉及热湿环境的评估、设备选型、系统设计、控制策略制定，以及能效优化等多个方面。通过精细化的配置和管理，实现建筑物的舒适、健康和节能目标。

任务分析

对建筑热湿环境的全面评估，选择合适的空调、加湿、除湿和通风设备，设计合理的系统布局和管道网络，制订基于实时数据的自动控制策略，采用先进的节能技术和智能控制系统，进行能耗监测与分析，配置安全监控系统，并确保系统的稳定性、安全性和易维护性。通过这些措施，实现建筑物内部热湿环境的优化，提升舒适度和能效水平。

任务实施

一、建筑得热分析

建筑热湿环境是建筑环境研究中最重要的内容，热湿环境的形成的原因受外扰和内扰的影响。外扰主要包括各室外气候参数，如室外空气温度、湿度、太阳辐射、风速、风向变化，以及邻室的热湿环境干扰，其均可通过围护结构（围合建筑空间四周的墙体、门、窗等）的传热、传湿或空气渗透对室内热湿环境产生影响；内扰主要包括室内电气设备、人员等热湿源。

某特定时刻进入房间的热量被称为得热，此得热分为显热和潜热两部分。显热得热包含对流得热和辐射得热。对流得热是指围护结构内表面与室内空气之间的对流热交换，而辐射得热涉及透过窗户进入室内的太阳辐射或人工光源的辐射散热。当得热量为负值时，表明房间正在失去显热或潜热量。

根据法国“能源与未来”组织的研究数据，当建筑物得热量为负时，热量通过不同建筑部位流失的分配，揭示了围护结构是建筑热量流失的主要因素。由于围护结构本身的热惯性，使得热量及湿度变化过程变得复杂。围护结构可分为透明和不透明两种：不透明围护结构包括墙体、屋顶和楼板等；透明围护结构则包含窗户、天窗和阳台门等。

当太阳照射到非透明的围护结构外表面时，一部分辐射会被反射，另一部分则被吸收，这两部分的比例取决于围护结构表面的吸收率（或反射率）。不同的表面对于辐射的波长具有选择性吸收或反射的特性，例如，黑色表面几乎吸收所有波长的辐射，而白色表面则可以反射几乎 90% 的可见光。

围护结构的表面越粗糙、颜色越深，反射率越低，吸收率就越高。各种材料的围护结构外表对太阳辐射的吸收率见表 6-1。

表 6-1　各种材料的围护结构外表对太阳辐射的吸收率

材料类别	颜色	吸收率
石棉水泥板	浅	0.72 ～ 0.87
镀锌薄钢板	灰黑	0.87
拉毛水泥面墙	米黄	0.65
水磨石	浅灰	0.68
外粉刷	浅	0.4
灰瓦屋面	浅灰	0.52
水泥屋面	素灰	0.74
水泥瓦屋面	暗灰	0.69
红砖墙	红	0.7 ～ 0.77
硅酸盐砖墙	青灰	0.45
混凝土砌块	灰	0.65
混凝土墙	暗灰	0.73
红褐陶瓦屋面	红褐	0.65 ～ 0.74
小豆石保护屋面层	浅黑	0.65
白石子屋面	—	0.62
油毛毡屋面	—	0.86

玻璃对不同波长的辐射具有选择性，当太阳直射在普通玻璃上时，绝大部分的可见光和近红外线将会透过玻璃，只有长波红外线（也称作长波辐射）会被玻璃反射和吸收，但这部分能量在太阳辐射中所占的比例很少。对建筑中常用的 low-e 玻璃（即低辐射玻璃），可以有效地阻隔近红外线，只允许可见光通过，可在保证较好的光照条件下，有效地减少了太阳辐射中近红外线带来的空调负荷（几乎占太阳辐射能量的一半）。

二、围护结构的热湿传递

得热是某时刻在内扰和外扰作用下进入房间的热量。建筑物的得热包括显热和潜热两部分。显热得热包括通过对流进入室内空气和通过辐射传到围护结构内表面以内的热量，此外还包括室内家具、设备、人员等散发的热量；而潜热得热则主要以进入到室内的湿量来表示。通过围护结构形成的显热传热又包括两个部分：通过非透明围护结构的热传递和通过透光围护结构的显热传递。

（一）通过非透光围护结构的显热传递

通过墙体、屋顶等非透明围护结构传入室内的热量主要来源于以下两个方面。

（1）室外空气与围护结构外表面之间的对流换热。

（2）太阳辐射通过墙体导热传递的热量。

由于围护结构具有热惯性，因此传热量和温度波动与外部扰动之间存在衰减和延迟效应。太阳辐射会使墙体外表面温度升高，然后热量通过墙体向室内传导。如果已知各个时刻围护结构内表面和室内空气的温度，就可以计算出实际通过非透明围护结构传入室内的热量。此外，还需考虑围护结构内表面温度和室内空气温度之间的耦合关系，以及其他室内长波和短波辐射源（如设备、家具、人体及照明灯具）的影响。

（二）通过透光围护结构的显热传递

透明围护结构主要由玻璃门窗和玻璃幕墙等构成，玻璃窗由窗框和玻璃组成，有单层、双层和三层等类型；玻璃幕墙相比玻璃窗面积更大且无窗框，但其热传导特性与玻璃窗相似。民用建筑中常见的是铝合金框或塑钢框配备单层或双层普通透明玻璃，双层玻璃间为空气夹层；而商用建筑多使用有色玻璃或反射镀膜玻璃，部分采用高绝热性能的 low-e 玻璃窗。

透明围护结构的热阻通常低于实体墙，如实体墙的传热系数一般小于 0.8 W/（m^2·℃），而普通单层玻璃窗传热系数超过 5 W/（m^2·℃），双层中空玻璃窗约为 3 W/（m^2·℃）。透明围护结构能够透过太阳辐射，这在建筑物热环境的形成中起重要作用。与非透明围护结构相似，通过透明围护结构传入室内的显热包含了玻璃板壁的热传导和透过玻璃的日光辐射得热，但这两部分热量传递之间没有强耦合关系，因为玻璃对太阳辐射的吸收率远低于非透明围护结构。因此，这两部分热量是独立计算的。

通过透光围护结构传热进入室内的部分热量有一部分是以玻璃表面的对流换热形式进入室内的，另一部分是以长波辐射的形式进入。阳光照射到窗玻璃表面后，一部分被反射，一部分直接透过玻璃进入室内，成为房间得热量；还有一部分被玻璃吸收。被玻璃吸收的热量使玻璃的温度升高，其中一部分将以对流和辐射的形式传入室内，而另一部分同样以对流和辐射的形式传到室外。关于被玻璃吸收后又传入室内的热量有两种计算的方法：一种方法是以室外空气综合温度的形式考虑到玻璃板壁的传热中；另一种办法是作为透过的太阳辐射中的一部分，计入太阳透射的热中。如果按后一种算法，透过玻璃窗的太阳辐射得热应包括透过的全部和吸收中的一部分。

三、以其他形式进入室内的热量与湿量

以其他形式进入室内的热量和湿量包括室内产热产湿和因空气渗透带来的热量湿量两部分。

（一）室内产热产湿

室内的热湿源一般包括电气设备、人体和照明设施等。

（1）电气设备。电气设备可以分为电动设备和加热设备。电动设备所消耗的电能一部分转换为热能散入室内成为得热，还有一部分成为机械能。这部分机械能也可能在室内被消耗掉转化为室内的得热。加热设备是将所有的电能转化为室内得热。

（2）人体。人体在通过皮肤和服装向环境散发显热，也通过呼吸、出汗向环境散发潜热（湿量）。人体的总散热量取决于人体的代谢率，其中显热散热与潜热散热（散湿）的比例与空气温度以及平均辐射温度有关。

（3）照明设备。由于照明设施消耗的电能除了发热外，绝大多数辐射也将转化为室内得热，因此照明设施也可以看作是加热设备的一种。

此外，如果室内存在湿表面，水分子通过水面蒸发向空气扩散，这种情况下，设施与室内空气不仅进行显热交换，还进行潜热交换（即散湿）。

（二）空气渗透带来的热

由于建筑物的门窗和开口的存在，室外空气可能渗入室内，这不仅带来了热量和湿量，还影响了室内空气的温湿度。因此，在计算热负荷时，必须考虑室外空气渗透带来的得热影响。空气渗透是指由于室内外压力差，导致室外空气通过门窗缝隙和外围护结构上的小孔或洞口进入室内的现象，属于无组织通风。通常情况下，空气的渗入和渗出同时发生，渗入空气的量及其状态决定了室内的得热量，因此在得热量计算中，主要考虑空气的渗入。

室内外压力差是决定空气渗透量的主要因素，通常由风压和热压引起。夏季，室内外温差较小，风压成为空气渗透的主要驱动力。如果室内有空调系统送风形成足够的正压，室内空气只会向外渗出，此时可以忽略空气渗透的作用。若室内没有正压，就必须考虑风压对渗透风的影响。冬季，室内通常设有采暖设施，室内外存在较大温差，热压产生的烟囱效应会加强空气渗透。

在建筑设计中，通过利用楼梯间、中庭、拔风井等结构的自然通风特性，可以借助烟囱效应将室内污浊的热空气排出，同时吸入室外新鲜的冷空气，实现自然通风。在冬季

采暖期间，热压可能比风压对空气渗透的影响更大，因此在考虑高层建筑冬季采暖负荷时，需要同时考虑风压和热压的作用。烟囱效应也可以逆向运作，当室内温度低于室外时（如夏季使用空调），气流可以在烟囱内向下流动，将室外空气通过烟囱抽入室内，形成通风效果。

任务四 建筑声音环境

任务描述

本任务旨在通过科学合理的设计和配置，优化建筑物内部的声音环境，提升室内声学舒适度和噪音控制水平。本任务涉及声学环境评估、设备选型、隔音设计、声源控制、声学材料应用，以及系统调试等多个方面。通过精细化的配置和管理，实现建筑物内部声音环境的优化，提升居住和工作环境的舒适性。

任务分析

对建筑声音环境的全面评估，识别噪音源和频谱特性，选择合适的隔音材料和声学设备，设计合理的隔音结构和消音措施，控制声源噪音和传播路径，应用吸音和隔音材料，配置监控和控制系统，确保系统的稳定性、有效性和易维护性。通过这些措施，实现建筑物内部声音环境的优化，提升声学舒适度和噪音控制水平。

任务实施

一、声音的基本性质

声音是由物体的振动产生，并作为声波在介质中传播的现象。建筑环境中的声波主要指通过空气传播的声音。当声波在空气中传播时，振动会使空气分子产生有序的运动，从而改变原有的静压力，这种使静压力增加的量值被称为声压。在国际单位制中，声压的度量单位统一使用帕斯卡（Pa）。由于声波的振动可以导致空气形成压缩和稀疏两种状态，进而引起大气静压力的变化，因此声压可以是正值或负值。通常情况下，人们所提及的声压是指其有效值，即正值。

声压的变化范围非常广泛，为 10^{-5} ～ 10 的量级，并且人类听觉系统对声音强度的感受并非线性变化，而是遵循对数比例关系。因此，为方便度量声压的大小，可以采用对数关系来表达，即声压（L_p）。声压级是反映声音的大小、强弱的最基本参量，其定义为将待测声压有效值 $P_{(e)}$ 与参考声压 $P_{(ref)}$ 的比值取常用对数，再乘以 20，单位为分贝（dB），即

$$L_p=20\lg(\frac{P_{(e)}}{P_{(ref)}}) \quad (6\text{–}1)$$

在空气中参考声压 $P_{(ref)}$ 一般取为 2×10^{-5} Pa，即正常人耳对 1 kHz 声音的可听阈声压。该可听阈声压的声压级为 0 dB。空气中一些声压和声压级的示例见表 6-2。

表 6-2　声压和声压级数量级示例

声源	声压 /Pa	声压级 /dB
火箭发射	约 4 000	约 165
30 m 外的客机引擎	6.32	150
疼痛阈值	63.2	130
听力损伤阈值	20	约 120
100 m 外的客机引擎	6.32 ～ 200	110 ～ 140
10 m 外的公路	2×10^{-1} ～ 16.32×10^{-1}	80 ～ 90
听力损伤阈值（长期暴露情况下）	0.356	85
10 m 外的汽车	2×10^{-2} ～ 2×10^{-1}	60 ～ 80
1 m 外的电视	2×10^{-2}	约 60
洗衣机、洗碗机	—	50 ～ 53
正常的谈话	2×10^{-3} ～ 2×10^{-2}	40 ～ 60
非常安静的房间	2×10^{-4} ～ 6.32×10^{-4}	20 ～ 30
树叶声、安静的呼吸声	6.32×10^{-5}	10

声波在介质中的传播速度即声速，主要取决于介质本身的物理性质和温度等外部因素。空气中的声速 c 与空气的压强和密度有关，常温常压下空气中的声速可取为 340 m/s。由声音的物理性质可知，一维传播的声压随时间的变化是频率为 f 的简谐函数，描述一个简谐声波只需频率 f 和声压幅值 P_m 两个独立变量，即

$$P(t)=P_m\cos(2\pi ft+\varphi) \quad (6\text{–}2)$$

式中，令频率 $f=c/\lambda$，λ 为波长，f 确定了它的音调，P_m 确定了声音的强弱。

常温下空气中的声速为 340 m/s，则 100 Hz 的简谐声波波长为 3.4 m，而 1 000 Hz 的简谐声波波长为 0.34 m。

人耳能听到的声波频率范围在 20 ～ 20 000 Hz，低于 20 Hz 的声波为次声，高于 20 000 Hz 的称为超声。次声和超声都不能被人耳听到。

用分贝表示声音的度量时，并未考虑人耳的主观听觉特性，因此并不能准确反映人的听觉感受。为了描述声音对听者产生的主观感受，需要引入响度的概念。响度是人对声音强弱的主观判断，表示声音的响亮程度，通过它可以将声音按照由轻到响的顺序排列。响

度的大小主要取决于声强，同时也受到声音频率的影响。

根据声压级的定义，人耳的听觉动态范围在 0 ～ 130 dB。即使声压级相同，不同频率的声音听起来也会有所不同。例如，空压机和电锯产生的噪声均为 100 dB，但电锯的声音显然更响。为了根据人耳的感觉特性进行度量，响度的计算基于 1 000 Hz 声音在不同强度的声压比值，取其常用对数值的十分之一，称为响度级，单位为方（phon）。选择 1 000 Hz 的纯音作为基准音，当其他频率的声音听起来与该基准音一样响时，该声音的响度级即等于基准音的声压级。人耳对 1 000 ～ 5 000 Hz 的高频声音较为敏感，而对低频声音则不太敏感。

图 6-8 为通过大量实验得到的一簇等响曲线。图中，各条曲线是用频率为 1 000 Hz 的纯音对应的声压级数值，作为该曲线的响度级。从任一条曲线均可看出，低频部分对应的声压级高，高频部分对应的声压级低，说明人耳对低频声不敏感，而对高频声较敏感。当声压级高于 100 dB 时，等响曲线逐渐拉平，说明声压级较高时，人耳分辨高、低频声音的能力下降，声音的响度级与频率的关系已不大，而主要取决于声压级。

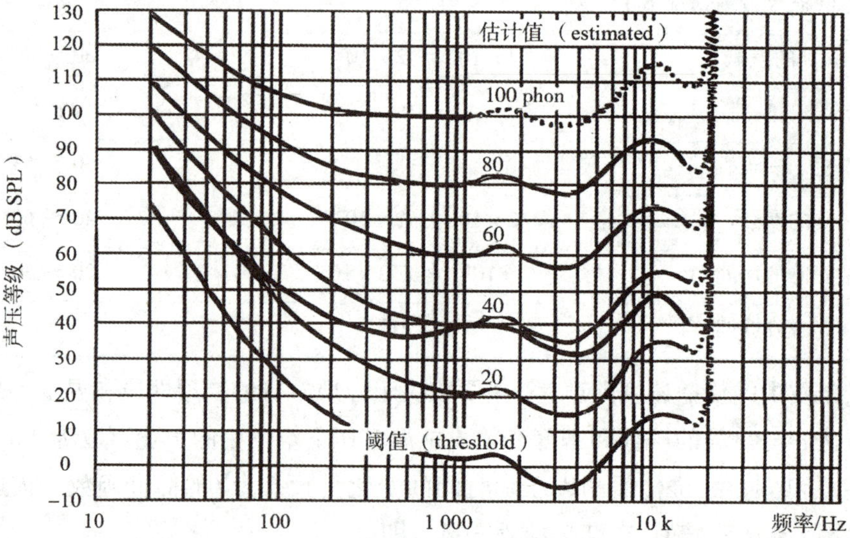

图 6-8　等响曲线实验值

二、声音的传播与衰减

（一）声波遇到边界和障碍物时的传播规律

（1）绕射。当声波在传播途径中遇到障碍物时，不再是直线传播，而是绕过障碍物的边缘，在障碍物的后方继续传播，这种现象称为绕射。

（2）反射。当声波在传播过程中遇到一块尺寸比波长大得多的平面障碍板时，声波将反射，如声源发出的是球面波，经反射后仍然是球面波。

（3）散射。当声波入射到表面起伏不平的障碍物上，并且障碍物起伏的尺寸和波长相近时，声波不会产生定向的几何反射，声波的能量会向各个方向反射，产生散射。

（4）透射与吸收。当声波遇到平面时，其能量会被分割成3个部分：一部分被平面反射回原空间；另一部分会穿过平面，继续在另一侧传播；还有一部分则因为材料的吸收而消耗掉。这种能量损耗的机制可以是材料的振动、声音在介质内部的传播过程中因摩擦或热传导而导致的能量转换。透射声能 E_τ 与入射声能 E_0 之比称为透射系数 τ；反射声能 E_ρ 与入射声能 E_0 之比称为反射系数 ρ，即

$$\tau=\frac{E_\tau}{E_0},\ \rho=\frac{E_\rho}{E_0} \tag{6-3}$$

把透射系数小的材料叫作隔声材料，吸收系数小的材料叫作吸声材料。实际应用中把透过和吸收的即没有反射回来的声能都看成被吸收了，定义材料的吸收系数 α 为

$$\alpha=1-\rho=\frac{E_0-E_\rho}{E_0} \tag{6-4}$$

（二）声波在室外的传播

在无反射和无吸收的理想声场中，点声源辐射的声波以球面波的形式向外传播，声强随着接收点与声源距离 r 的增加而衰减，声压级与 r 的关系为

$$L_{\mathrm{p}}=L_w+10\lg\frac{1}{4\pi r^2}=L_w-20\lg r-11 \tag{6-5}$$

由式（6-5）可以看出，随着传播距离的增加，声波的能量散布在越来越大的面积上，声强也越来越弱。接收点的声强与点声源的距离二次方成反比，即距离每增加1倍声强衰减6 dB。

声音在空气中传播时，除了发散衰减外，还会因为以下因素发生衰减。

（1）大气衰减。大气对声能的吸收而衰减，这种衰减与大气温度、湿度有关，也和声音的频率有关，频率越高，衰减越大，计算公式为

$$A_{\mathrm{atm}}=\alpha_{\mathrm{atm}}\frac{r}{100} \tag{6-6}$$

式中，α_{atm} 为声音的大气吸收衰减系数。

（2）地面吸收衰减。声音沿地面传播时会受到树木、建筑物、草地等障碍物的不同程度反射和吸收影响，导致声音传播中的衰减，这种衰减程度与地面的具体特性及声音的频率密切相关，尤其是高频声音更易被衰减。例如，声音穿过树林时的衰减情况取决于植物种类、密度及季节变化。

（3）气象条件。大气温度随高度的变化，以及各高度风速的差异，导致声速在垂直方向上存在梯度变化，这些因素也共同作用，影响了声音的衰减规律。

（三）声波在室内的传播

传播声波的空间称为声场，声场可以分为以下 3 种。

（1）自由声场。自由声场是在声波传播的空间中无反射面，声源在该声场中发声，在声场中的任一点只有直达声，无反射声的声场。

（2）扩散声场。封闭空间内各点的声能密度几乎相等，并且从各个方向到达某点的声强相等，具备这种特性的声场称为扩散声场。

（3）半自由声场。宽阔的广场上空或全反射面与全吸声面组合的室内空间，被称为半自由声场。在这种空间中，声音在建筑围护结构围成的室内传播时，因受到各个界面的反射与吸收作用，其传播过程较室外复杂得多。

反射现象导致在相同距离下，声强比自由声场中更大，且声强度不遵循距离平方的衰减规律。此外，声源停止发声后，由于反射声的存在，声场中仍有余音存在，即所谓的“混响现象”。混响会增加室内的声压级，同时影响语言清晰度。

假定室内声场满足以下条件。

（1）声能在室内均匀分布，即声强在室内任一点上都相等。

（2）室内任一点上声波向各个方向传播的概率是相同的。

此时室内声场可以看作是自由声场，可以对不同界面的吸声系数进行面积加权平均，求得房间的平均吸声系数，用公式表示如下。

$$\bar{\alpha}=\frac{S_1\alpha_1+S_2\alpha_2+\cdots+S_i\alpha_i}{S_1+S_2+\cdots+S_i} \tag{6-7}$$

式中，S_i 为第 i 个界面的面积；αi 为第 i 个界面的吸声系数；S 为房间界面的总面积。

此时，室内声场处于稳态。

三、噪声抑制

凡是人们不愿意听到的声音都可以认为是噪声。建筑声环境研究的最主要的目的在于噪声抑制。

（一）噪声对人的影响

人们对声音是否愿意听闻，不仅取决于这种声音的强度，还取决于它的频率、连续性、发声时间和声音的内容等因素，同时还与人的心理状态和心情以及发声者的主观意志等有关。噪声的主要来源有语音噪声、道路交通噪声、工业噪声、建设工地噪声、广播噪声等。噪声会对人的心理和生理方面产生影响。

（1）噪声会干扰人们的语言交流，从轻微降低交流效率到严重损害听力。研究显示，低于 30 dB 的环境非常安静；50 ～ 60 dB 则较为吵闹；当噪声达到 80 ～ 90 dB 时，若要进行正常对话，距离不得不缩短至约 0.15 m，且必须提高音量。若噪声分贝数更高，实际上已无法进行对话。

（2）短期暴露于噪声环境中，人耳会出现暂时性听力下降，但在返回安静环境后，听力通常能在短时间内恢复。然而，长期无防护地在强噪声环境中工作，会导致听力恢复时间延长，甚至造成听觉机能无法完全恢复的永久性损伤。统计数据显示，长期工作在 90 dB 以上噪声环境中的人群，耳聋发病率显著上升。

（3）除了损伤听力外，噪声还会引发其他健康问题，如情绪不宁、紧张、心率加快和血压升高。它还能减少唾液和胃液分泌，降低胃酸，增加胃溃疡和十二指肠溃疡的风险。长期处于噪声环境中，还可能对神经功能产生影响。

（4）噪声也会干扰人们的睡眠，老人和病人尤为敏感。睡眠受扰后，会影响工作效率和健康。长期睡眠受到干扰，可能导致失眠、体力下降、记忆力衰退，乃至神经衰弱等症状。

（二）噪声评价

人们对于噪声的主观感觉与噪声强弱、噪声频率、噪声随时间的变化有关。如何才能把噪声的客观物理量与主观感觉量结合起来，得出与主观响应相对应的评价量，用以评价噪声对人的干扰程度，是一个复杂的问题。迄今为止，稳态噪声对人的影响已经有不少研究结果，并应用于噪声评价和制订噪声允许标准。

（三）噪声抑制

噪声抑制的措施可以在噪声源、传播途径和接收点 3 个层次上实施。

1. 降低声源噪声

对噪声源进行噪声抑制是最根本和最有效的措施。在声源处即使只是局部地减弱了辐射强度，也可使在中间传播途径中或接收处的噪声控制工作大大简化。常见的噪声源有以下几种。

（1）自然环境噪声：风声、雨声、水流动声、海浪声，以及自然灾害产生的噪声等。

（2）人为活动噪声：工业噪声、建筑施工噪声、交通运输噪声和社会生活噪声。

要想降低声源噪声，需要做到以下几点。

（1）通过改进生产工艺和操作方法来降低噪声。具体措施包括使用低噪声工艺替代高噪声工艺，优化噪声源的结构设计，控制发声时间，同时采用吸声、隔声、减振等技术，以及安装消音器等手段，有效控制声源的噪声辐射。

（2）在城市规划中，应实施“闹静分离”的布局原则，合理安排噪声源的位置。对于城市内的工厂、锅炉房、水泵房等设施，应采取消声减噪措施，并尽可能将它们设置在住宅区的边缘，采取适当的防护措施，以减少噪声对居民的影响。

（3）降低社会生活中的噪声，减少对生活环境的干扰，通过控制音量或其他有效措施，防止对周围居民造成环境噪声污染。例如，禁止在商业活动中使用高音广播喇叭或采取其他高噪声方式招揽顾客，同时对空调器、冷却塔等设备采取降噪措施，确保其边界噪声符合国家相关标准。

2. 在传播途径中控制噪声

由于工艺技术上或经济上的原因，上述考措施无法实现时，就需要在传播途径中利用声音传播特性进行噪声控制，主要有以下几条措施。

（1）利用噪声在传播中的自然衰减作用，使噪声源尽量远离住宅区域和办公区域。

（2）采取噪声控制技术，主要包括吸声、消声、隔声、隔振和减振等几类。

（3）充分利用天然地形如山岗、土坡或已有的建筑物的声屏障作用和绿化带的吸声降噪作用，也可以收到可观的降噪效果。

在室内布置吸声材料以达到降噪目的的方法称吸声减噪法。室内有噪声源时，噪声的声压级大小与分布取决于房间的形状、各界面材料和家具设备的吸声特性，以及噪声源的性质和位置等因素。如果在吸声减噪处理前、后室内的声压级分别为 L_{p1} 和 L_{p2}，房间的平均吸声系数分别是和 $\overline{\alpha_1}$，$\overline{\alpha_2}$ 则室内噪声级的降低值为

$$\Delta L_P = 10\lg\left(\frac{\overline{\alpha_2}}{\overline{\alpha_1}}\frac{1-\overline{\alpha_2}}{1-\overline{\alpha_1}}\right) \tag{6-8}$$

使用吸声法降噪时，有以下使用原则。

（1）当室内平均吸声系数较低时，吸声减噪法效果最显著。相反，对于原本吸声量较大的房间，该方法的效果有限。

（2）吸声减噪法主要减少反射声，通常只能实现 4 ～ 12 dB 的降噪效果。试图通过吸声处理获得更大降噪效果是不切实际的。

（3）在声源附近、直达声占主导地位的场所，采用吸声减噪法难以获得理想的降噪效果。

3. 在接收点控制噪声

控制噪声的最后一环是在接收点进行防护。在声源和传播途径上采取的噪声控制措施不能有效实现，或只有少数人在吵闹的环境中工作时，个人防护是一种经济有效的方法。常用的防护用具有耳塞、耳罩、头盔 3 种形式。当然，耳塞长期佩带，会有耳道中出水（汗）或其他生理反应；耳罩不易和头部紧贴而影响到它的隔声效果；而头盔因为比较笨重，所以只在特殊情况下采用。

任务五　建筑光环境

任务描述

本任务旨在通过科学合理的设计和配置，优化建筑物内部的光照环境，提升室内视觉舒适度和能源效率。本任务涉及光照环境的评估、照明设备选型、光分布设计、控制系统制定以及能效优化等多个方面。通过精细化的配置和管理，实现建筑物内部光环境的优化，提升居住和工作环境的舒适性。

任务分析

进行建筑光照环境的全面评估，识别自然光和人工光的分布特性，选择高效、合适的照明设备，设计合理的光分布和调光策略，采用智能控制系统和节能技术，进行光照度和能耗的实时监控与分析，确保系统的稳定性和易维护性。通过这些措施，实现建筑物内部光环境的优化，提升视觉舒适度和能源效率。

任务实施

建筑光环境是建筑环境学非常重要的研究对象。合理舒适的室内光环境不仅可以减少人的视觉疲劳、提高劳动生产率，对人的身体健康特别是视力健康也有直接影响。了解和掌握建筑光学的基本知识，具备一定的创造和控制良好光环境的能力是建筑环境领域的专业人员所必需的。

一、光的性质

光是一种人类眼睛可以见的电磁波，一般定义波长为 400 ～ 700 nm 的电磁波（即可见光谱）。可见光谱在电磁波谱上的位置如图 6-9 所示。

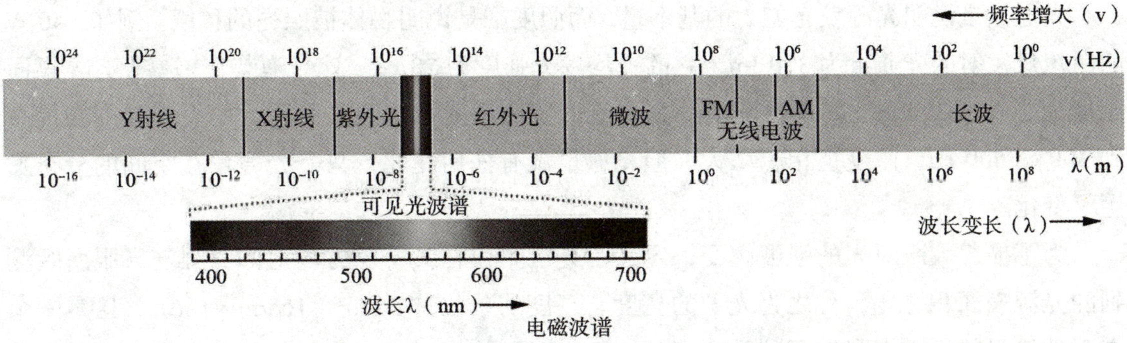

图 6-9　可见光谱在电磁波谱上的位置

可见光谱的界限并不代表人类视觉的绝对限制，有的定义为 420 ～ 680 nm，也有的定义为 380 ～ 760 nm。在理想的实验室条件下，儿童和年轻人可看到 310 ～ 313 nm 的紫外线，而成年人可以看到波长大于 1 050 nm 的红外线。

光可以在真空、空气、水等透明的物质中传播。真空中的光速在物理学中用 c 表示，c=2.997 924 58 × 10^8 m/s，是宇宙中最快的速度。光在其他各种介质的速度都比在真空中的小。空气中的光速大约为 2.997 920 00 × 10^8 m/s，计算中一般取 3 × 10^8 m/s。光在水中的速度比真空中小很多，约为真空中光速的 3/4；在玻璃中的速度小得更多，约为真空中光速的 2/3。

光在真空和均匀介质中沿直线传播。当遇到水面、玻璃等物体的表面时，会发生反射现象。反射在物理学中分两种类型：镜面反射和漫反射。镜面反射发生在极其光滑的物体表面（如镜子），平行光线反射后仍保持平行。而漫反射则发生在表面不平整的物体（如白纸），光线会被向各个方向反射。大多数反射现象属于漫反射。光线从一种介质斜入另一种介质时，传播方向会偏折，这称为光的折射。在两种介质交界面，同时会出现折射和反射。反射光的光速与入射光相同，而折射光的光速则不同。

在电磁学中，辐射体以电磁辐射形式向四周辐射能量，单位时间内辐射的能量称为辐射功率或辐射通量。可见光谱中，波长为 400 ～ 700 nm，由人眼感知的辐射量被称为光通量 Φ，单位为流明（lm），定义为

$$\Phi=K_{\max}\int V(\lambda)\Psi(\lambda)\mathrm{d}\lambda \tag{6-9}$$

式中，$K_{\max}$ 为最大光功当量，其值为 683 lm/W；$V(\lambda)$ 为光谱光视效率；$\psi(\lambda)$ 为波长为 λ 的单色光通量。

为了描述光源和照明灯具发出的光通量在空间角度的分布密度，引入发光强度的概念，定义为“一个光源发出频率为 540 × 10^{12} Hz（空气中波长 555 nm）的单色辐射，若在一定方向上的辐射强度为 1/683 W/sr，则光源在该方向上的发光强度为 1 cd（坎德拉）”。而在照明工程中，常用照度来描述照射平面单位面积上的光通量，单位为 lux（或 lx），定义为

$$E=\frac{\mathrm{d}\Phi}{\mathrm{d}A} \tag{6-10}$$

光通量是说明光源发光能力的基本量，而照度则是说明物体被照亮的程度。例如，40 W 的白炽灯发射的光通量为 370 lm，它的平均发光强度为 28 cd。该灯泡装在书桌上方，桌面照度为 200 ～ 300 lx。如果再配上一个合适的镜面反射罩，则桌面附近的发光强度能提高到 300 ～ 500 cd，照度也相应增大。但光通量没有任何变化，只是光通量在空间的分布发生了变化。

为了描述人眼对光的强度感受，定义了光源单位在其特定方向上的光强与人眼所观测到的光源表面积之比，称之为光源的亮度。亮度的单位是 cd/m²（1cd/m²=1nt），这是一个主观性较强的量。人眼在不同的亮度环境下，对同一实际亮度产生的相对亮度感觉是不同

的。例如，同一个电灯在白天和黑夜对人眼的相对亮度感觉会有差异。此外，当人眼适应了某一亮度环境后，其感知亮度的范围会缩小。例如，在白天亮度为 10 000 cd/m² 的环境中，人眼可分辨的亮度范围为 200 ～ 20 000 cd/m²，低于 200 cd/m² 的亮度人眼感知为黑色。而在夜间，环境亮度降低到 30 cd/m² 时，人眼能分辨的亮度范围则缩小为 1 ～ 200 cd/m²，此时 100 cd/m² 的亮度已显得相当亮，只有低于 1 cd/m² 的亮度才会被感觉为黑色。

二、视觉与光环境

（一）人眼的视觉特性

光作用于人眼，使其感受细胞兴奋，其信息经视觉神经系统加工后便产生视觉。在人的视网膜中存在着两种感光换能系统。一种是暗视觉系统，它们对光的敏感度较高，能在昏暗的环境中（亮度低于 0.03 cd/m²）感受弱光刺激而引起暗视觉，但视物无色觉而只能区别明暗，且视物时只能有较粗略的轮廓，精确性差；另一种是明视觉系统，它们对光的敏感性较差，只有在类似白昼的条件下（亮度高于 3 cd/m²）才能被刺激，但视物时可辨别颜色，且对物体表面的细节和轮廓境界都能看得很清楚，有高分辨能力。

人眼的视觉神经对不同波长光的感光灵敏度各异，尤其对绿光最为敏感，而对红光和蓝光的灵敏度较低。此外，由于生理和心理因素的影响，不同个体对各波长光的感光灵敏度也会有所差异。为标准化这一现象，国际照明委员会（International Commission on Illumination，CIE）根据大量观察结果，确定了人眼对各波长光的平均相对灵敏度，这被称为“光谱光视效率”或“视见函数”。如图 6-10 所示，在明亮环境中，波长为 555 nm 的黄绿光最明亮，其明亮程度朝波长短的紫光和波长长的红光方向逐渐递减。而在较暗环境中，人眼的视觉亮度感受性会发生变化，此时以 510 nm 的蓝绿光最为敏感。

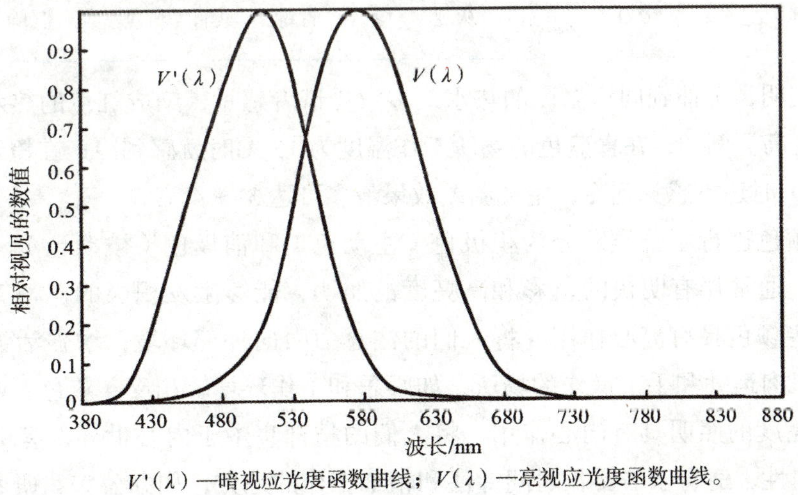

V'(λ)—暗视应光度函数曲线；V(λ)—亮视应光度函数曲线。

图 6-10　光谱光视效率

暗视觉条件下，人眼能够感光的亮度阈值为 10^{-6} ～ 0.03 nt，此时景物看起来总是模糊不清，灰茫茫一片；而在明视觉下，人眼有辨认细节和分辨颜色的能力，这种能力随亮度增加而达到最大，所有的室内照明都是按明视觉条件下设计的；当亮度在 0.03 ～ 3 cd/m^2 之间时，眼睛处于中间状态，称为中间视觉，一般道路照明的亮度水平，相当于中间视觉的条件。

（二）颜色产生的心理效果

颜色是人类重要的感官体验之一，在工作和学习环境中，颜色的选择不仅因其美丽和魅力，更因为其能够提供情绪上的释放。一个黯淡灰色的环境几乎缺乏视觉吸引力，容易导致人们感到不安、紧张和乏味。相反，合适的颜色可以使人感到放松、激动和愉悦。事实上，人们的大部分心理困扰源于内在的精神活动，而良好的颜色刺激能够给人以振奋，帮助他们从恐惧和忧虑中解脱。因此，光环境的优劣离不开颜色的合理设计。

色性相近的颜色对个体视觉的影响及产生的心理效应的相互联系、密切相通的称性质色感的共通性，它是颜色对人体产生的心理感受的一般特性，见表 6-3。

表 6-3　色感的共通性

左趋势	积极色				中性色		消极色			右趋势	心理感受
明亮	白	黄	橙	绿红	灰	灰	青	紫	黑	黑暗	明暗感
温暖		橙	红	黄	灰	绿	青	紫	白	凉爽	冷热感
膨胀		红	橙	黄	灰	绿	青	紫		收缩	胀缩感
进		黄	橙	红		绿	青	紫		远	距离感
轻盈	白	黄	橙	红	灰	绿	青	紫	黑	沉重	重量感
兴奋	白	红	橙红	黄绿 红紫	灰	绿	青绿	紫青	黑	沉静	兴奋感

有实验表明，手伸到同样温度的热水，多数受试者感觉，染成红色的热水要比染成蓝色的热水温度高。例如，在青蓝色的场所工作温度为 15 ℃时就感到冷；在橙红色的场所工作温度为 11 ℃时还不感觉到冷，主观温差效果最多可达 3 ～ 4 ℃。

歌德对颜色进行了分类，分为积极色（主动色）和消极色（被动色）。主动色如黄色、红色调，通常伴有明快的色彩和高亮度的照明，能够激发积极的、朝气蓬勃和进取的态度。这些颜色具有离心作用，将人们的注意力引向外部环境，增强活力和外向性，适合于需要肌肉运动和手工操作的场所，如娱乐和工作环境。相反，灰色、蓝色、绿色等冷色调和低亮度的照明具有向心作用，将人们的精神集中于内心世界，有助于集中注意力，增强内向性，适合于需要长时间专注和精细工作的地方，如办公室、研究室和装配车间等。

（三）光环境的评价标准

舒适光环境要素主要包括以下 3 个方面。

1. 适当的照度水平

人眼对外界环境明亮差异的知觉取决于外界景物的亮度，实际中是以照度水平作为照明的衡量指标。不同性质的场所对照度值的要求不同，适宜的照度应当是在某具体工作条件下，大多数人都感觉比较满意且保证工作效率和精度均较高的照度值。通常假定参考面是由室内距地面 0.70 ～ 0.80 m 高的水平面。考虑到人眼的明暗视觉适应过程，参考面上的照度应该尽可能地均匀，否则很容易引起视觉疲劳。一般认为空间内照度最大值、最小值与平均值相差不超过 1/6 是可以接受的。我国住宅建筑照度的标准值见表 6-4。

表 6-4 我国住宅建筑照度的标准值

类别		参考平面及其高度	照度标准值 /lx		
			低	中	高
起居室	一般活动区	0.75 m 水平面	20	30	50
	书写、阅读	0.75 m 水平面	150	200	300
	床头阅读	0.75 m 水平面	75	100	150
	精细作业	0.75 m 水平面	200	300	500
餐厅或厨房		0.75 m 水平面	20	30	50
卫生间		0.75 m 水平面	10	15	20
楼梯间		地面	5	10	15

2. 舒适的亮度分布

在工作房间内，除了观察对象外，工作面、墙壁、窗户和灯具等构成视野的背景元素，其亮度水平和亮度对比对视觉效果有重要影响。当背景与中心视野内的观察对象亮度差异过大时，会加重眼睛的负担，导致眩光现象。眩光是指由于不适宜的亮度分布或极端的亮度对比，使视觉不舒适并降低物体可见度的视觉条件。眩光因其刺眼的特性，常常使人感到烦扰、不适，甚至损害视力，主要由于视野内的亮度远超眼睛的适应能力所致。

眩光是评估光环境舒适性的关键指标。根据其对视觉的影响程度，眩光可分为失能眩光和不舒适眩光。失能眩光可能导致视力下降，甚至失明；而不舒适眩光虽不影响视力，但会令人感到不适，影响注意力的集中，长期则会增加视觉疲劳。在室内光环境中，主要遇到的是不舒适眩光。此外，房间内的平均亮度会影响人们对房间明亮程度的主观印象，进而造成不同的心理感受。因此，一个舒适的光环境应该具有合理且均匀的亮度分布。

3. 适宜的色温与显色性

光源的颜色质量通常通过色温和显色系数两个指标来评估。色温是指光源发出的光色与“黑体”在某一温度下辐射的光色相同时，“黑体”所对应的温度，用符号 T 表示，单位是开尔文（K）。根据色温的不同，光源可以分为 3 类：色温低于 3 300 K 的光源颜色属于暖色调，3 300 K ～ 5 300 K 为中间色调，而高于 5 300 K 的则是冷色调。

提示

从心理学的角度出发，光的颜色适宜性和照明强度之间存在着密切的关系。例如，蜡烛色温约为 2 000 K 的温暖光线，即使在 10 ～ 20 lx 的较低照度下也能给人带来舒适的体验；而色温超过 5 000 K 的冷白色荧光灯，则通常需要 300 lx 以上的照度才能达到同样的舒适度。暖色调的光源，因其温馨、舒适的特性，常被应用于家庭环境、寒冷地区或需进行细致视觉任务的场景；中性色调的光源适合工作环境和生活空间；冷色调的光源则更适合对照明强度有较高要求的地方、炎热的气候条件或是某些特定的光照需求场合。

光源色温和显色系数都取决于光源的光谱组成，但不同光谱组成的光源可能具有相同的色温，而其显色系数却大不相同。同样，色温不同的光源可能具有相等的显色系数。显色系数是指光源对物体颜色呈现的程度，表示物体在光源下颜色比基准光（太阳光）照明时颜色的偏离，能较全面反映光源的颜色特性。显色系数高的光源对颜色表现较好，也就接近自然色；显色性低的光源对颜色表现较差，即偏差较大。CIE 把太阳的显色系数定为 100，其他各类光源的显色系数各不相同，见表 6-5。

表 6-5　显色系数与适用范围

显色系数	色温	应用示例	
		优先采用	允许采用
$R_a \geq 90$	暖 中间 冷	颜色匹配 临床检验 绘画美术馆	
$80 \leq R_a < 90$	暖 中间	家庭、旅馆 餐馆、商店、办公室 学校、医院	
	中间 冷	印刷、油漆和纺织 工业、手工工厂	
$60 \leq R_a < 80$	暖 中间 冷	工业建筑	办公室 学校

续表

显色系数	色温	应用示例	
		优先采用	允许采用
$40 \leqslant R_a<60$		显色要求低的工业	工业建筑
$20 \leqslant R_a<40$			显色要求低的工业

显然，高显色系数的灯是理想的选择，如白炽灯，但是这类等的光效不高。反之，光效很高的普通钠灯的显色系数又很低，所以，实际应选择显色系数与光效兼顾的灯具。

三、天然采光

良好的光环境可以通过天然光源和人造光源的结合来实现。天然采光即利用自然光，是实现可持续建筑的重要途径之一。天然光主要由太阳直射光、天空漫射光和地面反射光构成。太阳辐射通过大气层到达地面，其中一部分以直射光的形式存在，具有方向性，会在被照射物体背后形成明显阴影；另一部分在大气中的空气分子、灰尘、水蒸气等微粒的作用下，经过多次散射形成天空漫射光，使天空成为一个具有一定亮度的漫射光源，漫射光没有特定方向，不会形成阴影。此外，地面反射光也会增加天空的漫射光源，地面反射光和天空漫射光均被视为扩散光。直射光和扩散光的比例受大气透明度和云量的影响，当这两者的比例变化时，地面的照度和物体阴影的浓度也会相应变化。在晴朗天气，天然光由直射光和扩散光组成，而在全阴天则仅有天空扩散光，无直射光。

在进行建筑采光设计时，应根据地区光气候特点，采取有效措施，综合考虑如何充分利用天然光，以节约能源。不同比例的太阳直射光、天空漫射光和地面反射光形成了不同的室外地面照度分布。影响室外地面照度的气象因素主要包括太阳高度角、云量和日照率等。我国地域广阔，东西和南北方向的经纬度差异显著，同一时刻南北方的太阳高度角相差甚大。从日照率看，由北和西北向东南方向逐渐减少，四川盆地为最低；从云量看，自北向南逐渐增多，四川盆地最多；从云状看，南方以低云为主，向北逐渐以高层和中云为主。这些情况表明，南方以天空扩散光照度为主，而北方以太阳直射光为主，南北方室外平均照度差异较大。因此，在采光设计标准中，将全国划分为5个光气候区，并分别设定相应的采光设计标准。

各光气候区的室外天然光设计照度值见表6-6，所在地区的采光系数标准值应乘以相应地区的光气候系数 K。

表6-6　各光气候区的室外天然光设计照度值

光气候区	Ⅰ	Ⅱ	Ⅲ	Ⅳ	Ⅴ
K 值	0.85	0.90	1.00	1.10	1.20
室外天然光临界照度值 E_1/lx	6 000	5 500	5 000	4 500	4 000

人眼在天然光下的灵敏度高于人工光，尤其在低照度或观察小物体时，这种差异尤为显著。天然光是太阳辐射的一部分，具有连续光谱且只有一个峰值的特性。长期在天然光下生活的人们，适量将天然光引入室内，并能透过窗户看到室外景观，是保证工作效率和身心舒适的重要条件。近年来的研究还表明，太阳的全光谱辐射是人们生理和心理长期感到舒适满意的关键因素。

相反，人工光的光谱因发光机理不同而异，人们总是希望人工光尽量接近天然光，不仅在光谱分布上接近，而且是单一峰值，并且具有相似的光色感觉。然而，人工光不可能完全复制天然光，若人工光谱含有两个峰值且不连续，则容易引起视觉疲劳。通常，光谱能量分布较窄的单一颜色光源照明质量较差，而光谱能量分布较宽的光源照明质量较好，前者的视觉疲劳程度高于后者。

四、人工照明

建筑采用天然光具有很多优点，但它的应用受到时间和地点的限制。建筑物内不仅在夜间必须采用人工照明，在某些场合，白天也需要人工照明。人工照明主要可分为功能性照明和装饰艺术性照明两种。前者主要着眼于满足人们生理上、生活上和工作上的实际需要，具有实用性的功能；后者主要满足人们心理、精神上和社会上的观赏需要，具有艺术性的目的。在考虑人工照明时，既要确定光源、灯具、安装功率和解决照明质量等问题，还需要同时考虑相应的供电线路和设备。下面主要介绍几种常用光源的构造和发光原理。

（一）热辐射光源

（1）白炽灯。白炽灯是一种利用电流通过细钨丝所产生的高温而发光的热辐射光源。它发出的可见光以长波辐射为主，与天然光相比，其光色偏红，因此，白炽灯不适合用于需要仔细分辨颜色的场所。此外，白炽灯灯丝亮度很高，易形成眩光。人工光源发出的光通量与它消耗的电功率之比称该光源的发光效率，简称光效，单位为 lm/W，是表示人工光源节能性的指标。白炽灯的光效不高，仅在 12 ～ 20 lm/W，只有 2% ～ 3% 的电能转化为光能，97% 以上的电能都以热辐射的形式损失掉了。白炽灯也具有其他一些光源所不具备的优点，如无频闪现象，适用于不允许有频闪现象的场合；良好的调光性，有利于光的调节；开关频繁程度对寿命影响小，适应于频繁开关的场所；体积小，构造简单，价格便宜，使用方便等。所以，白炽灯仍是一种广泛使用的光源。

（2）卤钨灯。普通白炽灯的灯丝在高温工作时会导致钨的气化，气化后的钨粒子会附着在灯泡内玻璃壳上，降低透光率。为解决这一问题，可以将卤族元素如碘或溴充入灯泡内。这些元素会与气化钨化合成气态卤化钨。由于这种化合物不稳定，在靠近高温灯丝时会分解，释放的钨重新附着在灯丝上，而卤族元素则继续进行新的循环。这种卤钨循环机制有效减少了灯泡的黑化现象，延缓了灯丝的蒸发，使灯的发光效率提升到 20 lm/W 以上，寿命延长至约 1 500 小时。由于卤钨循环需在高温下进行，因此要求灯泡内保持高温，这使得卤钨灯的体积比普通白炽灯小得多。尤其碘钨灯呈管状，使用时需水平放置以防止卤素在一端聚集。

（二）气体放电光源

（1）荧光灯。荧光灯发光面积大，管壁负荷小，表面亮度低，寿命长，广泛用于办公室、教室、商店、医院和部分工业厂房。最常用的是直管型荧光灯，其灯管的两端各有一个密封的电极，管内充有低压汞蒸气和少量帮助启燃的氩气，灯管内壁涂有一层荧光粉。当荧光灯管两极加上电压后，气体放电产生紫外线，由紫外线激发荧光粉发出可见光。荧光灯与所有气体放电光源一样，其光通量随着交流电压的变化而产生周期性的强弱变化，使人眼观察旋转物体时产生不转动或倒转或慢速旋转的错觉，这种现象称为频闪现象。

（2）金属卤化物灯。金属卤化物灯的构造和发光原理与荧光高压汞灯类似，但不同之处在于其内管中充有金属卤化物，如碘化铟、碘化钪、溴化钠，以及汞蒸气和惰性气体，而外壳与内管之间则充入氮气或惰性气体，外壳不涂覆荧光粉。这类灯通过电子激发金属原子，直接发出与天然光相近的可见光，其光效可超过 80 lm/W。相较之下，金属卤化物灯不仅提高了光效，还在显色性方面也取得了显著改进。

（3）高压钠灯。高压钠灯内管中含 99% 的多晶氧化铝半透明材料，有很好的抗钠腐蚀能力。管内充钠、汞蒸气和氙气，汞量是钠量的 2 ～ 3 倍。氙气的作用是起弧，汞蒸气则起缓冲剂和增加放电电抗的作用，仍然是由钠蒸气发出可见光。随着钠蒸气气压的增高，单色谱线辐射能减小，谱带变宽，光色改善。

（4）节能灯。许多气体放电光源虽然光效高，但通常牺牲了显色性；同时，光效高的灯往往功率大，光通量也大，不适合在小空间使用。因此，近年来出现了一些功率小、光效高、显色性较好的新光源，即所谓的节能灯。这些灯体积小，与 100 W 普通白炽灯相近，接口设计成与白炽灯相同，附件内置，可直接替换白炽灯，非常适合低矮空间的照明。

（5）LED 节能灯。LED 节能灯采用高亮度白色发光二极管作为光源，具有高光效、低能耗、长寿命、易控制、安全环保等特点，是新一代固体冷光源。其光线柔和、无频闪，对眼睛有保护作用，适用于家庭、商场、医院、饭店等多种公共场所的长时间照明。最初，LED 主要用于仪器仪表的指示光源，随后在交通信号灯和大面积显示屏中广泛应用。对于一般照明而言，更多是通过蓝光 LED 生成白光，制成构造简单、成本低廉、技术成熟的白色 LED 灯，因此在多个领域中应用广泛。

项目小结

本项目主要介绍了建筑环境优化的相关理论与实践。首先介绍了建筑环境的基本概念，包括影响建筑环境质量的各个要素和评估标准；其次深入讲解了在室内空气质量、热舒适性、声学设计等方面的提升策略和技术方法，为读者提供了具体的知识框架；最后展示了如何在建筑设计和管理中应用这些优化策略，以及如何解决实践中可能遇到的问题。通过本项目的学习，读者不仅夯实了关于建筑环境的专业知识，还通过实践操作显著提升了在室内空气质量、热舒适性、声学设计等方面的技术能力和实际操作技能，并增强了解决问题能力和实际应用能力，能够在建筑设计和管理中高效应用环境优化策略，从而提升建筑的整体舒适性和用户满意度。

项 目 工 单

一、任务名称

建筑声音环境优化工程。

二、任务描述

C 公司的整体声音环境很嘈杂，想要整体的改善一下公司声音的环境，确保顾客及工作人员的舒适体验。怎样才能实现 C 公司的要求呢？

三、分组讨论

以 3 ～ 5 人为一组，选出组长并进行任务分工，将小组成员及分工情况填入实训表 6-7 中。

实训表 6-7　小组成员及分工情况

班级：　　　　　　　　组号：　　　　　　　　指导教师：

小组成员	姓名	学号	任务分工
组长			
组员			

四、任务思考

1. 请制订一个详细的设计图纸和施工文档。

2. 施工准备需要的资料有哪些？

3. 声学效果测试包含哪些？

五、实施过程

按实际操作过程，将实施内容、遇到的问题及解决办法等记录于实训表 6-8 中。

实训表 6-8　工作实施过程记录表

序号	实施内容	遇到的问题及解决办法	结果

六、任务评价

各组展示任务完成情况，并完成实训表 6-9 的考核评价表。

实训表 6-9　考核评价表

项目名称	评价内容	分值 / 分	评分 / 分		
			自评	互评	师评
职业素养考核项目	考勤、纪律意识	10			
	团队交流与合作意识	10			
	参与主动性	10			
专业能力考核项目	积极参与教学活动并正确理解任务要求	10			
	认真查找与任务相关的资料	10			
	任务实施过程记录表的完成度	10			
	对建筑声音环境知识的理解程度	20			
	独立完成相应任务的程度	20			
合计：综合成绩________ 自评（20%）+ 互评（20%）+ 师评（60%）		100			

课 后 练 习

一、填空题

1. 建筑环境学核心在于________________由人类活动________________的各种____________。

2. 建筑环境学的研究内容包括____________、____________、人体对热湿环境的反应、____________、____________、____________、____________。

3. 春分在每年的____月____日或____日，秋分则在____月____日或____日。

4. 噪声的主要来源有____________、____________、____________、____________、____________等。

5. 光是一种人类眼睛可以见的____________，一般定义为波长介于____________至____________纳米的电磁波。

6. 良好的光环境可以通过____________和____________的结合来实现。

二、简答题

1. 简述城市热岛效应的定义？

2. 通过墙体、屋顶等非透明围护结构传入室内的热量主要来源于哪几个方面？

3. 常见的噪声源有几种？举例说明。

项目七

公共安全系统

项目导读

公共安全系统宛如一把无形的安全伞，通过综合运用现代科学技术，为维护社会安全打造坚固的堡垒。它集成了多种技术防范系统和保障体系，旨在有效应对威胁公共安全的各类突发事件，为人们创造更加安全的生活环境。本项目主要介绍公共安全系统的相关知识。

学习目标

知识目标

1. 了解公共安全系统相关概念。

2. 掌握安全防范综合管理系统的构成。

能力目标

1. 熟悉视频安防监控系统理论和方法。

2. 掌握出入口报警系统的组成方法。

3. 能分析出感烟探测器和感光探测器的区别。

素质目标

1. 培养学生建立完善的应急预案体系，能针对不同类型事件制定科学有效的处置方案。

2. 培养学生科学制订公共安全规划，构建覆盖全面、层次分明的安全防范体系。

思政目标

引导学生学习公共安全法律法规，提升法治意识，自觉遵守法律法规，积极参与社会治安综合治理。教育学生关注社会安全热点问题，积极参与公共安全志愿服务活动，为构建平安社会贡献青春力量。鼓励学生将科技创新应用于公共安全领域，研发新技术、新产品，不断提升公共安全系统的科技含量和智能化水平。

任务一 公共安全系统概述

任务描述

设计、实施和管理一套综合的安全防护体系，以保障公共场所的安全和秩序。本任务包括需求分析、系统设计、设备选型、系统集成、测试与调试、运行维护等，涉及视频监控、入侵检测、火灾报警、紧急通信等多个子系统，确保在各种突发事件中能够及时响应和有效处置，保障公众的生命财产安全。

任务分析

本任务首先需明确公共场所的特点、规模和安全需求，进行详细的需求分析，以确定系统的功能和技术规格；其次选择和配置合适的设备和技术，如高清摄像头、智能分析系统、火灾探测器、紧急广播系统等，确保系统的全面性和可靠性；再次进行系统集成，确保各子系统（如监控、报警、通信等）能够无缝协作，实现信息的实时传输和共享；最后通过持续的监控和数据分析，优化系统运行参数，确保在各种突发事件中能够快速响应和有效处置，提升公共安全治理的效率和水平。

任务实施

公共安全系统旨在维护社会安全，综合运用现代科学技术，建立应对危害公共安全的各类突发事件的防范系统和保障体系。公共安全系统内容涵盖火灾自动报警系统、安全技术防范系统和应急响应系统等。

火灾自动报警系统利用现代检测技术、自动控制技术和计算机技术，对火灾进行早期探测和自动报警，以确保人身安全，最大限度减少财产损失。主要组成包括火灾探测报警系统、可燃气体探测报警系统、电气火灾监控系统和消防联动控制系统等。

安全技术防范系统依据被防护建筑物对象的防护等级、建设投资及安全管理需求，综合运用安全防范技术、电子信息技术和信息网络技术，构建先进、可靠、经济、适用的安全技术防范体系。主要内容包括安全防范综合管理系统、入侵报警系统、视频安防监控系统、出入口控制系统、电子巡查管理系统、访客对讲系统、停车库（场）管理系统及各类建筑业务功能所需的其他相关安全技术防范系统。

应急响应系统是大型建筑物或其群体构建于火灾自动报警系统、安全技术防范系统基础之上应对突发事件的应急保障体系。应急联动系统具有对火灾、非法入侵等事件进行准确探测和本地实时报警，对自然灾害、重大安全事故、公共卫生事件和社会安全事件实现本地报警和异地报警、指挥调度、紧急疏散与逃生引导、事故现场紧急处置等功能。应急联动系统一般包括有线 / 无线通信、指挥、调度系统、多路报警系统、消防—建筑设备联动系统、消防—安防联动系统和应急广播—信息发布—疏散导引联动系统等。

公共安全系统的基本组成如图 7-1 所示。

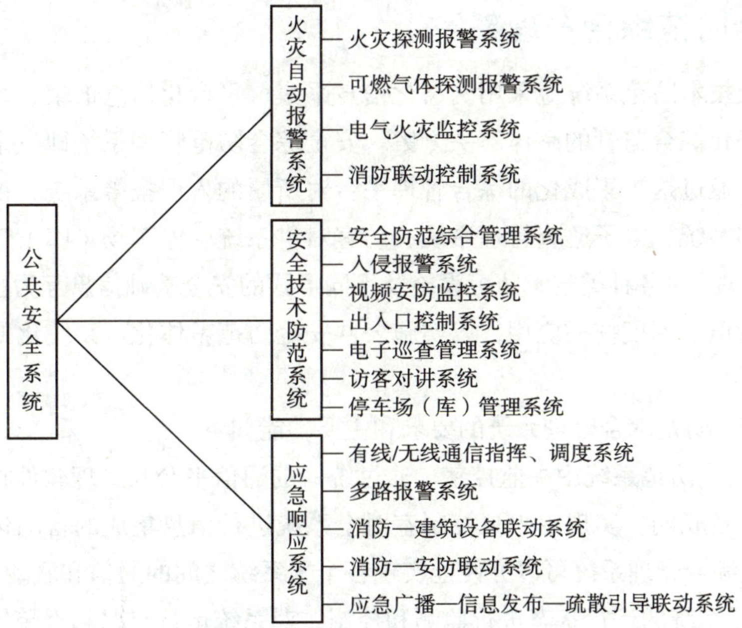

图 7-1　公共安全系统的基本组成

任务二　安全技术防范技术

任务描述

本任务旨在通过科学合理的系统设计和设备配置，提升建筑物及周边环境的安全防护能力。本任务涉及安全风险评估、安防设备选型、系统集成、监控策略制定以及应急响应机制等多个方面。通过高效、可靠的技术手段，实现对建筑物内外部安全威胁的实时监控、预警和响应，确保人员和财产的安全。

任务分析

对建筑安全环境的全面评估，识别潜在的安全风险和威胁，选择合适的安防设备，如视频监控、门禁系统、入侵报警等；设计合理的系统架构和集成方案，制订基于实时监控数据的预警和响应策略；配置应急响应机制和培训，确保系统的稳定性、安全性和易操作性。通过这些措施，实现建筑物及周边环境的安全防护能力提升，保障人员和财产的安全。

任务实施

安全技术防范系统是公共安全系统中最重要的组成部分之一，主要功能是保障建筑物内的人员生命财产安全及重要的文件、资料、设备的安全。

一、安全防范综合管理系统

建筑物安全技术防范系统应采用网络化信息采集、平台化信息汇聚、数字化信息存储及实施专业程序化综合监管的整体解决方案。安全综合防范管理系统即一个高度集成化的综合管理平台，通过这个集成化的综合管理平台对所属的入侵报警系统、视频安防监控系统、出入口控制系统、电子巡查管理系统、访客对讲系统、停车场（库）管理系统等子系统实现有效的管理，对各种类技术防范设施及不同形式的安全基础信息互为主动关联共享，实现信息资源价值的深度挖掘应用，以实施公共安全防范整体化、系统化的技术防范系列化策略。

智能建筑安全防范综合管理系统的要求和主要功能如下。

（1）设置安全防范系统中央监控室。通过统一的通信平台和管理软件将中央监控室设备与各子系统设备联网，实现由中央控制室对全系统进行信息集成的自动化管理。通过智能建筑安全防范综合管理系统可以方便地实现各个子系统之间的通信和联动。

（2）对各子系统的运行状态进行监测和控制，对系统运行状况和报警信息数据等进行记录和显示，设置必要的数据库。数据库的设置可以方便用户对系统的运行历史情况进行相应的调阅和查询。

（3）构建以有线传输为主、无线传输为辅的信息传输系统。中央监控室负责检测信息传输系统，并与所有重要部位进行无线通信联络，安装紧急报警装置。有线通信和无线通信各有优劣，对重要的监控系统，应配备无线通信功能，防止因通信线路被破坏而导致安全防范系统失效。

（4）保留多个数据输入、输出接口，连接各安全防范子系统的管理计算机，提供向外部报警中心联网的通信接口，可连接至更高级别的上位管理计算机，实现大规模系统集成。安全防范综合管理系统应具备可扩展性，当监控对象规模扩大时，能够方便地进行系统扩充，外部接口应确保系统间通信，通过更高级别的控制中心实现更复杂的系统功能。

二、视频安防监控系统

视频安防监控系统也被称为闭路电视监控系统（closed circuit television，CCTV）。视频安防监控系统由摄像机等前端设备、传输系统，以及控制显示系统组成，其系统组成结构图如图 7-2 所示。

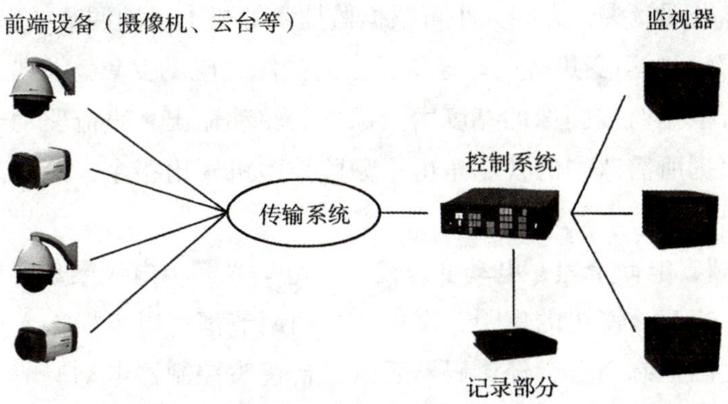

图 7-2　视频安防监控系统组成结构图

视频安防监控系统的主要作用是通过在公共场所，如大厅、停车场、楼道走廊，以及主要设备间如配电室、设备主机房；还有重要部门，如财务室、金库、重要实验室等处设置监控设备，进行实时摄像监控。系统通过显示器实时、准确、形象地反映建筑内各个监控点的设备运行状态和人员活动情况，使得安防人员能够随时了解建筑物内主要区域和设备的安全状况。一旦监测到某一或多个监控点出现非法入侵或设备故障等危急情况，系统能够及时发出预警信号，帮助管理人员迅速做出应对决策，确保建筑物安全。

（一）前端设备

安装在监视区域现场的设备称为前端设备。在视频监控系统中较常用的前端设备包含摄像机镜头、云台、摄像机、防护罩、译码器和报警器等。

1. 摄像机镜头

在视频监控系统中，摄像机和摄像头是分别选配的。摄像机镜头要综合考虑监控场所的灯光环境、监控距离和图像效果的要求，根据所选择的摄像机的型号选取合适的镜头。摄像机镜头按照配合摄像机靶面规格分为 2.54 cm（1 英寸）镜头、1.69 cm（2/3 英寸）镜头、1.27 cm（1/2 英寸）镜头、0.874 cm（1/3 英寸）镜头和 0.635 cm（1/4 英寸）镜头。按照性能分为固定焦距镜头，自动光圈、电动变焦镜头，电动光圈、电动聚焦、电动变焦镜头等。

（1）固定焦距镜头。在摄像机的拍摄过程中，为了确保成像清晰，需设定准确的焦距。在一些拍摄场景中，被摄物体相对固定，拍摄时无须改变焦距，此时可选用定焦距定光圈镜头，通过人工调节摄像机的角度后进行固定。选择定焦距镜头需根据现场需求和视场角度，当需要观察较大视场角时，应选择焦距较小的镜头；反之，若观察较小视场角，可选用焦距较人的镜头。光圈大小直接影响监视图像的亮度，光圈大意味着进入摄像机的光通量大，图像亮度高；反之，光圈小则光通量少，图像较暗。光圈调节分手动和自动两种方式。对于照度变化不大且监视范围固定的区域（如室内或有稳定光照的场所），可采用手动调节光圈镜头；而在照度变化较大的区域（如室外区域或无稳定光照的室内区域），通常应用自动调节光圈镜头，光圈大小可根据监控室的要求手动调节或自适应调节。

（2）自动光圈、电动变焦镜头。通常，自动光圈、电动变焦镜头被称为“二可变”镜头。其光圈大小可根据监控图像的亮度由摄像机的驱动输出（直流驱动或视频驱动）自动调节，焦距则能根据所需监测的视场角由视频监控主机发出指令，经译码器和云台镜头控制器自动调整。

（3）电动光圈、电动聚焦、电动变焦镜头。电动光圈、电动聚焦、电动变焦镜头通常又称为“三可变”镜头。镜头的焦距、聚焦、光圈调节都可以由操作人员根据使用需求，通过视频监控器发出控制命令，经译码器后由云台镜头控制器电动调节。这种镜头通常与电动云台配合使用，可以满足不同的观测方向、距离的变化，使监视图像效果保持最佳，因此这是一种使用最广泛的摄像机镜头。

2. 摄像机

摄像机是一种将图像转换成电信号，再通过监视器进行显示的装置。根据成像色彩可以分为黑白摄像机和彩色摄像机。黑白摄像机传输的监视画面是黑白色的，图像的分辨率高，清晰度较高；彩色摄像机传输的是彩色图像，图像信息量大，再现情况逼真度很高。

提示

> 目前广泛使用的摄像机大多采用了电荷耦合器件（charge-coupled device，CCD）作为其光电转换元件，因此这类摄像机也被称为 CCD 摄像机。CCD 摄像机以其高灵敏度、长久使用寿命和紧凑的体积著称。这些特点使得 CCD 摄像机在众多应用领域中表现出色，无论是专业摄影还是普通消费级产品中都能见到它的身影。

CCD 基本阵元是金属—氧化物—半导体（metal—oxide—semiconductor）电容，或称为 MOS 结构，密排的 MOS 电容器能够存储由入射光在 CCD 像敏单元激发出的光信息电荷，并能在适当相序的时钟脉冲驱动下，把存储的电荷以电荷包的形式定向传输转移，实现自扫描，完成从光信号到电信号的转换。这种电信号通常是符合电视标准的视频信号，可在电视屏幕上复原成物体的可见光像，也可以将信号存储在磁带机内或输入计算机，进行图像增强、识别、存储等处理，因此 CCD 器件是一种理想的摄像器件。

摄像机的主要技术指标包括以下几个方面。

（1）分辨率。分辨率是衡量摄像机图像清晰度的一个关键指标，分辨率越高，画面显示的细节越精细，图像质量越好。电视监控系统中所使用的彩色摄像机的分辨率为 330～500 线，常见档次包括 330 线、380 线、420 线、460 线和 500 线等；黑白摄像机的分辨率则通常在 570 线以上。在选择摄像机时，应注意其分辨率应与显示设备的分辨率匹配，高分辨率的摄像机应搭配高分辨率的显示器，以确保监控图像的清晰度。

（2）照度。照度又称为灵敏度，指的是摄像区域所需的光照条件。摄像机的最低照度是指该摄像机能够捕获清晰图像所需的最低光照水平。通常情况下，彩色摄像机的最低照度为 1 lx（照度单位，勒克斯），而低照度彩色摄像机的最低照度可达 0.1 lx。相对地，黑白摄像机的最低照度通常为 0.1 lx，低照度黑白摄像机的最低照度甚至可以低至 0.01 lx。在视频监控系统的设计中，应选择低于环境最低照度十倍的摄像机，以确保在各种光照条件下都能有效地捕捉到所需的图像。

（3）信噪比。信噪比是指摄像机的图像信号与干扰信号的比值，用 S/N 表示，一般视频监控系统中，信噪比要求不低于 40 dB，信噪比越高，图像信号在传输信号中占有的比例越高，图像受到干扰越小，图像效果越好。目前视频监控系统常用的 CCD 摄像机给定的信噪比均大于 46 dB。

（4）视频信号输出幅度。视频信号输出幅度是影响视频信号质量的关键参数，符合视频输出信号幅度的国际标准是 1.0 $V_{P\text{-}P}$/75 Ω（75 Ω 同轴电缆传输视频信号的峰值为 1 V），负极性输出。

（5）摄像机的供电电压。摄像机的供电电压为直流 12 V、交流 24 V、交流 220 V，常用的摄像机的使用功率为 2 ～ 5 W。

3. 云台

云台用来承载和固定摄像机、镜头、防护罩等，并可沿垂直或者水平方向运动以满足不同距离和角度监控的需求。

云台分为固定云台和电动云台。电动云台又可以分为只能水平运动的水平云台和能够同时水平和垂直运动的全方位云台。

固定云台适用于监控目标固定不变的场景，使用时需将摄像机、镜头及防护罩安装在云台上，调整监控方向和角度后固定调节装置，方向调整时可通过松开方向调节螺栓来实现。而电动云台则适用于监控区域较大的场合，摄像机可以随云台水平或垂直移动，从而扩展监控范围。

水平云台内含有一台伺服电机，由电机经过传动机构带动摄像机和镜头、防护罩等做水平方向的运动，摄像机水平运动的角度一般为 0 ～ 350°；全方位云台内含有 2 台伺服电机，除了做水平运动外，云台还可以做垂直方向的运动，垂直运动角度通常有 ±45°、10° ～ 60°、0 ～ 90° 等，应该根据监控对象垂直方向角度的变化选择合适的全方位云台。

4. 防护罩

防护罩的主要作用是保护和隐蔽摄像机，同时保护摄像机和镜头不受室内外灰尘的影响，保证摄像机的正常工作，延长摄像机的使用寿命。

防护罩可以分为室内防护罩和室外防护罩。室内防护罩除了具有保护的功能外一般还具有隐蔽的功能；室外防护罩为避免雨水、灰尘、凝霜对摄取图像造成的影响，一般带有电动雨刷、电热膜防霜玻璃等。

防护罩是一种密封罩，不仅具备防雨防尘的功能，还内置了自动温控系统。这个温控系统包括温控电路板、散热板和风扇等组件。在夏季高温时，系统会自动启动风扇，以防止摄像机过热；而在冬季低温时，则会自动启用散热板，以保持摄像机在适宜的温度范围内工作。

5. 译码器

在闭路电视监控系统中，控制信号一般先由主机通过总线方式送到译码器，再由译码器对总线信号进行译码，即确定对相应的摄像单元执行何种控制动作，驱动指定云台和镜头做相应动作。

译码器作为前端设备，通常安装在与云台及电动镜头相配套的摄像机附近。监控主机通过通信线（一般为双绞线）将控制云台和镜头的信号传输至译码器，译码器解码后，再将控制信号通过多芯控制电缆发送至云台及电动镜头，从而实现以下功能：控制前端摄像机的电源开关；调节云台的左右移动和快速定位；控制镜头的光圈、变焦和焦距调整；自动检测功能；以及数据回传等操作。

6. 其他附属设备

视频监控系统前端设备还包括用于支撑云台和摄像机的支架，为了保证监控区域充足照度而设立的照明灯等。

（二）传输系统

视频监控系统的前端设备控制中心信号的传输包括两方面：一方面，摄像机将视频信号通过视频信号线传输到控制中心；另一方面，控制中心将控制云台、摄像机镜头等的控制信号传输到前端译码器。因此，传输系统包含视频信号传输系统和控制信号传输系统。

1. 视频信号传输系统

视频信号的传输可以采用同轴电缆、双绞线和光纤。

（1）同轴电缆传输

在摄像机控制中心距离相对较近（通常在几百米以内）的情况下，通常会采用同轴电缆基带传输方式。这种方式的优点包括传输系统简单可靠、失真小、信噪比高，且无须额外设备如调制解调器。同时，这种方式的缺点是传输距离有限，一根视频同轴电缆仅能承载一路视频信号，基带传输方式如图 7-3 所示。

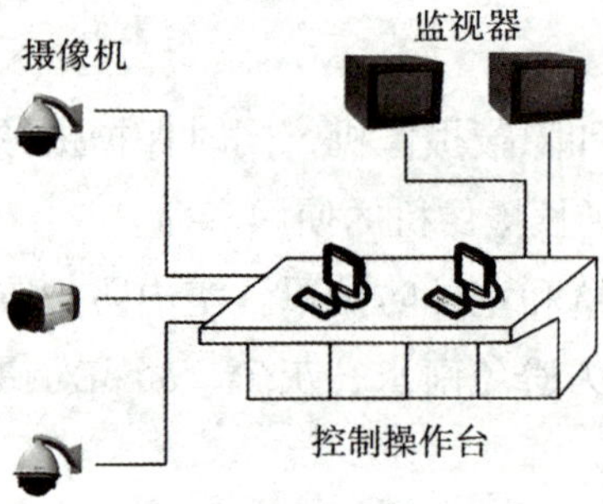

图 7-3　基带传输方式

（2）双绞线传输

双绞线传输也称为视频平衡传输方式，是一种应用于远距离传输的技术，如图 7-4 所示。其工作原理是：摄像机输出的全视频信号通过发送机被转换成一对差分信号（一正一负），这些信号通过双绞线传输到监控中心的接收机。接收机将这些差分信号重新组合成标准的全视频信号，然后传输至监控中心的视频切换或其他设备。中继器是一种增加传输距离的设备，不使用中继器时，黑白信号可以传输 2 000 m，彩色信号可以传输 1 500 m；而使用中继器后，最远传输距离可达 20 km。

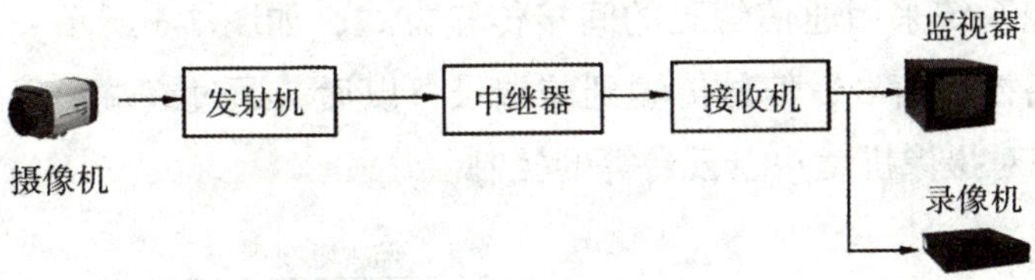

图 7-4 视频平衡传输方式

（3）光纤传输

光纤传输采用光信号代替电信号进行视频传输。用光缆传输视频信号，不仅传输距离远而且传输过程保密性好，传输图像效果好，传输信息量非常大，适用于在传输距离特别远或者保密要求比较高的干线系统上使用。

光纤传输系统的工作原理如图 7-5 所示。摄像机捕捉到的图像信息首先通过调制器进行调制处理，转化为光信号。然后，利用混合器将多个光信号混合在一起，由光发射端设备将这些光信号发射出去。光信号通过光纤传输到接收端后，由光接收机接收，并由多路解调器将光信号转换回图像信号。最后，这些图像信号被发送到各个终端设备进行显示或存储处理。

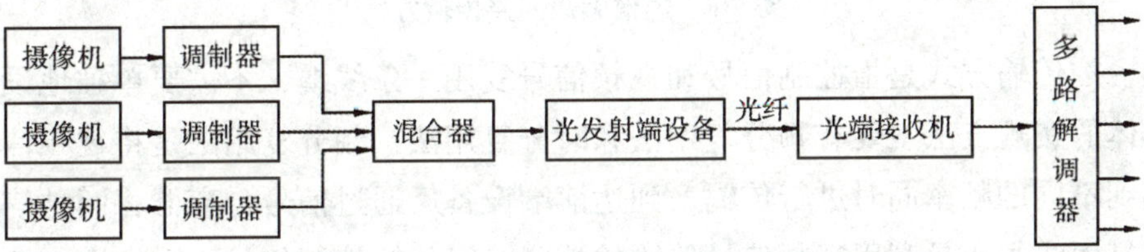

图 7-5 光纤传输系统的工作原理

2. 控制信号传输系统

控制信号传输系统分为直接传输、多线编码的间接传输、通信编码的间接传输、同轴视控传输等。

直接传输方式是指控制中心将控制信号，如云台的驱动信号和镜头的控制信号，直接发送至末端设备，使得设备能够直接根据这些信号执行相应操作。这种方式的优点在于系统结构简单、直观，易于实现和扩展，特别适用于前端设备较少的情况。然而，这种模式的缺点是每个前端设备都需要一根独立的控制线缆，当设备数量增多时，会导致控制线路过于复杂，不利于系统的维护和管理。

多线编码的间接传输方式则是控制中心将控制命令转换为二进制或其他形式的编码，通过多线传输到现场的前端设备，再由解码器将编码转换为控制信号，以驱动摄像机镜头和云台等设备。这种方式的优点在于控制线数量较少，便于维护和管理，并且同一根线缆可以传输大量信息。然而，这种方式的缺点是需要额外的编码解码器，系统的结构比直接传输方式更为复杂。

通信编码间接传输方式是在微处理器和大规模集成电路普及的基础上发展起来的，较大规模的视频监控系统采用通信编码的间接传输方式，如图 7-6 所示。这种方式采用单根控制线路传输多路控制信号，信号传输到前端设备以后，通过终端译码器将串行信号还原为控制信号，实现对摄像机镜头、云台等的控制。

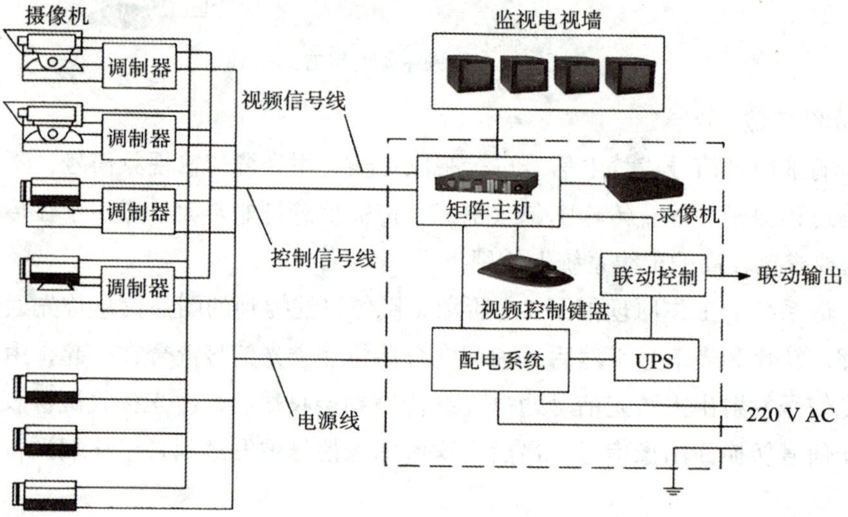

图 7-6　通信编码间接传输方式

同轴视控传输方式是指控制信号和视频信号复用一条线缆，不需要单独地设置控制信号线，具体的实现方法主要有频分复用法和时分复用法。频分复用法是将视频信号和控制信号调制到不同的频率同时进行传输，到达前端设备后通过信号分离器将两种信号分离出来；时分复用法主要是利用视频信号传输的消隐时间传输控制信号。同轴视控传输方式只需要一条线路即可同时传输视频和控制信号，在短距离传输中比较方便，但是这种方式需要较多的外部设备（如调制解调器、时分复用器），投资成本高从而限制了这种传输方式的使用。

（三）控制和显示系统

视频监控系统的控制部分是整个系统的核心组成部分，负责对系统内各个设备（包括摄像机、云台、摄像机镜头）进行控制，主要包括视频矩阵切换器、控制键盘、时间地址发生器、云台遥控器、监视器等设备。控制器与前端设备通过传输系统传输视频信号和控制信号，前端摄像机将检测到的视频图像信号通过视频信号线传输到控制中心，通过图像显示设备将图像呈现出来。值班人员可根据实际监控的需要，通过控制中心发出控制信号，调整摄像机镜头的焦距和光圈大小、控制云台沿水平或者垂直方向移动（自动巡视的云台可以自动调整云台的旋转，无须控制命令）来获取合适的监控图像。

视频监控系统的显示记录部分的主要作用是将摄像机传输的视频信号转换成图像在监视设备上显示，并根据需要将监视录像记录下来。

1. 图像监视器

图像监视器主要用于显示由摄像机捕捉的高分辨率图像，其设计旨在提供合适的亮度与对比度。与普通电视相比，图像监视器的清晰度更高，其信号带宽一般在 7 ~ 8 MHz，而普通电视机的信号带宽约为 4 MHz。为了防止各监视器间的信号干扰，通常监控器的外壳采用金属制造。在选择图像监视器时，需确保与前端设备兼容，特别是与摄像机镜头的靶面规格和分辨率相匹配。图像监视器的分辨率应与摄像机的分辨率相匹配；高分辨率的摄像机应配高分辨率监视器，反之亦然，以确保双方性能的最佳发挥，避免监控效果受影响。

2. 记录设备

记录设备用于根据实际需求保存特定时间或区域的视频监控图像，便于后期查阅和分析。早期的记录设备主要是磁带录像机，但随着计算机技术的发展，现今监控系统多采用硬盘录像机（以计算机硬盘作为存储介质的录像机）。这些设备将音视频信号数字化，并通过压缩和解压缩技术处理，既减少了信号传输带宽，也降低了存储空间需求。利用计算机硬盘可以进行长时间的监控录像，并能根据需要调整硬盘容量和数量以延长录像时间。如果需要，监控录像资料还可刻录至光盘，作永久保存。视频信号的数字存储介质如硬盘或光盘，不仅允许通过调整对比度和亮度来获取更清晰的局部信息，而且通过各种便捷的查询手段，可高效提取所需的监控图像。

3. 视频切换器和视频矩阵切换器

视频切换器是选择显示图像的设备。如果有几个摄像机的图像信号要通过一台图像监视器来显示，那么就要将几路视频信号同时输入视频切换器，依照一定的时序，轮流显示各个摄像机的监控图像。如果某一点出现异常情况发生报警信号时，监视器只显示特定的监视画面，在事故排除后重新进入轮流显示状态。切换的控制一般和摄像机镜头、云台的控制同步进行，即当监视器只显示某个摄像机镜头的画面时，控制中心也只控制那一台摄像机而不控制其他的摄像机。

视频矩阵切换器用于将多个摄像机的监控图像传输给多台监视器。视频矩阵切换器采用模块化机箱结构，内含视频输入模块、视频输出模块、报警模块、扩展模块、电源模块、中央处理模块等。它通过一定的控制手段，有序地将多个摄像机的图像传输到多个监视器上显示。按照输入路数 n 和输出路数 m 的多少，可以分为小型（$n \leqslant 16$，$m = 2, 4\cdots$）、中型（$16 < n \leqslant 64$，$m = 4$，8…）和大型（$n > 64$）。图 7-7 为视频切换器及矩阵切换器的应用示意图。

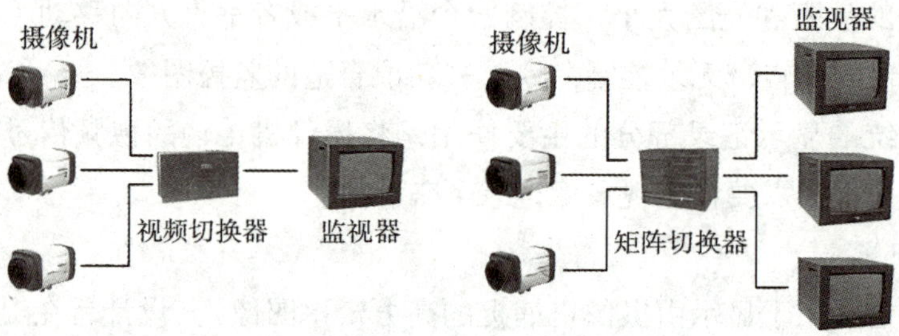

图 7-7　视频切换器及矩阵切换器的应用示意图

4. 多画面分割器

多画面分割器采用分割屏的方式，将各摄像机的信号经过处理，同时输入到一台监视器中，可以在一个监视器屏幕上同时显示多个摄像机的画面。利用多画面分割器不仅可以减少监视器的数量，还可以对监控现场进行全方位的全景显示，避免视频切换器在信号切换的过程中可能出现的重要画面脱离监视的情况。多画面分割器还具有单路回放功能，即在记录的信号中，根据需要选择某一个摄像机的图像进行满屏播放。常用的多画面分割器有 4 画面、9 画面和 16 画面。图 7-8 为多画面分割器的应用示意图。

5. 视频分配器

视频分配器是将一台摄像机的监控图像同时分配给多个监视器或其他图像存储设备，如图 7-9 所示，利用视频分配器，可以将重要场所的监控图像同时传送给多个监视点，方便多部门管理。

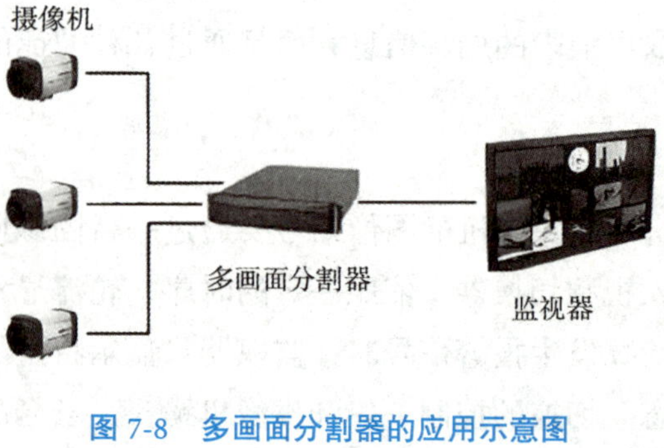

图 7-8　多画面分割器的应用示意图

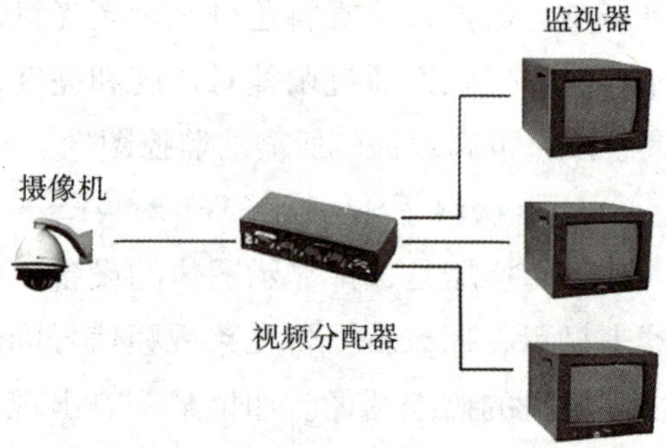

图 7-9　视频分配器的应用

（四）数字视频安防监控系统

随着计算机技术、多媒体技术的发展，闭路电视监控技术也从传统的模拟视频监控系统向数字化网络监控系统发展。数字化网络监控是将计算机技术、图像压缩、存储、解压、传输技术、监控技术、远程通信技术、多媒体技术的优势优化组合产生的新一代监控系统，通过 LAN/WAN，实现网络化管理和智能化控制，是目前的主流应用技术。

数字视频监控系统的第一种应用是数字硬盘录像，在这种应用中，核心是数字录像硬盘设备（digtal video recoder，DVR），DVR 解决了视频的数字化压缩和存储，实现了大容量硬盘自动循环存储，而且检索快速、重播图像清晰。DVR 不仅可实现录像机作用，而且还具有画面分割、云台镜头控制、报警控制、网络传输等多种功能，由于采用数字记录技术，在图像处理、图像储存、检索、备份、网络传递、远程控制等方面远远优于传统监控设备。

数字视频监控系统的第二种应用是基于计算机技术的多媒体监控系统。在此系统中，视频监控终端通常由多媒体计算机或专用工业机箱组成，这些终端通过通信线路与远端监控现场的摄像机、各种检测设备和报警探头等设备相连，集监视、录像、报警及控制等多功能于一体。监视功能是多媒体监控终端的核心功能之一，除了显示视频图像外，还可监听实时声音。显示形式灵活多样，包括多种画面分割和全屏显示，每路视频信号的亮度、对比度、色彩和饱和度等参数均可调节。报警功能包含探测器输入报警和图像视频侦测报警，后者具备动态捕捉能力，便于设置触发区域和灵敏度，实现探测器的作用。控制功能主要涉及通过主控设备对全方位摄像机云台和镜头进行操作。

数字视频监控系统的第三种应用是网络化远程视频监控，这一应用基于嵌入式服务器技术。其核心原理是在视频服务器内嵌入一个基于嵌入式实时操作系统的 Web 服务器。摄像机传来的视频信号经数字化和高效压缩后，通过内部总线传输至内置的 Web 服务器。网络用户可以直接用浏览器访问 Web 服务器查看摄像机图像，授权用户还能控制摄像机云台和镜头的动作，或进行系统配置。这类全数字化的视频监控系统前端采用可直接与网络连接的网络摄像机，这些摄像机内嵌专用网络视频服务器，独立工作无须计算机辅助。局域网或互联网用户通过标准网络浏览器，根据 IP 地址访问网络摄像机，观看通过网络传输的实时图像，并能控制云台进行全方位监控。

三、出入口控制系统

出入口控制系统（又称为门禁系统）利用现代控制技术、计算机网络技术和智能识别技术，为智能建筑出入口通道提供安全的管理，对出入建筑物、出入建筑物内特定的通道或者场所的人员进行识别和控制，保证大楼内的人员在各自允许的范围内活动，避免不相关人员非法进入。

出入口控制系统可以为建筑物内的每一个用户设定一定的权限，规定其允许出入的区域，系统可以通过管理软件修改和取消用户权限，或者按照要求增加新的用户，用户在进出出入口控制系统的门禁控制点时，系统记录相应的人员进出信息。

（一）系统控制的方法

出入口控制系统常用的控制方法有 3 种。

1. 出入口监视

在通行的出入口（如办公室门、通道门等）处设置门磁开关（一种磁吸式开关），当出入口门开启 / 关闭时，安装在出入口门上的门磁开关会向控制中心发出该出入口的开启 / 关闭状态的信号，系统控制中心即可将该出入口的编号、开启 / 关闭的时间、通过人员数量等信息记录到计算机中。另外还可以利用时间诱发程序命令，对某一特定时间段（如上班时间段）进行设置，在这个时间段内，出入口的门磁开关不必向系统控制中心发送信号，而在非设定时间段（如下班后）门磁开关再向控制中心发送开启 / 关闭等信号。如果通道超出允许的开启时间而未正常关闭时，门磁开关也应该发出相应的信号，由控制中心做相应的记录和处理。

2. 直接控制

在监视和控制的通道内（楼梯通道、电梯通道等）除了安装门磁开关外，还安装相应的电控门锁。控制中心除了对出入口控制点的状态进行监视外，还可以通过电控门锁直接控制通道的开启和关闭，也可以通过时间诱发程序命令，根据通行时间来控制这些出入口通道的开启或关闭；利用事件诱发程序，在发生突发事件时（如火灾、地震等），由控制中心开启防火门以及所有安全通道。

3. 监视、控制、身份识别一体化

在一些安全级别比较高的区域（如金库门、计算机房、资料室、配电房等），除了安装门磁开关、电控门锁外，还同时安装有身份识别装置和密码键盘等出入口控制设备，通过计算机对出入这些通道的人员进行实时身份识别、记录和监控，为管理人员提供所有的出入口进出人员的详细信息。

目前，智能建筑出入口管理系统常采用第 3 种控制方法，其系统原理图如图 7-10 所示。

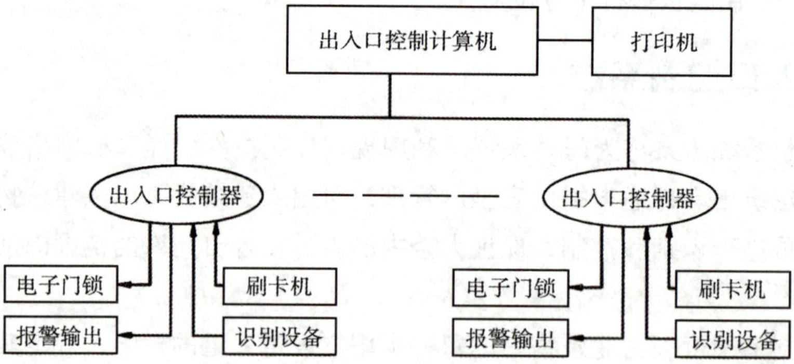

图 7-10　出入口控制系统原理图

（二）出入口控制系统组成

出入口控制系统通常采用三层集散型架构。第一层是中央管理计算机，安装有出入口管理软件，其主要功能是全面控制和管理整个出入口系统，并与其他系统进行网络连接和控制。第二层是分布在各个控制点的出入口控制器，负责分散控制每个出入口。这些控制器一方面识别进出人员的身份信息，并根据身份验证结果，接收中央计算机的指令对现场控制设备进行操作；另一方面，它们实时将出入信息传输给中央控制计算机。第三层则是各种通道识别和控制设备，包括门磁开关、电子门锁和智能识别设备（如读卡器、智能卡、指纹识别机、掌纹识别机、面部识别机等），以及报警器和出门按钮等。

出入口控制的一般工作过程为：读卡机、出入按钮接收到出入信息，将其转换成电信号传送给出入口控制器，出入口控制器核查接收到的信息是否合法。如果合法则向电子门锁发出开锁命令；如果检测到非法或者遇到强行闯入的情况，则向报警器发出报警信号，同时向中央控制计算机发送相应的信号，由中央控制室采取进一步的解决措施。

1. 中央管理级

中央管理级由中央管理计算机、通信控制器、写卡器、UPS 电源等组成。中央管理计算机可以根据需要确定授权的形式和权限的大小，同时担负着发卡和写卡的任务，中央管理级的各种功能由管理软件来实现的，管理软件通常包括系统管理、事件记录、报表生成、网间通信等，用户也可以根据控制器提供的通信协议自行编写有特殊需要的管理软件。

系统管理的主要功能包括设备注册（如添加或移除控制器、智能卡的发放和注销）、权限设定（设置智能卡的进出权限，规定其可访问的通道，或将不同区域划分为不同安全等级，通过设定智能卡的相应权限来限制持卡人的活动区域）、时间管理（通过时间控制，限制持卡人在特定时间范围内的通行权限，如在下班后取消所有低权限持卡人的通行权限）和考勤时间设定（根据需求设定员工的工作时间，安排不同员工的节假日和休息日等考勤信息）。

事件记录的主要功能在于系统正常运行时，记录出入口监控系统的出入信息、异常情况及其处理措施等信息。这些记录可以根据需要查看某个持卡人在特定时间段内的所有出入信息，或查看某个通道在某一时间段内所有出入持卡人的身份信息。此外，事件记录还可以记录员工的上下班情况，并提供相应的考勤记录。

报表生成能够根据实际的需要生成各种报表，通过打印机打印出来，也可以定期自动生成各种报表，如每月生成一次考勤报表等。

网间通信功能使得出入口控制系统能够与其他系统进行信息交换和控制联动。当系统检测到“非法进入”信号时，控制器会将信息传送到控制中心。控制中心随后发送相关指令给其他部门，提醒工作人员采取预防措施，并与其他系统的信息进行交互，如电视监控系统，以确保摄像头持续监视事发区域。若发生火灾，消防报警系统将火灾信息传输给出入口控制系统，中央控制计算机则会立即向所有出入口控制器发布指令，开启所有通道，以确保人员能够迅速疏散。

2. 出入口控制器

出入口控制器的主要功能是根据读卡器上传的信息，向末端设备发出开启 / 关闭控制命令，并将相应的事件信息传递给中央计算机。出入口控制器具备DDC控制器的所有特点，能够接收各种传感器和识别设备的信息，并具备对末端装置（电动门锁等）的控制和驱动能力。另外，控制器还可以直接与消防报警器、防盗报警器联网，当有火警或者盗窃事件发生时，可以立即采取相应的联动措施。

3. 末端设备

出入口控制系统的末端设备主要包括各种识别装置、传感器，以及执行器。传感器和识别装置用来接收进出人员的信息，并将其转换成电信号传送到控制器中，控制器经过核查后，向执行器发出控制命令和驱动信号，执行器完成相应的开锁动作。

（1）识别装置

识别装置直接接受出入人员的信号，是末端装置中的关键设备，常用的有读卡机、指纹机、掌纹机、视网膜识别仪、声音识别仪等。根据采用的识别装置不同，常用的身份识别形式有识别卡、密码识别、人体生物特性识别等。

① 识别卡

随着卡片材料、读卡技术的进步，读卡机也由原来的光学卡、磁卡逐步发展到智能型识别卡。磁卡读卡的原理是利用读卡机对磁卡上存储的个人信息进行读取与识别，磁卡具有价格低廉，改写方便的优点，但是磁卡保密性能不强，容易被伪造，并且使用寿命较短。IC卡是集成电路卡，按照卡片内部结构的不同可以分为存储卡与智能卡。存储卡卡内为集成存储器，没有微处理器（CPU）；智能卡内置有微处理器（CPU）、随机存储器（RAM）、只读存储器（ROM）和电可擦写存储器（EEPROM），可以通过卡内CPU及存储器、操作系统等进行不同的安全设定，实现一卡多用的功能。

IC卡根据读写方式的不同，可分为接触式和非接触式（也称感应卡）两种。接触式IC卡通过读卡机与卡片上的接触点物理接触，使电路接通以读取信息。而非接触式感应卡利用电子回路和感应线圈工作，读卡机产生特定的振荡频率。当卡片进入读卡机的共振范围，产生共振并通过感应电流激活卡片内的芯片工作。芯片将信息通过线圈发送给读卡机，读卡机再将接收到的信号转换为电信号，传送给控制器进行操作。非接触式IC卡因其使用寿命长且不易被伪造，成为目前采用较多的IC卡类型。

② 密码识别

利用事先设定好权限的密码来控制通道的开启/关闭，一般用于电子密码锁。密码识别需要与密码键盘配合使用，通过识别键盘输入代码的正确与否来判别是否开门。密码键盘有固定式键盘和乱序列键盘两种类型。固定键盘上0～9数字在键盘上的位置是固定不变的，在输入密码时，易于被人窥视。乱序列键盘上10个数字在显示键盘上的排列方式不是固定的而是随机的，每次使用时在每个显示位置的数字都不同，这样就避免了被人窥视而泄露密码的可能。

③ 人体生物特性识别

人体的一些生物特征（如指纹、掌纹、视网膜等）都是独一无二的，利用人体生物特征进行识别，可以避免 IC 卡的伪造以及密码的破译和盗用，并不需要携带任何识别物品，安全性很高。识别时，人体特性识别装置（指纹机、掌纹机、视网膜扫描仪等）读取人体的特征信息，与预先存储在识别仪中所对应的人体信息进行详细的比对，再向控制器发送“吻合 / 不吻合”的控制信号。

目前比较先进的智能卡读卡机可以采用多种方式控制出入口，如影像、指纹识别、多组密码控制、保安人员批准等。智能读卡机具有多种报警状态，可以通过不同的图标识别各种非法行为，如非法使用读卡机、电动门锁故障、控制门未在规定时间正常关闭、破坏读卡机、通信中断等。

（2）执行器

执行器主要包括报警器和电控锁。电控锁是门禁系统中开 / 关门的执行部件，电控锁动作的正确与否是反映门禁系统是否正常的主要指标。

电控锁根据其工作原理可分为电磁锁、阳极锁和阴极锁。电磁锁在断电后会开启，适用于单向的木门、玻璃门、防火门和电动门，符合断电后开门的消防标准。阳极锁同样在断电时开启，适用于双向的木门、玻璃门和防火门，并且自带门磁开关，可实时监测门的状态，同样符合消防要求。阴极锁则是通电开门型，适用于单向门。由于停电时阴极锁会保持锁闭状态，通常需要配备 UPS 电源以防断电。阴极锁应用较少，主要用于停电时必须确保门锁的安全性特殊场合，如金库、财务室和机要室等。

四、电子巡查管理系统

电子巡查管理系统的主要功能是保证巡查人员能够按照一定的顺序和时间对巡查点进行巡查，并保证巡查人员的安全。巡查点一般设置在大楼的主要出入口、主要通道、紧急出入口、重要部门所在地、配电房等重要场所。

电子巡查管理系统通过在巡查路线上设置巡查开关或读卡器，确保巡查人员在系统预设的时间内到达巡查点，使用专用钥匙开启巡查开关或进行读卡操作。当巡查点检测到巡查人员到岗时，会向控制中心发送“巡查到位”信号，控制中心据此记录巡查点的系统编号和具体到达时间。若在规定时间内巡查点未发出“巡查到位”信号，系统将自动触发报警，通知邻近巡查人员前往查看，以保障巡查人员的安全。此外，若巡查人员未按预定顺序完成巡查，未巡查的点也会发出“未巡视”信号，控制中心会记录这一情况。

电子巡查系统按照信息传输的方式可以分为在线巡查系统和离线巡查系统。在线巡查系统由中央控制计算机、网络收发器、前端控制器和前端开关等组成，如图 7-11 所示。

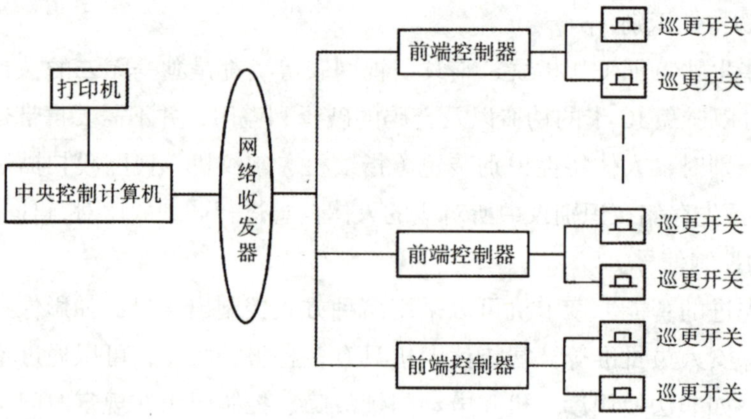

图 7-11　在线巡查系统原理图

离线巡查系统由中央控制计算机、通信座、数据采集器、巡查钮等组件组成，如图 7-12 所示。巡查人员按照预设顺序，在规定时间内到达指定巡查点，通过数据采集器读取并记录巡查点的信息及其到达时间。巡查结束后，数据采集器将插入通信座，数据自动传输并存储至中央控制计算机，并可根据需要生成巡查报告，以便查询和打印任意巡查人员的巡查情况。

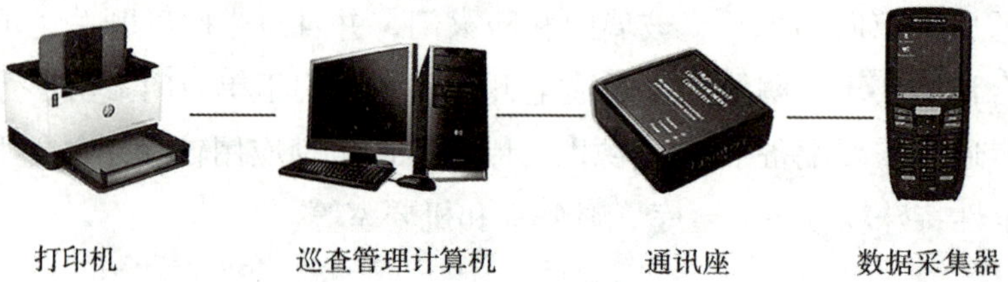

图 7-12　离线巡查系统原理图

离线巡查系统具有操作方式简便、灵活，施工方便的优点；在线巡查系统需要布线，施工不方便，但可实时获取巡查信息，在有门禁系统时可共用系统。目前比较常用的是离线巡查系统。

五、入侵报警系统

入侵报警系统采用红外或微波技术的信号探测器，在一些无人值守的部位，根据建筑物安全防范技术的需要，在建筑物内进行区域界定或者定方位保护，当探测到有非法入侵、盗窃、破坏等行为发生时进行报警。入侵报警系统由探测器、现场报警器、区域控制器和报警中央控制器等组成。

（一）入侵报警系统的功能

入侵报警系统的主要功能如下。

（1）监测报警：当系统探测到非法入侵时立即发出报警信号。

（2）布防和撤防功能：根据需要，设定某些时间段、某些区域的探测器工作 / 不工作。

（3）防破坏功能：系统自动对运行状态和信号线路进行探测，如果发生恶意破坏系统的情况，立即报警。

（4）联网通信功能：入侵报警系统应与其他安全防范系统建立通信联系，实行联动。

（二）入侵报警系统的组成

入侵报警系统从组成结构上主要分为 3 个层次。

第一层次，报警中央控制器，它负责对整个入侵报警系统进行控制和管理。中央控制器接收来自区域控制器的报警信号，并在指定的终端设备上展示报警的具体信息，包括地址代码、报警性质和时间等，或通过电子地图实时显示报警位置，并与其他系统进行信息通信，采取相应措施应对警情。

第二层次，区域控制器，分布在各个区域，类似于集散型控制系统中的 DDC 控制器。区域控制器具有多路数字开关输入，接收来自末端探测器的信号，同时还具备多路数字开关输出。当区域控制器接收到探测器传来的异常信号时，一方面会向末端报警设备发出报警信号；另一方面将所控制的报警区域详细信息传送到报警中央控制器。

第三层次，探测器和执行设备，探测器负责监控非法入侵行为，并将其转换为相应的电信号，经过滤波和整形等处理后传输至区域控制器。末端报警装置则接收区域控制器的报警指令，在非法入侵发生时提供声光报警。入侵报警系统图如图 7-13 所示。

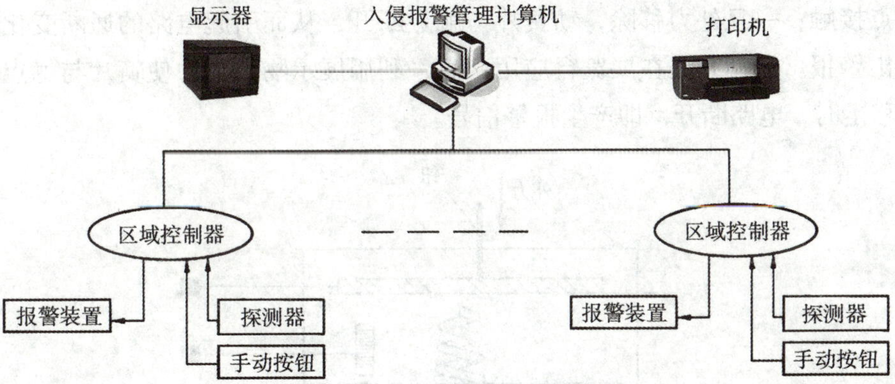

图 7-13 入侵报警系统图

1. 探测器

探测器是用于探测非法入侵者的移动或者其他动作的装置。探测器通常由传感器和信号处埋器两个部分组成。传感器是一个信号转换装置，将探测到的压力、位移、振动、声强、光强等信号转换成电信号，信号处理器对传感器转换的电信号进行放大、滤波、整形等处理，使其能够在系统中进行传输。探测器按照探测到的物理量的不同可以分为微波、红外或者激光探测器，按照电信号的传输方式可以分为有线探测器和无线探测器。

（1）开关式报警器

开关式报警器是一种结构简单、使用方便、经济有效的报警探测器，其工作原理是将防范现场传感器的位置或工作状态的变化转换成控制电路的通断来触发报警电路，常用的开关报警器有磁控开关报警器、微动开关报警器和易断金属条报警器等。

磁控开关由条形磁铁和干簧管组成，如图 7-14 所示。干簧管内置有两块金属簧片，正常情况下两个金属簧片在磁场作用下闭合，此时控制电路正常接通，报警电路不产生报警信号；当在外力作用下时，磁铁远离簧片，此时控制电路断开，触发报警电路，产生报警信号。

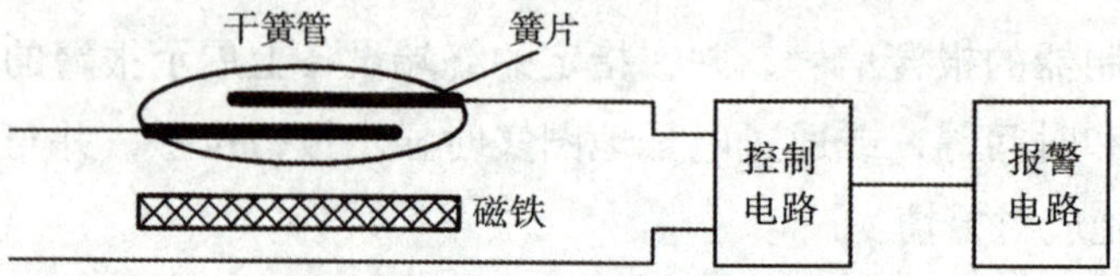

图 7-14　磁控开关报警器原理图

使用干簧管报警器时，干簧管通常固定在门窗的固定部分（如门框和窗框），而活动磁铁则安装在门窗的活动部分（如门扇和窗扇）。适当调整两者的距离，确保门窗正常关闭时，磁铁能够吸附干簧管的簧片，而打开门窗时则能断开连接。由于这种类型的报警器通常安装在门窗上，因此常被称为门磁开关或窗磁开关。此外，磁控开关还可串联使用，当任意一处发生异常时，系统即产生报警信号。

微动开关报警器的原理图如图 7-15 所示。当外力通过传动元件作用在动簧片上时，动簧片与触点接触；一旦外力移除，动簧片与触点断开，从而引起电路的通断变化，触发报警装置发出警报。微动开关在展览台应用广泛，利用展示物的重力使簧片与触点结合，当展示物被移走时，电路断开，即产生报警信号。

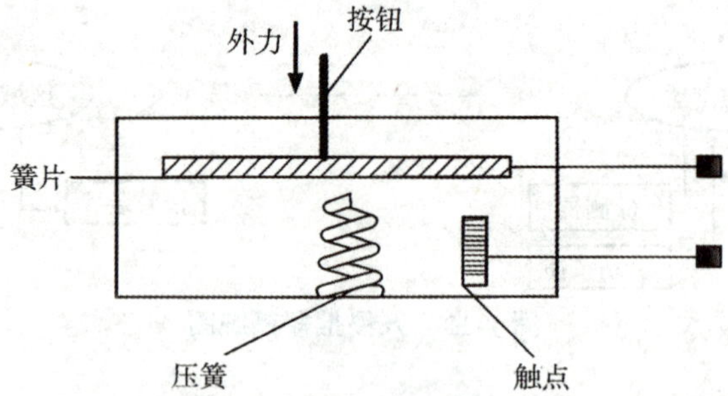

图 7-15　微动开关报警器原理图

（2）光束遮断式探测器

光束遮断式探测器能够探测到光束是否被遮断，一旦光束被遮断，将发出报警信号。目前常用的是红外线光束探测器，探测器由红外线发生装置和接收装置组成，当发生非法入侵时，红外线光束被遮断，报警器产生报警信号。由于这种探测器是主动发射红外线，通常又称为主动式红外线探测器。为了避免出现伪光束干扰探测器正常工作，使用时通常将发射器和接收器调整到特定的发射和接收频率。另外，还可以根据不同使用要求采用2束、4束等多光束探测器，其目的是减少误报、保证安全可靠性。目前，利用激光作为探测光束的探测器也逐步兴起，由于激光具有直射不发散的特点，所以可以利用激光的发射来组成一个防护网，提高安全性能。

（3）热感式红外线探测器

热感式红外线探测器任何有温度的物体都不停地向空间发射红外线，不同温度的物体发射的红外线的波长不同，人体表面发射的红外线的波长大约为10 μm。热感式红外探测器探测人体发出的红外辐射进行报警。热感式红外探测器由红外探头和报警控制部分组成，红外探头将探测到的人体发出的红外线辐射转换成电信号，控制电路产生报警信号。由于这种探测报警器不向空间发射红外线，通常被称为被动红外探测器。

（4）微波探测报警器

微波探测报警器由微波探测装置和报警控制电路构成，根据触发机制的不同可分为微波移动探测器和微波遮挡探测器。微波移动探测器利用多普勒效应，发射无线电波并接收反射波，当布防区域内有物体移动时，由于发射源与探测点之间的相对移动，接收波的频率发生变化，从而触发报警控制器发出警报信号。微波遮挡报警器则包括一个发射器和一个接收器，当布防区域内出现非法移动物体时，接收器接收到的信号发生变化，进而触发生成报警信号。

红外型探测器受外界温度和气候环境影响较大，而微波型探测器则能克服这些缺点，另外由于微波有穿透非金属物质的特点，还可以隐蔽安装或外加装饰物，起到隐蔽防范作用。

（5）超声波物体移动探测器

超声波物体移动探测器发射和接收频率为25～40 kHz的超声波，利用多普勒效应，当布防区域有移动物体时，接收器接收到的超声波频率会改变，从而发出报警信号。

（6）振动探测器

振动入侵探测器是在探测范围内对引起的机械振动（冲击）产生报警信号的装置。一般由振动传感器、适调放大器和触发器组成，可以较好地探测到振动、钻孔和人体接近。通常安装在保险库、保险柜、提款机上。

（7）玻璃破碎探测器

玻璃破碎探测器一般采用压电式的声音采集器，一般安装在门窗上或吸顶安装。当玻璃破碎时，声音采集器会探测到高频的破碎声音信号从而触发报警控制电路，产生报警信号。

（8）泄露电缆探测器

泄露电缆探测器是由平行埋在地下的两根泄露电缆组成，一根泄露同轴电缆与发射机相连，向外发射能量；另一根泄露同轴电缆与接收机相连，用来接收能量。发射机发射的高频电磁能量经发射电缆向外辐射，部分能量耦合到接收电缆，在两根电缆之间形成了一个椭圆形的电磁场探测区域。当非法入侵者进入探测区域时，电磁场发生改变，接收电缆接收到的电磁场信号也发生变化，从而产生报警信号。泄漏电缆一般用于周界防护。

上述提到的各类探测报警器均为单技术报警器，它们具有结构简单、价格低廉的优势，但容易受干扰导致误报警。为应对这一问题，通常采用将多种不同原理的探测器结合起来的策略，形成多技术复合探测报警器。目前，双技术复合探测报警器应用较为广泛，通过结合两种探测技术，并按“与”逻辑关系运作，即只有当两种探测器同时检测到目标时才发出报警信号。例如，微波—被动红外和超声波—被动红外探测器，只有在同时检测到人体移动和体温信息并经过相互验证后，才会发出报警信号，从而减少误报警的发生。此外，当双技术探测报警器中的任一探测器发生故障时，也会触发报警信号，以防止“漏报警”的情况发生。

2. 报警器

报警器可以在探测到非法入侵时产生声光报警或者无声报警，目前主要有以下 3 种形式的报警器。

（1）声响报警器，如电铃、电笛、警号等。

（2）光报警器，如闪光灯、频闪灯等。

（3）无声报警器，即不立即发出声光的报警器，通常指通过专用或者公共的网络，拨通预定的电话号码，发出相应的报警或者求助信号。

3. 入侵报警控制器

入侵报警控制器主要功能是接收探测器的信号，发出声光或者无声报警，并指示报警发生的时间和地点。按照控制区域的大小，可以分为小型报警控制器、区域报警控制器和集中报警控制器。

小型报警控制器用于控制范围较小的场合，一般只具备接收报警信号，发出声光报警和记录报警的时间地点等简单功能；区域报警控制器除了具备小型控制器的报警和记录功能外，还能够将本区域的报警信息传输给上层的计算机，由计算机进行相应的数据存储以及分析处理，从而提高系统运行的可靠性。集中式报警控制器将多个区域报警控制器通过网络连接到一起，构成大型报警控制系统，可以对大范围的监控区域实施监控。

4. 报警中央控制主机

报警中央控制主机通常由高性能计算机、打印机、UPS 电源和系统管理软件构成，主要负责对整个入侵报警系统进行控制和管理，包括对系统内探测器的寻址，并具备联网功能，可与其他系统联动。其管理软件通常分为两部分：一是网络通信部分，中央控制器按预设的时间序列，定时查询总线上各区域控制器发出的报警和联动信号；二是数据管理部分，包括注册与注销报警器和区域控制器，定期检查探测器和区域控制器状态，对控制区域进行布防和撤防等操作。此外，还可设定预处理程序，如在报警发生时，立即接通报警电话，或将闭路电视监控系统切换为持续监控模式。报警信号自动存储于计算机数据库中，并提供多种查询方式，如查询特定区域控制器的报警情况，或查询某段时间内所有控制器的报警情况。

报警中央控制主机可以对入侵报警系统的工作状态进行设置，系统一般有 5 种工作状态：布防、撤防、旁路、24 小时监控、系统自检与测试。

（1）布防状态：也称设防状态，是指操作人员执行了布防指令后，该系统的探测器开始工作，并进入正常警戒状态。

（2）撤防状态：是指操作人员执行了撤防指令后，该系统的探测器不能进入正常警戒工作状态，或从警戒状态退出，使探测器无效。

（3）旁路状态：是指操作人员执行了旁路指令后，防区的探测器就会从整个探测器的群体中被旁路掉（失效），而不能进入工作状态，可以只将其中一个探测器单独旁路，也可以将多个探测器同时旁路。

（4）24 小时监控状态：是指某些防区的探测器处于日常布防的全天候工作状态，一天 24 小时始终担任着正常警戒（如紧急报警按钮、感温与感烟探测器等）。它不会受到布防与撤防操作的影响。

（5）系统自检与测试：在系统撤防时操作系统进行自检和测试。

六、访客对讲系统

访客对讲系统是采用计算机技术、通信技术、传感技术、自动控制技术和视频技术而设计的一种访客识别的智能信息管理系统。它把大楼入口、业主及物业管理部门三方面信息及通信包含在同一个网络中，成为防止住宅受非法侵入的重要安全保障手段，有效保护业主的人身和财产安全。

访客对讲系统按照能否实现可视功能可以分为非可视对讲系统和可视对讲系统。

（一）非可视对讲系统

非可视对讲系统主要由管理计算机、控制主机、电控门锁、非可视对讲分机、解码器、门口主机、电源、打印机、报警器等设备组成。根据用户数的多少，主机容量也不相同。主机分为直按式主机和数码拨号主机。直按式容量较小，根据实际户型选配，适用于多层住宅用户，其特点是一按就应、操作简便。数码拨号式容量较大，可多达几百户，适用于高层住宅用户，其特点是容量大、界面豪华，操作方式与电话一样。

非可视对讲系统可以设置密码开锁，楼内的住户可以通过设定的密码直接进入大楼，密码可以随时更改以防止密码泄漏，访客需要进入时，在大门的主机键盘上输入访问的住户编号（一般按照住户的门牌号码进行编号），则被访问的住户家中的对讲分机发出振铃，住户摘机与来访者进行对讲，确认来访者身份后按动分机上的开关开启大门，访客进入后闭门器使大门自动关闭。

控制面板上设有与管理中心通话的按键，访客可通过此按键联系管理中心，以获取操作指引或住户编码等信息。此外，访客对讲系统还集成了报警和求助功能，各住户的对讲分机能够通过该系统的对讲主机与其他住户或管理人员进行通信。当住户家中遭遇紧急情况（如火灾、盗窃等），可通过对讲系统向其他住户或保安人员求援。

（二）可视对讲系统

可视对讲系统由门口主机、室内可视对讲分机、不间断电源、电控锁、闭门器、中央管理机及相关辅助设备构成，它在非可视对讲系统的基础上增设了影像传输功能。主要区别在于大楼入口处安装摄像头，而住户的分机处设有显示屏。当来访者按下被访住户的编号时，系统摄像头自动启动，住户可通过分机上的显示屏识别访客身份。确认无误后，住户通过分机的按钮开启入口大门，其工作流程与非可视对讲系统一致。

可视对讲系统主要功能如下。

（1）可视对讲功能：可实现门口主机与住户可视对讲。

（2）监视功能：具有室内分机对门口主机可视监视功能。

（3）锁控功能：具有呼叫住户开锁、管理员密码开锁、住户密码开锁和分机监视门口主机开锁等多种锁控功能。

（4）弹性编码功能：小区单元门口主机栋号、单元号、用户分机号码设置全弹性，由单元门口主机及室内分机设置完成。

（5）主机显示功能：采用高亮度数码管显示各种信息。

（6）密码设置功能：管理员可设置系统开锁密码和住户开锁密码。

（7）即时通话：任何双方进行通话时间均可进行限定。

（8）保密功能任何双方通话时，第三方均无法窃听。

保安人员也能够通过监控系统监视来访人员，并在需要的时候与之进行对讲，确认来访者的真正目的，防止恶意闯入。

七、停车场（库）管理系统

随着车辆数量的急剧增长，传统的人工管理的停车场（库）已经不能满足效率、安全等方面的要求。停车场（库）的自动化管理是利用现代的机电设备，对停车场（库）提供高效率的管理和维护，不仅减少了人员的配置数量，还提高了停车的安全性。

停车场（库）管理系统主要由三个子系统组成，即车辆自动识别系统、收费系统和保安监控系统。图 7-16 为停车场管理系统示意图。

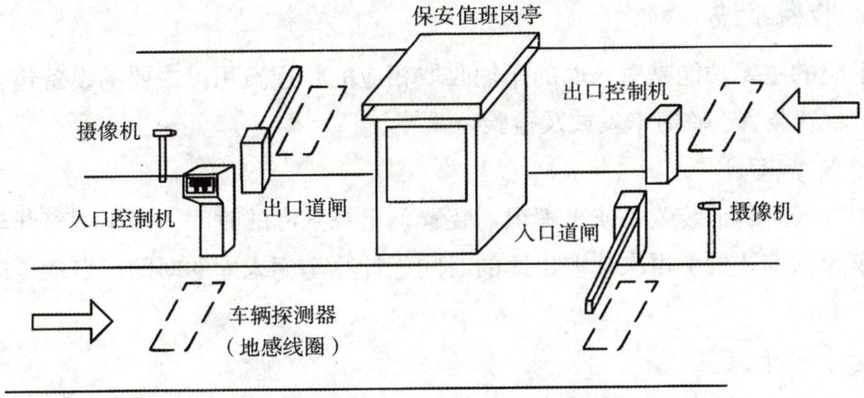

图 7-16　停车场管理系统示意图

（一）车辆自动识别系统

车辆自动识别系统主要包含中央控制计算机、自动识别装置、车辆探测器等。

1. 中央控制计算机

停车场（库）管理系统的核心是中央控制计算机，负责整体协调与管理，涵盖软硬件参数配置、信息交互与分析、指令下发等任务，并能将保安管理、收费统计及报表生成功能整合为一体。此系统可以独立运作形成完整的停车场管理系统，还可以与其他计算机网络连接，构成更庞大的智能建筑集成网络。中央控制计算机内置停车场自动管理软件，实时监控并展示车库动态，包括已停放车辆数量及剩余空位等信息，并通过场外电子显示屏即时更新，防止因车位不足而引导车辆入库的现象。此外，管理软件还具备记录与比对功能，可随时登记并核实入库及出库车辆的各类信息，如颜色、型号等车辆特征，以及出入时间等时间记录。中央控制计算机还提供查询服务，能够查询单辆车的出入库情况或指定时段内所有车辆的相关记录。

2. 自动识别装置

停车场（库）管理系统的核心就是车辆自动识别装置，车辆自动识别装置以前采用磁卡、条码卡、IC 卡和远距离 RF 射频卡等，现在大多数采用车牌识别技术。

车牌识别技术能够将运动中的汽车牌照从复杂背景中提取出来，通过车牌提取、图像预处理、特征提取、车牌字符识别等技术，得到每一辆汽车唯一的车牌号码，从而完成识别过程。

3. 车辆探测器

车辆探测器一般安装在停车场（库）的出入口处，其主要的功能是感测被授权允许驶出或驶入的车辆是否到达出入口并正常驶出或驶入，以控制挡车闸的打开与关闭，在感应有车驶入时加 1，感应有车驶出时减 1，将统计结果传输给中央控制计算机，通过电子显示屏显示车位的状况。

（二）收费系统

收费系统的主要功能是对入库的车辆收取相应的管理费用，主要的设备包含刷卡（或车牌识别）收费装置、临时卡发放及检验装置等。

1. 刷卡收费装置

当车辆进入时刷卡装置（或车牌识别装置）记录入库的时间，当车辆离开车库时刷卡装置（或车牌识别装置）再次读取出库的时间，计算车辆入库的时间，自动（或人工）收取相应的费用。

2. 临时卡出卡装置

临时卡出卡装置安装在车库的出入口处，对临时停放的车辆发放临时卡，一般常用的是利用热敏打印机打印条码记录车辆入库的时间等信息，出场时根据停车时间计时收费。

3. 保安监控系统

保安监控系统包含挡车器、监控摄像机等。

（1）挡车器（又称为道闸）。挡车器作为停车场的关键设备，主要用于车辆出入的控制。由于其需频繁动作且长时间运作，挡车器通常采用精密的四连杆机构，以实现闸杆的渐启、渐停和无冲击的快速运动，且闸杆限在90°范围内运行。其箱体设计为防水结构，并经抗老化和室外型喷塑处理，确保坚固耐用、不褪色。挡车器具备“升闸”“降闸”“停止”及用于维护和调试的“自栓”模式，可通过手动操作、自动控制或遥控进行操作。

（2）监控摄像机。在停车场（库）管理系统中，为防止车辆失窃或受损，停车场（库）内部及出入口均安装监控摄像机。场内摄像机主要用于监视车辆停放状态，防止盗窃或损坏；出入口摄像机则用于监控车辆通行情况，进行出入图像对比。车辆进入车库时，车牌影像识别系统通过电视监控和图像自动识别技术，记录车辆的颜色、型号、车牌等影像信息，并存入系统数据库，同时记录车主的识别卡卡号及车辆进入时间。车辆离库刷卡时，影像识别系统再次采集车辆信息，并与入库时的记录进行比对。若信息一致，则允许车辆离开，并记录出入时间以备查询；若信息不符，则拒绝放行并采取相应保安措施。

任务三 火灾自动报警系统

任务描述

本任务旨在通过科学合理的设备选型和系统设计，提升建筑物对火灾的检测、预警及响应能力。本任务涉及火灾风险评估、报警设备选型、系统集成、监控策略制定以及应急预案等多个方面。通过高效、可靠的火灾自动报警系统，实现对潜在火灾的快速发现、及时报警和有效控制，确保建筑物内人员和财产的安全。

任务分析

对建筑火灾环境的全面评估，识别潜在的火灾风险和触发因素，选择高效、可靠的火灾探测器和报警设备，设计合理的系统架构和布线方案，制订基于实时监控数据的预警和响应策略，配置自动联动控制和紧急疏散引导系统，确保系统的稳定性、灵敏性和易维护性。通过这些措施，实现建筑物火灾自动报警系统的高效运行，提升火灾防范和应急处理能力，保障人员和财产的安全。

任务实施

火灾自动报警系统是智能建筑公共安全系统中极为关键的一环，尤其在现代高层建筑中，因其建筑面积广、楼层多、人群密集及电气设备繁多，火灾隐患相应增多。加之电梯井、电缆井及空调、通风管道等垂直孔道容易加速火势蔓延，风险显著提高。因此，智能建筑对火灾自动报警系统的依赖性更加明显，对其安全可靠性、技术先进性及网络结构与系统联网等提出了更高、更新的要求。

火灾自动报警系统的核心宗旨是“以防为主，防消结合”。主要作用在于通过自动化手段实施早期火灾探测，快速识别并报告火情，联动操控自动消防设施，遏制火势扩大，保障人员安全，减少财产损失，力求将火灾扼杀在萌芽阶段。

一、火灾自动报警系统及功能

火灾自动报警系统主要由火灾探测报警系统、可燃气体探测报警系统、电气火灾监控系统和消防联动控制系统组成。前三者的功能是将现场探测到的温度、烟雾浓度、可燃气体浓度及电气系统异常信号传输至报警控制器。报警控制器负责判断和处理这些检测信号，确认火情后发出警报，显示相关信息，并将警报传送至消防控制中心。消防控制中心记录火灾详情，指示报警位置，协调联动控制。

联动控制系统的作用是按照预定指令控制消防联动装置，如启动建筑内的疏散警铃和消防广播以通知人员迅速疏散；打开相关楼层的电梯前室和楼梯前室的正压送风及排烟系统以排除烟雾；关闭相应的空调机和新风机组以防火灾蔓延；开启紧急诱导照明灯引导疏散；根据建筑特性，使发生火灾及相关危险部位的电梯返回首层或转换层，并使消防电梯投入紧急服务等。当火场温度达到一定阈值时，自动喷水灭火系统随即启动，在火发区域执行灭火操作，从而实现消防自动化。

二、火灾探测报警系统

扫一扫

火灾自动报警系统

火灾探测报警系统由火灾探测器、火灾报警控制器、火灾报警及显示装置组成。

（一）火灾探测器

可燃物在燃烧过程中，一般先产生烟雾，同时周围环境温度逐渐上升，并产生可见与不可见的光，即可燃物从最初燃烧到形成大火需要一定的时间。火灾探测器的功能就是及时探测火灾初期所产生的热、烟或光，进行火灾报警。火灾探测器分类形式很多，根据探测火灾参数的不同分为感烟式、感温式、感光式和复合式火灾探测器；根据探测方式的不同可分为阈值探测、智能探测和图像探测等。

1. 感烟探测器

在火灾初期，由于温度较低，可燃物多处于阴燃阶段，所以产生大量烟雾。烟雾是早期火灾的重要特征之一，感烟式火灾探测器是对可见的或不可见的烟雾粒子进行探测，探测物质燃烧初期所产生的气溶胶或烟雾粒子浓度并发出火灾报警信号。感烟探测器发现火情早、灵敏度高、响应速度快、不受外面环境光和热的影响及干扰，是目前我国使用最广泛的一种火灾探测器。

感烟式火灾探测器主要分为离子式和光电式两种。其中，离子式探测器的核心组件是感烟电离室，其工作原理如图 7-17 所示。图中 M 和 N 为一对相对的电极，二者之间布置了放射性物质镅 Am-241，镅主要放射 α 射线，高速运动的 α 粒子撞击空气分子，使得两极间的空气分子电离为正离子和负离子。在电离后，这些正、负离子在电场作用下分别向 M、N 两极移动，从而形成离子电流。

当火灾发生时，烟尘进入离子室。烟雾粒子的出现会吸附正、负离子，增加离子中和的概率，导致离子室内原有的离子电流强度减弱。通过监测这一离子电流的变化，即可间接反映出烟雾浓度的高低，进而实现对火灾参数的检测。

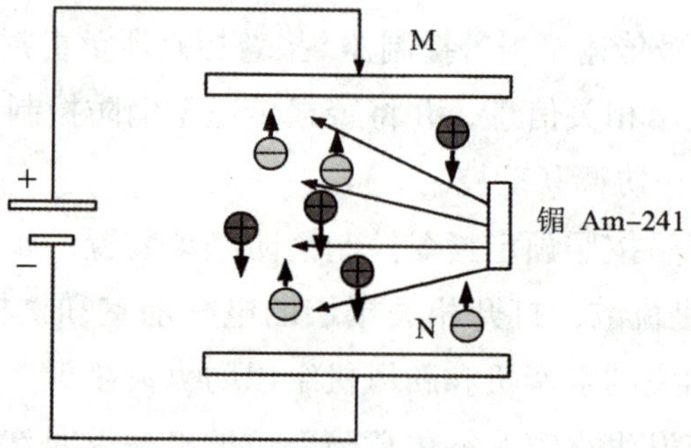

图 7-17　离子感烟式探测器工作原理图

光电式感烟探测器有减光式和散射式两种。减光式光电感烟探测原理图如图 7-18 所示。进入光电检测室内的烟雾粒子对光源发出的光吸收和散射，使通过光路上的光通量减少，从而使受光元件上产生的光电流降低。光电流相对于初始标定值的变化，即反映了烟雾浓度的大小，据此可实现对火灾参数的检测。

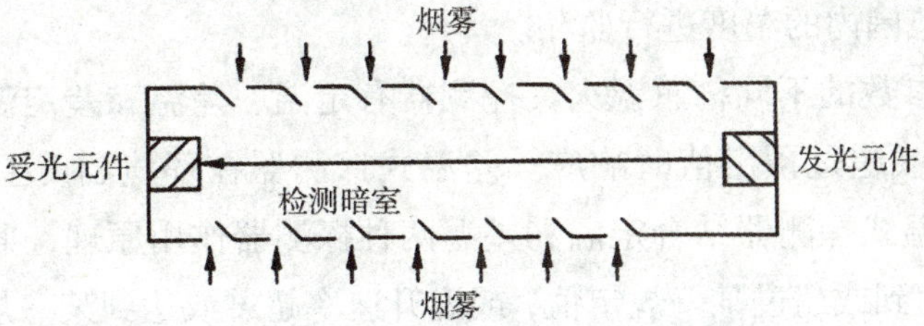

图 7-18　减光式光电感烟探测器原理图

散射式光电感烟探测原理图如图 7-19 所示，当烟雾颗粒进入检测暗室后，对发光元件发射的光线产生散射作用，使得安装在一定角度的受光元件产生光电流，根据受光元件产生的光电流与无烟雾颗粒时产生的暗电流的大小进行比较，即可反映烟粒子的浓度，当烔粒子的浓度达到一定值时，散射光的能量就足以产生一定大小的激励用光电流，可用于激励外电路发出火灾报警信号。

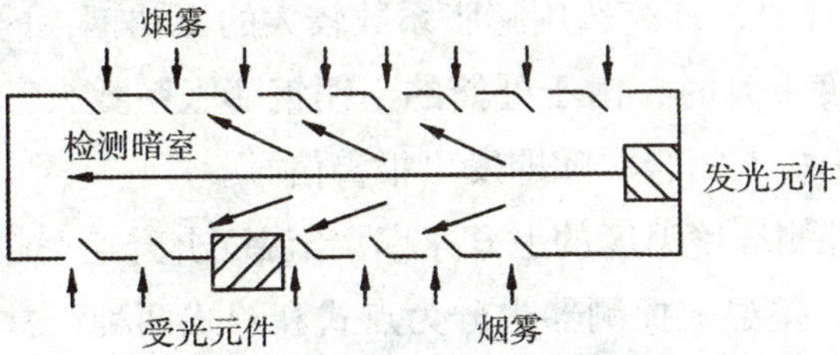

图 7-19　散射式光电感烟探测器原理图

2. 感光探测器

物质在燃烧过程中，不仅生成烟雾、释放热量，同时也会产生可见或不可见的光辐射。感光式火灾探测器，也称火焰探测器，是专门设计用来对燃烧物质所产生的火焰的光谱特性、光照强度及火焰闪烁频率作出敏感响应的火灾探测器，能够监测火焰辐射出的红外光、紫外光及可见光波段。

目前市场上常见的感光探测器主要有两种类型：一种是专门针对波长较短的光辐射敏感的紫外探测器，另一种则是对波长较长的光辐射敏感的红外探测器。红外感光探测器利用火灾火焰的红外辐射和闪烁现象进行火灾检测，其核心部件是红外光敏元件。而紫外光探测器内部设置有两根由高纯度钨丝或钼丝构成的电极，当电极受到紫外光辐射时会产生电子发射，这些电子在电场加速作用下，运动速度很快。高速电子撞击探测器罩内的氢、氧气体分子，使其电离，这种电离过程迅速扩张，形成所谓的“雪崩”式放电现象，最终导致两电极之间的连接，探测器随之发出火灾警报信号。

感光探测器以其快速响应特性著称，能够在接收到火焰辐射光后的几毫秒甚至几个微秒内迅速发出信号，这种高性能使其特别适用于那些突然起火且无烟雾的易燃易爆场所。

3. 感温探测器

火灾燃烧阶段，除了产生烟雾外，还伴有光、热辐射，使周围温度急剧变化，感温式火灾探测器对探测范围内的温度进行监测。

根据监测温度参数的不同，感温火灾探测器有定温、差温和差定温 3 种。定温式探测器在环境温度达到或超过预定值时响应。差温式探测器在环境温度上升速率超过某个规定值时响应。差定温式探测器结合定温和差温两种探测器作用原理，兼有差温、定温两种功能，在室内温度达到或超过某一规定值，或温升速率超过或达到某一规定值时均可动作，提高了工作的可靠性。

定温式探测器根据结构可分为线型和点型两种。线型定温式探测器的工作原理依赖于可熔金属线，当环境温度超过预设值时，金属线会熔断，从而触发报警信号的产生。点型定温式探测器则采用双金属片、易熔金属、热电偶或热敏半导体电阻等敏感元件，当温度达到设定值时，这些元件会作出反应，发出火灾报警信号。

双金属点型探测器是其中一种，其敏感元件为具有不同热膨胀系数的双金属片，结构如图 7-20 所示。在此设计中，外筒选用膨胀系数较大的不锈钢，内部金属片则采用膨胀系数较小的铜合金。当温度上升时，由于外筒的不锈钢膨胀系数大于内部的铜合金，铜合金片被拉伸变直，导致两个接点闭合，随即发出报警信号。

差温式探测器用于探测环境温度的上升速率，当温度上升速率超过某一个设定值之后，差温式报警探测器启动，差温式探测器也分为点式和线式两种。常用的膜盒点型差温探测器结构图如图 7-21 所示，由图可见，膜盒式差温探测器由感热外罩、波纹状膜片、泄楼孔及触点等构成。其感热外罩与底座形成密闭气室，有一小孔与大气连通，当环境温度缓慢变化即没有发生火灾时，气室内外的空气可由小孔进出，使内外压力保持平衡，膜片保持不变，触点不会闭合。当有火灾时，室内空气随着环境温度的急剧上升而迅速膨胀，空气泄漏量不足以维持压力平衡，致使室内气压增高，波纹状的膜片受压与触点接触闭合，发出报警信号。

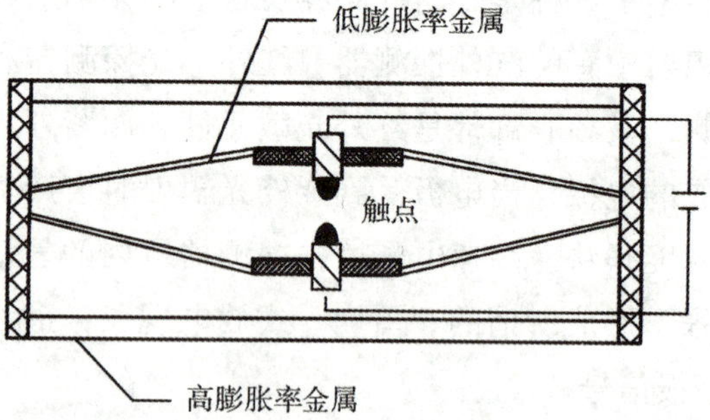

图 7-20　双金属点型探测器结构图

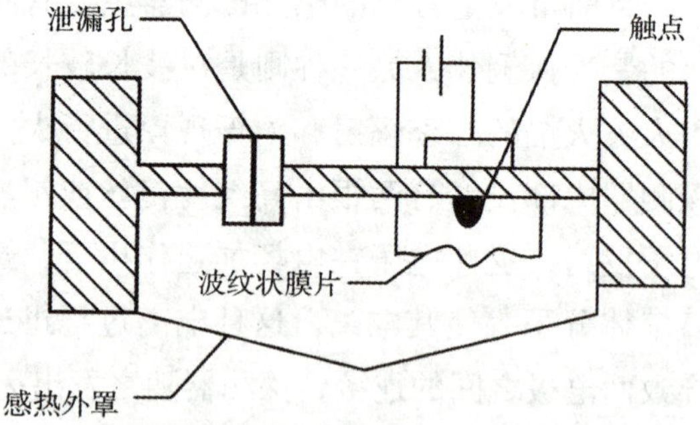

图 7-21　常用的膜盒点型差温探测器结构图

差定温式温度传感器综合利用定温式温度探测器和差温式温度探测器的优点，不仅有效地减少了误报警的发生，还可以在一种探测器失效的情况下保证正常的火灾报警，避免了漏报警的情况，提高了工作的可靠性。

与感烟火灾探测器和感光火灾探测器比较，感温火灾探测器的可靠性较高，对环境条件的要求低，但对初期火灾的响应要迟钝些，主要适用于因环境条件感烟火灾探测器不宜使用的某些场所，并常与感烟火灾探测器联合使用组成的关系，对火灾报警控制器提供复合报警信号。

4. 复合式探测器

复合式火灾探测器将两种或两种以上探测功能集于同一探测器上，同时具有两个以上火灾参数的探测能力，扩大了探测器环境适应范围，保证报警的快捷与可靠。目前比较常用的有感烟感温、感光感温、感光感烟火灾探测器等。

5. 模拟量探测器

传统的火灾探测器主要依赖于阈值比较方式进行工作。具体来说，是将火灾初期产生的热量、烟雾或光信号转换为电信号，一旦这些电信号超出预设的阈值，就会触发报警设备。这种方式的探测器结构简单，成本较低，但其报警依据较为单一，无法有效排除环境干扰及探测器硬件电路自身漂移的影响，缺乏故障自诊断和自修复能力，因此可能会引发误报警。

针对传统探测器的这些不足，模拟量火灾探测器应运而生。模拟量探测器在监控环境中收集烟雾浓度、温度，以及光线对时间变化的综合数据，并将这些信息与外界环境参数一并传递给报警控制器。控制器会依据所获取的数据与系统主机数据库中的丰富火情资料进行对比分析，利用火灾模型数据来区分真实火情与环境干扰，从而精确地发出火情状态的实时警报。

模拟量火灾探测器仅作为传感器使用，无论烟雾浓度、温度或光线强度如何变化，探测器本身不会直接报警，而是将由这些因素引起的电流或电压变化信号通过编码电路和总线传输给控制器。

6. 分布智能式火灾探测器

在信息传输过程中，为了确保系统能够准确识别真假火情并防止误报，必须确保模拟量传输的质量，防止任何形式的干扰，这对传输技术提出了很高的要求。同时，由于涉及大量的数据处理和算法计算，也增加了控制器的负荷和复杂性。基于这种对比判断机制，又衍生出了分布智能式火灾探测器。

分布智能式火灾探测器本身带有微处理器，自身具备把累积的经验分类、设置特定的反应程式、对探测数据进行计算处理、分析和判断的能力，这样可以减少传感器与主机之间的信息传输量，减轻了控制器的负担，使控制器能更快地完成协调与管理等更高层的功能。智能探测器将过去的集中式监控方式转变为现场监控与中央管理的方式，而且探测器可以根据现场环境自动调整运行参数，具有自学习和自适应的能力，灵敏度可适应外界环境变化而自动调整，具备自诊断能力，及时检查出潜在故障并发出警告。由于前端探测器和后端控制器均内置 CPU，两者均可对信号作处理，且可按各自的要求分工，提高了火灾探测报警系统的性能和可靠性。

7. 吸气式感烟火灾探测器

大部分火灾过程可以划分为4个阶段：微弱烟雾、可见烟雾燃烧、火焰燃烧和剧烈燃烧。其中，微弱烟雾阶段是火灾的初始期，此阶段尽管存在肉眼难以察觉的极微弱烟雾，但其发展较为缓慢，不易为人察觉。在这个阶段，普通的感烟探测器并无反应，往往要等到可见烟雾燃烧阶段才开始工作。至于感温探测器和感光探测器，它们通常要到火焰燃烧阶段和剧烈燃烧阶段才能启动。

吸气式感烟火灾探测器（也称为空气采样感烟探测器）在探测方式上进行了革新。它突破了传统的被动感知火灾烟气、温度和火焰等参数的模式，通过内部吸气泵的作用，通过分布在保护区内的采样管网主动采集空气样本，能够快速、动态地识别并判断空气中的各种聚合物和烟雾颗粒。这种新型探测器能够在火灾的初始微弱烟雾阶段就及时发现火情，并发出警报，从而在火灾初期就将隐患消除，最大限度地减少火灾造成的损失。

8. 图像型火灾探测器

图像型火灾探测器按探测原理可分为图像型感烟火灾探测器、图像型火焰火灾探测器和图像型感温火灾探测器。图像型感烟火灾探测器采用视频图像方式分析燃烧或加热过程中产生的烟雾，进行火灾探测报警。图像型火焰火灾探测器采用视频图像方式分析燃烧或加热过程中产生的火焰，进行火灾探测报警。图像型感温火灾探测器采用视频图像方式分析燃烧或加热过程中温度，进行火灾探测报警。

（二）火灾报警控制器

火灾报警控制器是火灾自动报警系统中的核心组成部分，用以接收火灾探测器发送的火灾报警信号，迅速、正确地进行转换和处理，并以声、光等形式指示火灾发生的具体部位，与应急联动系统的灭火装置、防火减灾装置一起构成完备的火灾自动报警与自动灭火系统。

1. 火灾报警控制器的功能

火灾报警控制器具有报警、联动、自检和供电的功能。

（1）报警功能。当火灾报警控制器接收到来自探测器、手动按钮及其他火灾报警触发器件的报警信号并确认后，控制器本身的报警装置发出声光报警，指示报警的具体部位及时间，同时控制火灾现场的声、光报警装置发出警报。

（2）联动功能。火灾报警控制器在发出火警信号的同时，还能执行相应的辅助控制等任务，如输出控制信号启动灭火减灾设备，一般是通过各种功能的输出模块来输出控制信号。

（3）自检功能。火灾报警控制器能对自身的功能进行检查，并能对火灾报警控制器与火灾探测器之间及用于传输火灾报警信号的器件之间的连线出现断线、短路等故障发出声、光警报。

（4）供电功能。火灾报警控制器能为自身和系统内的火灾探测器、模块及某些消防设备提供稳定的工作电源。

2. 火灾报警控制器的连接线制

火灾报警控制器按探测器和控制器之间传输线的线数分为多线制火灾报警控制器和总线制火灾报警控制器。多线制系统每个探测器需要两条或更多条导线与控制器相连接，连接到控制器的总线数 $M = KN+C$。其中 K 为每一探测器所连接的线数；N 为该控制器连接的探测器个数；C 为控制器连到各探测器的共用线数（电源线、地线、信号线及自诊断线等）。当连接探测器较多时，多线制系统线数多，施工复杂且线路故障也多，现已逐渐被淘汰。目前只有二线制（K=1，C=1）报警控制器还在工程中有应用。总线制采用两条导线构成总线回路，所有探测器与之相连，每只探测器都有自己的独立地址码，报警控制器采用串行通信方式按不同地址访问每只探测器。总线制系统用线量少，设计、施工均较方便，因此是目前广泛应用的一种方式。

总线制火灾自动报警系统一般由总线制火灾报警控制器、火灾探测器和模块组成。其中模块是二总线火灾自动报警系统的配套装置，常用的模块有隔离模块（用于隔离总线上的短路故障）、探测器编码底座（用于确定探测器或回路中其他部件的地址，使探测器分时占用总线）、监视模块（或称输入模块，用于监视接收消火栓按钮等开关量报警信号）、控制模块（或称输出模块，火灾发生时用于控制所需联动的消防设备）、输入 / 输出模块（为监视模块与控制模块的组合器件）等。隔离模块在回路总线中的接线方式如图 7-22 所示。

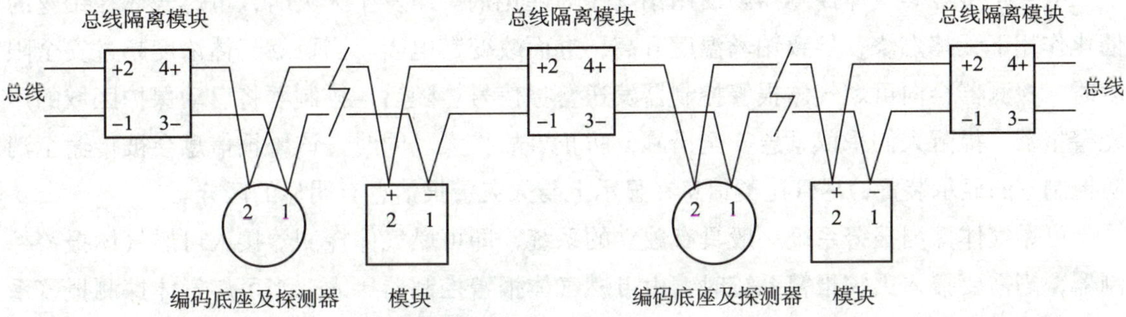

图 7-22　隔离模块在回路总线中的接线方式

（三）火灾警报及显示装置

火灾警报装置用于发出声、光信号以示火灾报警，最基本的装置包括火灾警报器和警铃。这些装置通过声光手段向报警区域发出明确的信号，提醒人们采取相应的疏散和灭火救灾措施。

火灾显示装置进一步提供了关于火警情况的详细信息，主要包括火灾显示盘和消防控制室图形显示装置。火灾显示盘作为火灾报警指示设备的一部分，能够显示火警或故障的具体部位或区域，并同时发出声光报警信号以引起注意。消防控制室图形显示装置的功能更为全面，它能够展示保护区域内的火灾报警控制器、火灾探测器、火灾显示盘，以及手动火灾报警按钮的工作状态；还能显示与消防安全相关的各类监管报警信息，如消防水箱（池）的水位、管网压力，以及来自可燃气体探测报警系统、电气火灾监控系统的报警信号及相关联动反馈信息。这些信息的整合提升了对火灾动态的监控和应急处理能力。

三、可燃气体探测报警系统

可燃气体探测报警系统由可燃气体报警控制器、可燃气体探测器和火灾声光警报器等组成，主要应用于生产、使用可燃气体的场所或有可燃气体产生的场所。可燃气体包括天然气、煤气、石油液化气、石油蒸气和酒精蒸气等，这些气体主要含有烷类、烃类、烯类、醇类、苯类和一氧化碳、氢气等成分，是易燃、易爆的有毒有害气体。可燃气体在生产、输送、贮存和使用过程中，一旦发生泄漏，都可能造成燃烧爆炸，危及国家及人民的生命财产安全。

可燃气体探测器根据采用的探测元件不同，可分为气敏型、电催化型和电化学型等类型。在气敏型探测器中，核心部件是气敏元件和电热丝。电热丝的工作是维持气敏元件在250～300 ℃，因为在这个温度区间内，半导体气敏元件的电阻随着可燃气体浓度的增加而降低。一旦火灾发生，可燃气体进入探测室，气敏材料的电阻随之减小。当电阻降至某个阈值时，探测器会触发报警系统，发出警报。

电催化型可燃气体探测器则使用铂丝作为催化剂。当发生火灾时，可燃气体在铂丝的催化作用下无焰燃烧，导致铂丝温度升高，进而改变其电阻。当可燃气体浓度超过安全限度时，探测器会向可燃气体报警控制器发送警报信号。随后，控制器将启动保护区域的声光警报器，提醒人们采取紧急安全措施，防止事故扩大。同时，该警报信息会被传输至消防控制室的显示装置，尽管这类信息在显示上与火灾警报信息有明显的区分。

可燃气体探测报警系统一般具有独立的系统，即可燃气体探测器接入可燃气体报警控制器，当需要接入火灾报警系统时，由可燃气体报警控制器接入。当可燃气体探测报警系统保护区域内有联动和警报要求时，可以由可燃气体控制器本身实现，也可以由消防联动控制器实现。

四、电气火灾监控系统

随着经济建设的发展，生产和生活用电大幅度增加，电在为生产和生活各个方面服务的同时，也是一种潜在的火源，配电回路及用电设备的漏电、过载和短路等故障引发的电气火灾给国家财产和人民的生命安全造成的损失已不容忽视。因此，在火灾自动报警系统设计中应根据建筑物的性质、发生电气火灾的危险性、保护对象的等级等，设置电气火灾监控系统，防止电气火灾的发生。电气火灾监控系统由电气火灾监控探测器、电气火灾监控设备组成。

电气火灾监控探测器用于监测被保护线路的特定参数，根据监测参数的不同，主要分为测温式电气火灾监控探测器和剩余电流式电气火灾监控探测器。测温式探测器以探测电气系统异常发热为工作原理，监测可能引发电气火灾危险的温度变化，通常安装在电缆接头、电缆本体、开关触点等发热部位。而剩余电流式探测器则监测可能引发电气火灾危险的剩余电流变化。当线路中的剩余电流达到预设的报警阈值时，探测器会发出报警信号，以此防止电气火灾的发生。

电气火灾探测器还可分为独立式和非独立式两种类型。独立式探测器具备监控报警功能，设有工作状态指示灯和自检功能，可独立设置，触发报警时会发出声、光信号，并持续保持至手动复位。而非独立式探测器则必须与电气火灾监控设备联合使用。

电气火灾监控设备的作用是接收来自电气火灾监控探测器的报警信号，发出声、光报警信号及控制信号，指示报警的具体部位，记录并保存报警信息，这些设备也常被称为“监控主机”或“区域控制器”。

电气火灾监控系统与火灾探测报警系统在功能上有所区别：后者主要用于已经发生的火情后期报警和扑救，而前者则侧重于预防，专门针对电气线路故障和电气事故的前期预警。在电气火灾监控系统中，当保护区域需要联动和警报时，这一功能可以由电气火灾监控设备自身实现，也可以通过消防联动控制器来实现。

五、住宅建筑火灾报警系统

（一）系统组成及应用

住宅建筑火灾自动报警系统根据实际应用过程中保护对象的具体情况分为A类、B类、C类、D类4类系统，其组成如下。

A类系统由火灾报警控制器、手动火灾报警按钮、家用火灾探测器、火灾声警报器、应急广播等设备组成，适用于有物业集中监控管理且设有需联动控制的消防设施的住宅建筑。

B类系统由控制中心监控设备、家用火灾报警控制器、家用火灾探测器、火灾声警报器等设备组成，适用于有物业集中监控管理的住宅建筑。

C类系统由家用火灾报警控制器、家用火灾探测器、火灾声警报器等设备组成，适用于没有物业集中监控管理的住宅建筑。

D类系统由独立式火灾探测报警器、火灾声警报器等设备组成，适用于别墅式住宅和已经投入使用的住宅建筑。

（二）系统结构

住宅建筑火灾报警系统4个类型的结构如图7-23所示。

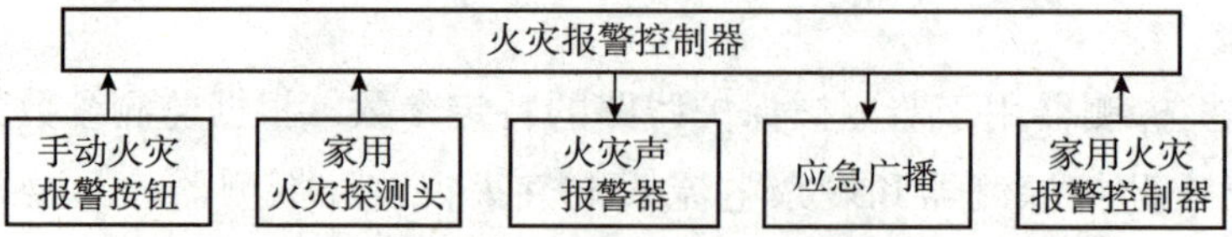

（a）A类

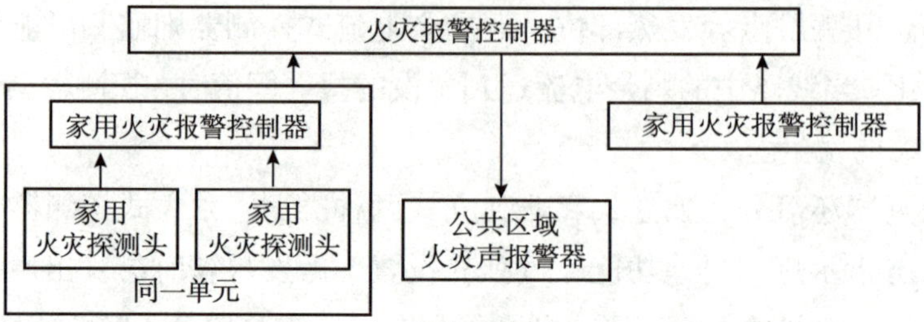

（b）B类

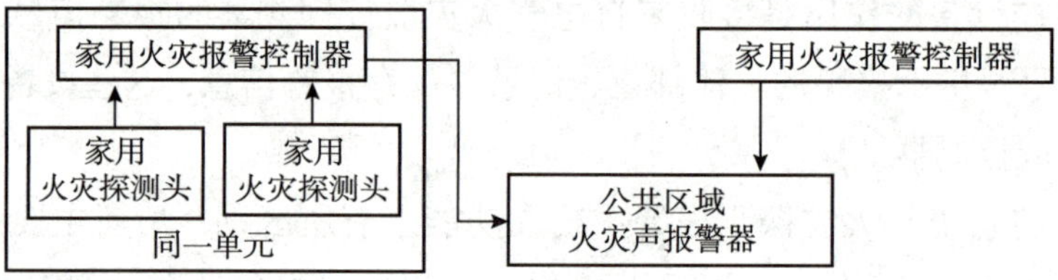

（c）C类

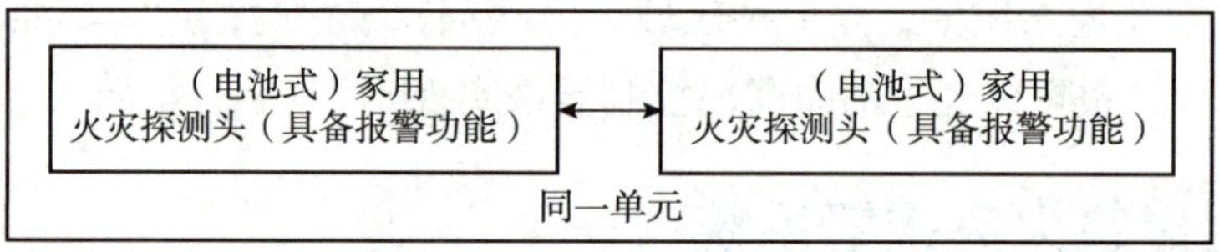

（d）D类

图 7-23　住宅建筑火灾报警系统 4 个类型的结构

A 类系统住户内设置的家用火灾探测器可接入家用火灾报警控制器，也可直接接入火灾报警控制器。设置的家用火灾报警控制器将火灾报警信息、故障信息等相关信息传输给相连接的火灾报警控制器。建筑公共部位设置的火灾探测器直接接入火灾报警控制器。

B 类系统中，设置在每户住宅内的家用火灾报警控制器应连接到控制中心监控设备，控制中心监控设备应能显示发生火灾的住户。

C 类系统住户内设置的家用火灾探测器应接入家用火灾报警控制器。家用火灾报警控制器应能启动设置在公共部位的火灾声警报器。

D 类系统有多个起居室的住户，可采用互连型独立式火灾探测报警器。选择电池供电时间不少于 3 年的独立式火灾探测报警器。

六、消防联动控制系统

火灾发生时，火灾报警控制器发出报警信息，消防联动控制系统根据火灾信息联动逻辑关系，输出联动信号，启动有关消防设备实施防火灭火，消防联动控制系统控制的对象有灭火设备、防/排烟设备、阻止烟、火势蔓延的防火隔断设备、疏散引导设备、消防通信设备及相关的建筑设备和安防设备等。

（一）灭火装置

灭火装置可分为水灭火装置和其他常用灭火装置。水灭火装置又分消火栓灭火系统和自动喷水灭火系统。其他常用灭火装置分为气体灭火系统、干粉灭火系统、泡沫灭火系统、蒸汽灭火系统和移动式灭火器等。

1. 消火栓灭火系统

消火栓灭火是建筑物中基本和常用的灭火方式。消火栓灭火系统由消防给水设备（包括给水管网、加压泵及阀门等）和电控部分（包括启泵按钮、消防中心启泵装置及消防控制柜等）组成，其中消防加压水泵是为了给消防水管加压，以使各消火栓中的喷水枪具有相当的水压。消防控制中心设置消火栓灭火控制柜，集中接收来自楼内消火栓灭火的报警信号，进行相应的声光报警，实现对消防泵的启动控制，为管网加压，满足现场灭火需要，并把消火栓泵的运行状态和消防电源运行情况等信号返回到消防控制室显示。

2. 自动喷水灭火系统

自动喷水灭火系统是一种能够自动启动喷水灭火，并在同时发出火警信号的灭火系统。通常的做法是在建筑物内按照一定间隔和高度安装自动喷水灭火喷头。根据灭火装置启动原理的不同，自动喷水灭火系统可以分为湿式自动喷水灭火系统、干式自动喷水灭火系统，以及水喷雾灭火系统。按照系统中喷头是否常开，这些系统又可以分为闭式和开式自动喷水灭火系统两大类。闭式喷头由喷水口、感温释放机构和溅水盘等组成，负责在系统中探测火灾、启动系统和实施喷水灭火。开式洒水喷头则没有释放机构，其喷水口始终处于敞开状态。

闭式自动喷水灭火系统包括湿式喷水灭火系统、干式自动喷水灭火系统和预作用系统等，而开式自动喷水灭火系统则包括雨淋喷水灭火系统、水幕系统和水喷雾灭火系统等。

（1）湿式喷水灭火系统

湿式喷水灭火系统由闭式喷头、管道系统、湿式报警阀、报警装置和供水设施组成。在湿式系统中，管网平时处于充水状态。当火灾发生时，着火区域的温度迅速上升，达到一定阈值时，闭式喷头的温控件受热破碎，喷头随即开启，喷水灭火。此时，管网中的水由静止变为流动，水流指示器动作并发送电信号，报警控制器上会显示某一区域已经开始喷水。随着喷头持续喷水，原来关闭的湿式报警阀在压力差的作用下自动开启，压力水流通过报警阀流向灭火管网，同时开启通向水力警铃的通道，水流冲击警铃发出声响报警信号。

控制中心根据水流指示器和压力开关的报警信号，自动启动消防水泵，为系统加压供水，以实现持续自动喷水灭火的目的。

湿式喷水灭火系统具有灭火速度快、控火效率高的特点，因此在高层建筑中得到了广泛应用。然而，由于其管路在喷头中始终充满水，因此该系统的应用受环境温度限制，适合安装在室内温度不低于 4 ℃且不超过 70 ℃的建筑物内。

（2）干式自动喷水灭火系统

干式自动喷水灭火系统由闭式喷头、管道系统、干式报警阀、报警装置、充气设备、排气设备和供水设备等组成，为防止干式报警阀失灵和方便管道检修，总干管上需设总管道控制阀，其组成结构如图 7-24 所示。

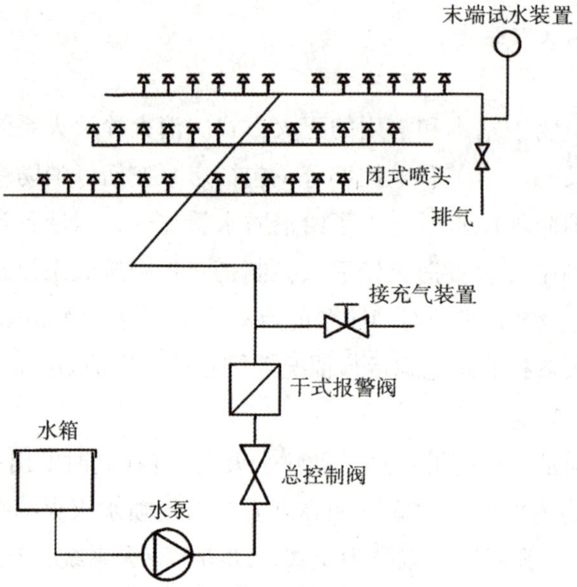

图 7-24　干式自动喷水灭火系统

干式自动喷水灭火系统喷水管网平时不充水，而是充的有压气体，以保持与报警阀前的供水压力平衡，使报警阀处于紧闭状态，因而称之为干式系统或干管系统。当火灾发生时，着火的场所温度迅速上升，当温度上升到一定值，闭式喷头温控件受热破碎，喷头开启，先喷射出空气，随着管网中压力的下降，报警阀打开向管网系统内充水，按照预定的方向喷水灭火，同时开启喷水泵保持水压恒定。

干式喷水灭火系统的主要特点是在报警阀后管路内无水，不怕冻结，不怕环境温度高。因此，该系统适用于温度低于 4 ℃和高于 70 ℃的建筑物和场所。

提示

在温度低于 4 ℃和高于 70 ℃的建筑物和场所，干式喷水灭火系统因增加一套充气设备，且要求管网内的气压要经常保持在一定范围内。因此，管理比较复杂，投资较大，在喷水灭火速度上不如湿式喷水灭火系统快。

（3）预作用喷水灭火系统

预作用喷水灭火系统是一种由闭式喷头、管道系统、雨淋阀、火灾探测器、报警控制装置、充气设备、控制组件和供水设施部件组成的自动喷水灭火系统。该系统在平时处于干式状态，当火灾发生时，保护区内安装的感温、感烟火灾探测器会首先发出火警信号。控制器在接收到信号后，不仅会发出声光报警，还会启动雨淋阀，使水进入管道中，并在短时间内完成充水过程，从而使系统转变为湿式状态。这种转变过程包含了预备动作的功能，因此被称为预作用喷水灭火系统。

预作用喷水灭火系统将火灾自动探测报警技术和自动喷水灭火系统有机结合，能够在喷头动作之前及时报警，从而提前组织扑救，对保护对象起到双重保护作用。同时，预作用喷水灭火系统兼具干式和湿式系统的优点，在火灾发生前，管网是干燥的，因此不受环境温度的过高或过低影响。由于探测器的热敏元件比喷头更为灵敏，因此其启动速度远快于干式系统。系统启动后，管网迅速充满水，立即可以从启动的喷头喷出，不延迟灭火。

预作用系统特别适用于对自动喷水灭火系统安全要求较高的建筑物，如高级宾馆、重要办公楼、大型商场等，也适用于干式系统适用的场所。

（4）雨淋喷水灭火系统

雨淋喷水灭火系统由开式喷头、管道系统、雨淋阀、火灾探测器、报警控制组件和供水设施等组成。火灾发生时，火灾探测器将信号送至火灾报警控制器，控制器输出信号打开雨淋阀，使整个保护区内的开式喷头喷水灭火，同时启动水泵保证供水。

由于该系统工作时所有喷头同时喷水，不仅可扑灭着火部位的火源，还可向整个被保护的面积喷水，起防止火灾蔓延的作用，适用于燃烧猛烈、火势蔓延快、要求迅速用水控火、灭火的场所。

（5）水幕灭火系统

水幕灭火系统由水幕喷头、管道系统、控制阀等组成，其工作原理与雨淋系统基本相同，区别在于水幕系统喷出的水为水幕状，而雨淋系统喷出的水为开花射流。由于水幕喷出的水为水帘状，因此它不是直接用来扑灭火灾的，而是起防火隔断作用，防止火势扩大和蔓延。

（6）水喷雾灭火系统

水喷雾灭火系统由喷雾喷头、管道、控制装置等组成，它的工作原理与雨淋系统基本一致，区别在于雨淋系统采用标准开式喷头，而水喷雾灭火系统采用中速或高速喷雾喷头。水喷雾灭火系统常用来保护可燃液体、气体储罐及油浸电力变压器等，控制和扑灭上述对象发生的火灾，也能阻止邻近的火灾蔓延危及保护的对象。

3. 气体灭火系统

气体灭火系统是以气体作为灭火介质的灭火系统，根据灭火介质的不同分为七氟丙烷 CF_3CHFCF_3 灭火系统和二氧化碳灭火系统。七氟丙烷灭火剂的灭火机理是对燃烧反应起抑制作用，并中断燃烧的连锁反应，只用较少剂量即可达到灭火的目的。二氧化碳灭火剂通过稀释氧浓度、窒息燃烧和冷却等物理作用灭火，可以较快地将有焰燃烧扑灭，但所需的灭火剂浓度高。

气体自动灭火系统的工作流程如下：感烟探测器探测到火灾的信号并将其传送至报警控制器。随即，报警控制器显示报警的具体部位，并触发声光指示，同时启动报警区域的火灾警铃发出警报。如果火势继续蔓延，报警控制器检测到感温探测器的报警信号，则确认火灾已经发生。此时，系统启动 30 s 的延时并启动声光报警器，提醒保护区域内的人员迅速撤离。延时结束后，联动控制器会控制气体压力容器上的电磁阀释放灭火气体，实施灭火。

气体灭火系统特别适用于不适合用水灭火的场合或有贵重设备需要保护的地方，如变配电室、计算机房、可燃气体与易燃液体仓库等。

4. 干粉灭火系统

以干粉作为灭火剂的灭火系统称为干粉灭火系统。干粉灭火剂是一种干燥的、易于流动的细微粉末，对燃烧有抑制作用，平时储存于干粉灭火器或干粉灭火设备中。当防护区发生火灾时，火灾控制器报警，消防中心自动控制启动或由消防人员手动启动气瓶，加压气体（二氧化碳或者氮气）进入干粉灭火剂储存罐。当储存罐压力上升到设计压力时，压力传感器向消防控制中心发送信号，消防控制中心发出指令打开干粉灭火剂储存罐出口的总阀门。干粉由输送管输送到防护区经喷嘴射出，当大量的粉粒喷向火焰时，可以吸收维持燃烧连锁反应的活性基团，随着活性基团的急剧减少，使燃烧连锁反应中断，熄灭火焰。

5. 泡沫灭火系统

泡沫灭火剂是一种体积较小、表面被液体包围的气泡群，其比重远小于一般的可燃和易燃液体，因此能够漂浮或黏附在这些液体的表面或固体表面，形成一层泡沫覆盖层。这种覆盖层能够将燃烧物表面与空气隔绝，达到窒息灭火的效果。根据成分的不同，泡沫灭火剂可以分为化学泡沫灭火剂、蛋白质泡沫灭火剂和合成型泡沫灭火剂等几种类型。

泡沫灭火系统广泛应用于油田、炼油厂、油库、发电厂、汽车库、飞机库和矿井坑道等场所。

6. 移动式灭火器

移动式灭火器是扑救初起火灾的重要消防器材，轻便灵活，可移动，属于消防灭火过程中较理想的灭火工具。目前移动式灭火器主要有泡沫灭火器、酸碱灭火器、清水灭火器、二氧化碳灭火器、四氯化碳灭火器、干粉灭火器和轻金属灭火器等。

（二）减灾装置

常用的减灾装置有防排烟控制系统和阻止烟火蔓延的防火门、防火卷帘等。

1. 防排烟控制系统

火灾产生的烟雾对人的危害非常严重，一方面着火时产生的一氧化碳烟雾是造成人员死亡的主要原因；另一方面火灾时产生的烟雾遮挡人的视线，使人辨不清方向，无法紧急疏散。所以火灾发生后，要迅速排出烟气，并防止烟气进入非火灾区域。

防排烟控制系统是消防联动控制系统的重要组成部分，其主要作用是防止有害有毒气体侵入电梯前室、避难层和人员疏散通道等部位，防止有害有毒气体扩散蔓延。防排烟设备主要包括正压风机、排烟风机、正压送风阀、防火阀、排烟阀等。排烟阀门一般设在排烟口处，平时处于关闭状态。当火情发生时，防烟分区内的两只独立的火灾探测器的报警信号作为排烟口、排烟窗或排烟阀开启的联动触发信号，并由消防联动控制器联动控制排烟口、排烟窗或排烟阀及送风阀门的开启，排烟阀门及送风阀门动作后启动相关的排烟风机和送风机，同时关闭相关范围内的空调风机及其他送、排风机，以防止火灾的蔓延。在排烟风机吸入口处装设有排烟防火阀，当排烟风机启动时，此阀门同时打开，进行排烟，当排烟温度高达 280 ℃时，装设在阀口上的温度熔断器动作，将阀门自动关闭，同时也联锁关闭排烟风机。

2. 防火门和防火卷帘

在火灾发生时，为防止火势蔓延，需采取多种防火分隔措施，如防火墙、防火楼板、防火门、防火阀和防火卷帘等，从而减少火灾损失。电动防火门通常设置在疏散通道上，平时保持开启状态。当火灾发生时，防火门所在防火分区内的两只独立火灾探测器或一只探测器与一只手动报警按钮同时发出报警信号，这将作为触发常开防火门关闭的联动信号。该信号由火灾报警控制器或消防联动控制器发出，随后由消防联动控制器或防火门监控器控制防火门关闭，并将其关闭状态反馈至消防控制室。

防火卷帘则主要用于商场、营业厅、建筑物中庭及门洞较宽的场所，以划分防火分区。与防火门类似，防火卷帘两侧也应安装不同类型的专用火灾探测器和手动控制按钮，并配备人工升降装置。火灾发生时，感烟探测器首先报警，通过火灾报警控制器和控制模块联动，使防火卷帘下降至离地面 1.8 m 处，此时卷帘限位开关会动作，使卷帘自动停止，以便人员疏散。当感温探测器再次报警时，火灾报警控制器会联动控制防火卷帘完全下降，从而控制火势蔓延。防火卷帘的动作状态可通过监视模块反馈至消防控制室。

3. 应急疏散装置

建筑物的安全疏散设施有疏散楼梯、疏散通道、安全出口等。消防疏散通道门一般采用电磁力门锁集中控制方式，平时楼层疏散门锁闭，发生火灾时，消防报警系统联动打开疏散通道门。专用的应急疏散装置有应急照明、火灾事故广播、消防专用电话通信、消防电梯及高层建筑的避难层等。

火灾发生时，室内动力照明线路有可能受损，为避免因线路短路导致事故扩大，必须人为切断部分电源线路，因此在建筑物内应设置应急照明。应急照明主要包括备用照明、安全照明和疏散诱导（标志）照明。

备用照明应用于正常照明失效时仍需继续工作或暂时继续工作的场合，如消防控制室、配电室等重要技术用房。

安全照明应用于火灾时因正常电源突然中断将导致人员伤亡的潜在危险场所，如医院内的重要手术室、急救室等。

疏散照明用于指示建筑物的通道安全出口，使人们能迅速安全撤离至室外或某一安全区域，通常设置在建筑物的疏散走道和公共出口处。

疏散诱导指示标志是在火灾发生或事故停电时，为人们设置的安全通向室外或临时避难层的引导标志，如“安全出口”“太平门”“避难层”等，此外还有借助于箭头或某种可分辨方向的图形进行指向。

火灾紧急广播系统在火灾发生时用于指挥火灾现场人员紧急疏散，指挥消防人员灭火。紧急广播系统一般与建筑物内的背景音乐广播系统合用，平时按照正常程序广播节目、音乐等，当发生火灾时，消防控制室将正常广播系统强制切换至紧急广播系统，并能在消防控制室用话筒播音。

消防专用电话通信系统是与普通电话分开的独立系统，该系统的设置是为了保证火灾发生时，消防控制室能直接与火灾报警器设置点及其他重要场所通话，迅速实现对火灾的人工确认，并可及时掌握火灾现场情况，应急指挥，组织灭火。火灾紧急通话点一般设置在有手动火灾报警按钮或消火栓按钮处，在建筑物的主要场所及机房等处还应设置紧急通话插孔。消防控制中心设置有与值班室、消防水泵房、总配电室、空调机房、电梯机房直通的对讲电话，同时设有向当地公安消防部门直接报警的专用中继线，能与119直通。

消防电梯供消防人员进行扑救火灾时使用，高层建筑必须设有专用或兼用消防电梯。发生火灾时，消防控制室对电梯及消防电梯进行联动控制，消防联动控制器应具有发出联动控制信号强制所有电梯停于首层或电梯转换层的功能，当确认火灾后，根据建筑物特点发出联动控制信号，使相关危险部位的电梯回到首层或转换层，电梯门自动打开，待梯内人员疏散后，自动切断非消防电梯电源，消防电梯处于待命状态。

对超高层建筑（高度超过100 m）还需设置避难层和直升机停机坪等。避难层是保障超高建筑消防安全的一项重要措施，一旦发生火灾，可供由于疏散路线远，或疏散通道被烟火封堵，或因伤残、体弱而无法及时疏散到室外的人员临时避难使用。一般100 m以上的建筑，从底层起每隔15层左右设一个避难层，在避难层应设消防电梯出口、消防专线电话、消火栓和消防卷盘。封闭式避难层还应设独立的防烟设施及应急广播和应急照明等。

任务四 应急响应系统

任务描述

本任务旨在通过科学合理的预案制订和资源协调，提升建筑物及周边环境在突发事件中的快速反应和有效处理能力。本任务涉及风险评估、预案编制、资源配置、培训演练、通信联动等多个方面。通过高效、可靠的应急响应系统，实现对各类突发事件的迅速识别、科学响应和有序处理，确保人员和财产的安全。

任务分析

对建筑物及周边环境的全面风险评估，识别可能的突发事件类型和影响范围，制订详尽的应急预案和操作规程，配置必要的应急资源如救援设备、通信工具和应急物资，组织定期培训和实战演练，确保应急人员熟悉操作流程和协调配合，建立高效的通信联动机制，确保在突发事件中能够迅速启动响应，减少损失，保障人员和财产的安全。

任务实施

智能建筑中的应急响应系统是以火灾自动报警系统、安全技术防范系统为基础而构建的，其功能是当有紧急的突发事故时，立即作出响应，防止事故危害的扩散。对各类危及公共安全的事件进行就地实时报警，采取多种通信方式对自然灾害、重大安全事故、公共卫生事件和社会安全事件实现本地报警和异地实时报警。实施管辖范围内的应急指挥调度、紧急疏散与逃生紧急呼叫和导引、事故现场紧急处置等；并可接收上级应急指挥系统各类指令信息，采集事故现场信息，多媒体信息显示、建立各类安全事件应急处理预案等；为大型建筑物或其群体内的用户提供相应的紧急救援服务，为大楼公共安全提供保障。

智能建筑的应急响应系统主要包括一系列协调运作的子系统，这些系统包括有线 / 无线通信网络、指挥与调度系统、紧急报警系统，以及集成火灾自动报警系统与安全技术防范系统的联动设施，确保迅速响应紧急情况。此外，还涵盖火灾自动报警系统与建筑设备管理系统的联动，实现高效的应急管理。其他关键组件还包括紧急广播系统与信息发布和疏散导引系统的联动，确保及时准确地指引人员疏散。

先进的功能还可以包括基于建筑信息模型（BIM）的分析决策支持系统，提供全面的建筑信息和实时数据，支持决策制定。视频会议系统和信息发布系统也是应急响应系统的组成部分，确保信息快速传达和多部门的协作响应。

一、有线 / 无线通信、指挥和调度系统

有线 / 无线通信、指挥和调度系统以计算机网络系统、监控系统、显示系统、有线 / 无线通信系统、图像传输系统等为支撑平台，在组织整合与信息整合的基础上，建立应急处置预案数据库。根据经验积累，对各类事件总结出一套行之有效的处理方案，使事件处理更为程序化，当事件发生时，有一套现成的方案供处警人员参考。

有线 / 无线通信系统提供应急响应系统需要的有线 / 无线通信网。图像监控系统对监控

场所进行实时集中监控，对所需的各种视频、音频、计算机文字、图形信息等进行收集、选取、存储，并控制显示在大屏幕、大尺寸视频监视器和多媒体终端等显示设备上，实现直观、完整、准确、清晰、灵活的各项信息显示。

二、紧急报警系统

紧急报警系统的主要功能在于紧急情况发生时，利用应急联动系统的外部通信功能，不仅推动智能建筑内部迅速采取应急措施，而且及时向城市的其他安全防范部门和应急市政基础设施抢修部门发出报警信号，整合多方城市应急服务资源，协同行动，保障大楼用户的紧急救援服务，为公共安全提供有力支持。

在遭遇重大安保事故，如盗窃、强行入侵等紧急情况时，系统会迅速拨打公安部门 110 或当地报警电话报警；当有人员受伤时，系统将自动拨通急救中心电话 120，请求紧急医疗援助；当火警发生，应急系统一方面启动智能建筑内的自动灭火装置，同时拨打火警电话 119，请求消防部门进行火灾扑灭；在遇到电力供应中断、停水、停气等紧急情况时，系统会立即向市政设施抢修中心报警，确保故障及时排除。

三、火灾自动报警系统与建筑设备管理系统的联动设施

火灾自动报警系统与建筑设备管理系统的联动设施是指在出现火灾时，火灾自动报警系统对建筑设备采取相应的联动措施，防止火灾的蔓延和方便人员疏散，联动的对象有供配电系统、应急照明系统、电梯控制系统、空调设备及排烟正压送风设备等。

供配电及照明应急联动控制主要包括对非消防电源、备用电源、火灾应急照明和安全疏散指示标志的联动控制。在火灾确认后，切断在发生火灾时没必要继续工作的电源，或切断后也不会带来损失的非消防电源，如普通动力负荷、自动扶梯、排污泵、空调用电、康乐设施、厨房设施等，并将动作信号反馈至消防中心；当需要切断正常照明时，应在自动喷淋系统、消火栓系统动作前切断。在正常照明电源中断后，联动备用电源自动投入，为应急照明供电。

火灾自动报警系统与电梯系统的联动如应急疏散装置部分所述，消防联动控制器应具有发出联动控制信号强制所有电梯停于首层或电梯转换层的功能，当确认火灾后，根据建筑物的特点发出联动控制信号使发生火灾及相关危险部位的电梯回到首层或转换层。电梯停于首层或电梯转换层开门后的反馈信号作为电梯电源切断的触发信号，切断电梯的电源，避免人员在火灾中使用电梯造成的危险。但是消防电梯应当保持畅通，以方便消防人员进行灭火处理。

对于空调设备，特别是空调的风系统，在火灾时是有毒气体扩散和传播的主要通道，因此在风管的各分支处均须设置防火阀。火灾发生时，这些阀门自动关闭，同时空调系统的送风机和回风机也会立即停止运作，以防止有毒气体通过空调系统扩散至其他未受火灾

影响的区域。当火灾探测器报警后，系统会按照空调系统分区，停止与报警区域相关的空调机和送风机，并关闭相关管道上的防火阀，同时启动与报警区域相关的排烟阀和排烟风机，并返回信号。在火灾确认后，系统将关闭相关部位的电动防火门和防火卷帘门，同时按防火分区和疏散顺序切断非消防电源，并接通火灾事故照明灯及疏散标志灯。排烟和正压送风的应急联动内容如前述防排烟控制系统所描述。

四、火灾自动报警系统与安全技术防范系统的联动设施

火灾自动报警系统与安全技术防范系统的联动设施主要涉及两个方面。首先是安防视频监控设备的联动。在火灾发生时，系统会启动相关楼层安全技术防范系统中的摄像机，实时监控火灾现场，以帮助相关人员客观且及时地掌握现场情况。其次是门禁系统的联动，主要用于疏散通道的控制。在智能建筑中，消防疏散门通常采用电磁门锁进行集中控制，即平时各楼层的疏散门处于锁闭状态。然而，当火灾发生时，火灾自动报警系统与安全技术防范系统的门禁系统将联动，自动打开疏散通道上由门禁系统控制的门，以及发生火灾楼层的所有房间的电磁锁。同时，系统还会自动打开涉及疏散的电动栅杆、门厅的电动旋转门、庭院的电动大门，以及停车场出入口的挡杆，确保人员的快速安全疏散。

五、紧急广播系统与信息发布与疏散导引系统的联动设施

在智能建筑中，一旦发生突发事件（如火灾），将可能造成人员伤亡和财产损失，为了减少人员伤亡和降低财产损失，需要设置紧急广播系统与信息发布与疏散导引系统的联动设施。当突发事件发生时，向建筑中突发事件发生的区域进行应急广播，同时向楼内暂时还没有受到突发事件影响的楼层发布事件信息，启动相关的疏散导引设备，按照一定的紧急疏散预案进行有组织的疏散，以确保人员安全。当火灾确认后向全楼广播，由发生火灾的报警区域开始，顺序启动全楼疏散通道的消防应急照明和疏散指示系统，确保安全疏散。

项目小结

本项目主要介绍了智能建筑中公共安全系统的关键作用及其各个子系统的相关内容。首先介绍了公共安全系统的基本概念，强调其在确保楼内人员和财产安全方面的重要性以及作为建筑智能化系统不可或缺的一部分的角色；其次详细讲解了涵盖的多个关键子系统，包括安全防范综合管理系统、入侵报警系统、视频安防监控系统、出入口控制系统等的组成、主要设备及其工作原理；最后探讨了应急联动系统的构成，如有线/无线通信、指挥调度系统、紧急报警系统等，并解释了火灾自动报警系统与安全技术防范系统的联动机制。通过本项目的学习，读者能够全面掌握公共安全系统的组成、各子系统的主要功能及其工作原理，为理解和实施智能建筑中的公共安全措施奠定了坚实的基础。

项目工单

一、任务名称

火灾自动报警系统安装与调试项目。

二、任务描述

有一家商业中心想要安装一个火灾自动报警系统，确保符合消防安全标准。调试系统要保证在紧急情况下可靠运行。请思考，如果你要安装火灾自动报警系统，你应该怎么做？

三、分组讨论

以 3～5 人为一组，选出组长并进行任务分工，将小组成员及分工情况填入实训表 7-1 中。

实训表 7-1　小组成员及分工情况

班级：　　　　组号：　　　　指导教师：

小组成员	姓名	学号	任务分工
组长			
组员			

四、任务思考

1. 采购设备需要符合国家消防安全的标准吗？
2. 建筑安装后还需要进行系统调试吗？如果调试，需要注意什么？

五、实施过程

按实际操作过程，将实施内容、遇到的问题及解决办法等记录于实训表 7-2 中。

实训表 7-2　工作实施过程记录表

序号	实施内容	遇到的问题及解决办法	结果

六、任务评价

各组展示任务完成情况，并完成实训表 7-3 中考核评价表。

实训表 7-3　考核评价表

项目名称	评价内容	分值 / 分	评分 / 分		
			自评	互评	师评
职业素养考核项目	考勤、纪律意识	10			
	团队交流与合作意识	10			
	参与主动性	10			
专业能力考核项目	积极参与教学活动并正确理解任务要求	10			
	认真查找与任务相关的资料	10			
	任务实施过程记录表的完成度	10			
	火灾自动报警知识的掌握情况	20			
	独立完成相应任务的程度	20			
合计：综合成绩______自评（20%）+ 互评（20%）+ 师评（60%）		100			

课后练习

一、填空题

1. 公共安全系统内容涵盖______________、______________和______________等。

2. 中央管理级由______________、______________、______________、______________等组成。

3. 探测器按照探测到的物理量的不同可以分为______________、______________或者______________，按照电信号的传输方式可以分为______________和______________。

4. 自动喷水灭火系统是一种能够______________，并在同时发出火警信号的______________。通常的做法是在______________按照一定间隔和高度安装______________。

5. 供配电及照明应急联动控制主要包括对______________、______________、火灾应急照明和______________的联动控制。

二、简答题

1. 视频安防监控系统的主要作用是什么？
2. 入侵报警系统的主要功能是什么？
3. 电气火灾监控系统与火灾探测报警系统在功能上有什么区别？

项目八

居住小区智能化系统

项目导读

伴随着我国经济的蓬勃发展和人民生活水平的显著提升，以及计算机、信息、控制等先进技术的飞速跃进，人们的生活方式正在发生着翻天覆地的变化。在这种背景下，人们对居住环境提出了更高的要求，不再满足于传统的居住模式，而是渴望拥有更加安全、舒适、高效和便捷的居住体验。智能化居住小区应运而生，它通过集成先进的科技手段，为居民打造一个更加便捷、宜居的生活空间。本项目主要介绍居住小区智能化系统的相关知识。

学习目标

知识目标

1. 了解居住小区智能化系统的概述。
2. 掌握闭路电视监控系统的构成。
3. 理解小区智能化系统的组成。

能力目标

1. 熟悉访客对讲系统功能。
2. 掌握自动抄表系统的组成。

素质目标

1. 培养学生在智能化系统领域的创新能力和实践技能。
2. 培养学生在智能化系统设计中的安全意识和责任感。
3. 培养学生持续学习和适应新技术的能力。

思政目标

将节能减排、绿色环保理念融入智能化系统设计，推广使用可再生能源和节能设备，引导学生养成绿色环保的生活方式。利用智能化安防系统，开展安全知识宣传教育，增强学生的安全防范意识和自我保护能力，共同维护社区安全稳定。

任务一 居住小区智能化系统基础

任务描述

本任务主要介绍智能小区的定义、组成、功能，以及其在现代城市化发展中的作用。

任务分析

本任务需要考虑以下几个方面：首先，智能小区的安全性，包括非法入侵报警系统、视频安防监控系统、出入口控制系统等；其次，智慧信息服务，涉及大数据的收集、管理和共联互通；再次，智能卡服务，集成身份识别、车辆管理、考勤、消费等功能；最后，环境监测系统，对室外环境参数进行实时测定并展示，为居民提供生活便利。此上内容有助于理解居住小区智能化系统的多方面作用，并为未来的技术发展和应用提供指导。

任务实施

智能化居住小区为居民创造了安全、便捷、舒适的生活条件，充分满足了现代居住生活的需求，已成为人居环境发展的必然趋势。

一、居住小区智能化系统的组成

居住小区智能化系统主要包括安全防范子系统、管理与监控子系统和通信网络子系统。图 8-1 为居住小区智能化系统的组成框图。

由图 8-1 可见，安全防范子系统包括住宅报警装置、访客对讲装置、周界防越报警装置、闭路电视监控装置、电子巡查装置；管理与监控子系统包括自动抄表装置、车辆出入与停车管理、紧急广播与背景音乐、物业管理计算机系统、设备监控装置；信息网络子系统包括电话网、有线电视网、宽带接入网、控制网、家庭网。

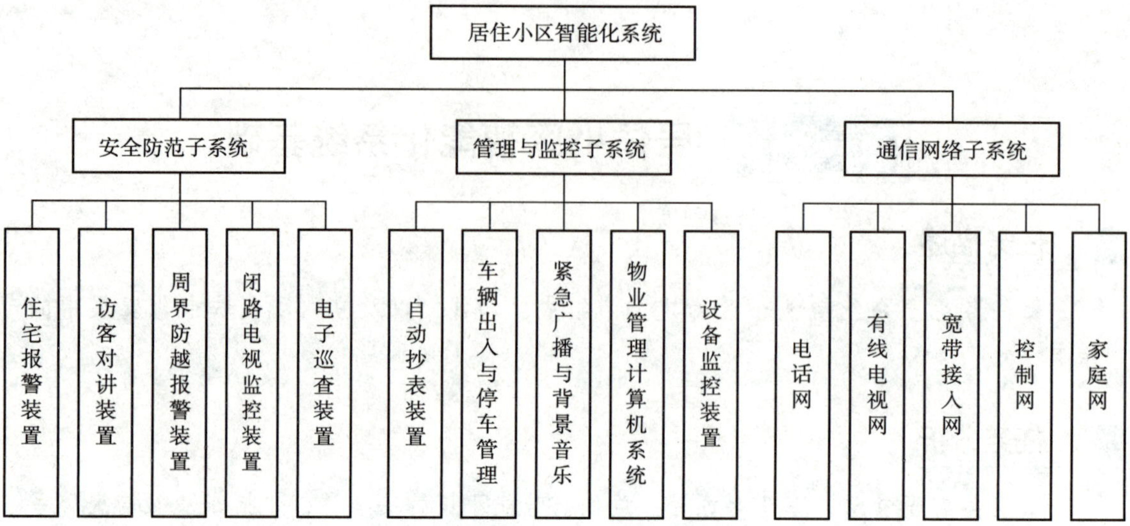

图 8-1　居住小区智能化系统组成框图

二、居住小区智能化系统等级划分

由建设部住宅产业化促进中心颁布的《居住小区智能化系统建设要点与技术导则》中，为使不同类型、不同居住对象、不同建设标准的住宅小区合理配置智能化系统，小区按功能设定、技术含量、经济投入等因素综合考虑，划分为：一星级（符号★）、二星级（符号★★）、三星级（符号★★★）3 种类型。

（一）一星级

智能化系统的建设按城镇建设行业产品标准《居住区智能化系统配置与技术要求》（CJ/T 174—2003）进行，具体要求如下。

1. 安全防范子系统

（1）住宅报警装置。

（2）访客对讲装置。

（3）视频监控装置。

（4）电子巡查装置。

2. 管理与设备监控子系统

（1）车辆出入与停车管理装置。

（2）物业管理计算机系统。

3. 信息网络子系统

为实现上述功能科学合理布线，安装家居综合布线箱，每户不少于两对电话线、两个电视插座和一个高速数据插座。

（二）二星级

二星级智能化住宅除了具备一星级所有的功能外，在安全防范系统、管理和设备监控系统，以及信息网络系统的建设上，其功能和技术水平应有显著提高。根据小区的具体情况，应科学合理地选用《居住区智能化系统配置与技术要求（CJ/T 174-2003）》中列出的可选配置，并着重采用节约资源和环境友好的智能技术和产品。

（三）三星级

三星级智能化住宅不仅要具备二星级的所有功能，还要求系统既先进又实用，并具有高可靠性、开放性、可扩展性和易维护性。特别强调在智能化系统的设计与施工中，重视管网、设备间（箱）、设备与电子产品的安装以及防雷与接地等方面的细节处理。

此外，三星级住宅在节约资源和环保智能技术与产品应用方面应取得显著效果，并且在采用先进技术为物业管理和居民提供服务方面应展现出突出的技术优势。

三、小区智能化系统总体结构

小区智能化构建在信息传输通道之上，这些通道可以是宽带接入网、现场总线、有线电视网或电话线。智能化子系统通过这些通道被连接起来，并由物业管理中心协同运作，向住户提供多样化的服务。在小区内，可以灵活采用如树形结构、星形结构或混合结构等多种网络拓扑结构，以增强系统的多样性和适应性，图 8-2 为小区智能化系统总体结构图。

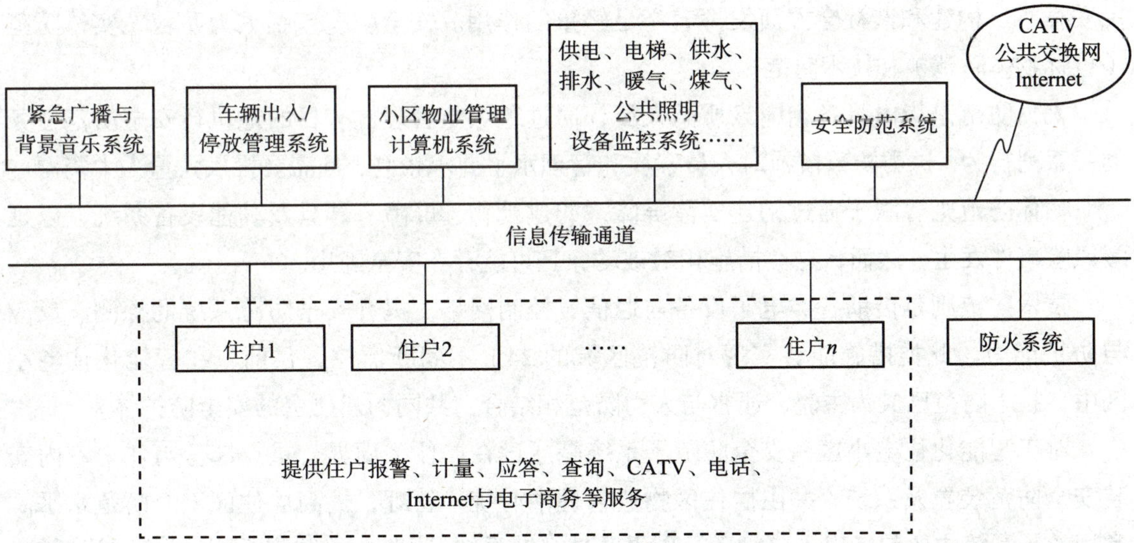

图 8-2　小区智能化系统总体结构图

任务二 安全防范系统

任务描述

假如你是一家施工企业的负责人，要设计并实现一套高效、可靠、易用的安全防范系统，为智能化居住小区提供全面的安全保障，提升居民的安全感和生活质量，为此你要如何设计？

任务分析

在本任务中，主要从深入调研居住小区的安全需求，分析潜在的安全风险开始出发，设计合理的安全防范系统架构，明确各子系统的功能和相互关系。完成各子系统的集成，实现无缝对接和信息共享。制订详细的实施计划，合理安排施工进度。

任务实施

随着国民经济的蓬勃发展和社会安全意识的日益增强，构建安全技术防范系统已成为安防业与建筑业的共同目标。安全防范系统作为保障人身安全，以及国家、集体和个人财产安全的关键屏障，已然成为现代化居住小区不可或缺的智能化基础设施之一，在提升居民安全感、构建和谐社会方面发挥着举足轻重的作用。安全防范包括人力防范、实体防范（也称物体防范）和技术防范。

人力防范是指由具备相应素质的人员，通过组织与管理，有目的地执行安全防范任务的一系列行为。这类防范措施对人员素质和管理水平要求较高，且需要投入大量人力资源。

物体防范则着眼于通过构建实体屏障，如建筑物、屏障、器具及其他设备系统，以延缓风险事件发生，然而，这类措施相对被动，且可能存在安全隐患。

技术防范则是借助各类电子设备与通信、控制网络，提升安全防范系统的探测、反应与防护能力。此类措施能够实现对防范区域的 24 h 不间断监控，目前，在智能化住宅小区中，技术防范已成为主流，通常与人力防范相结合，共同构建严密的安全防护体系。

对于智能化住宅小区，安全防范子系统是通过在居住区周界、重点部位与住户室内安装安全防范装置及系统，并由居住区物业管理中心统一管理，提高居住区安全防范水平。常用的子系统主要包括出入口管理及周界防越报警系统、闭路电视监控系统、访客对讲系统、住户报警系统、巡查管理系统等，其组成如图 8-3 所示。

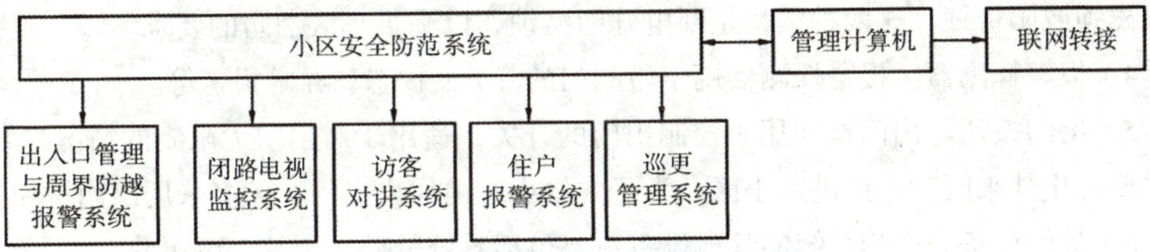

图 8-3　小区安全防范系统组成框图

一、出入口管理及周界防越报警系统

出入口管理及周界防越报警系统的目的就是加强对封闭式小区的出入口管理，防范外来闲杂人员，同时防范从非入口处未经允许擅自闯入小区（如非法翻越围墙或栅栏），避免各种潜在的危险。

（一）出入口管理

出入口管理是指对小区的主要进出通道进行封闭式管理，以限制外来闲杂人员的进出，一般通过门禁系统来实现。

扫一扫

认识门禁系统

1. 门禁系统的组成

门禁系统通常由计算机、门禁控制器、读卡器、电控门锁、报警探测器（如门磁开关）、出入按钮以及传输线路组成，如图 8-4 所示。

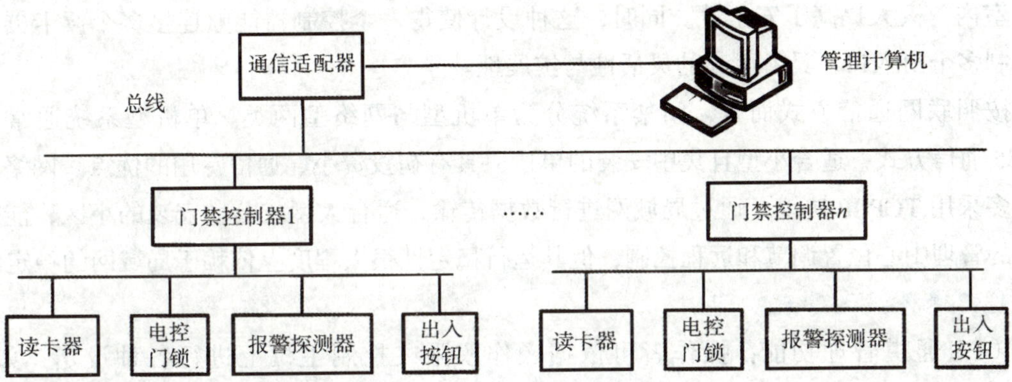

图 8-4　门禁管理系统组成

（1）门禁控制器。门禁控制器作为门禁系统的核心组件，肩负着处理和存储整个系统输入、输出信息的重要职责。在智能化小区的应用场景中，门禁控制器通常被用于有效管控小区的出入口，从而确保社区的安全与秩序。

（2）读卡器。在智能化小区中所采用的读卡器主要有两类，接触式读卡器和感应式读卡器。接触式读卡器采用磁卡，感应式读卡器采用 ID 卡或 IC 卡，由于磁卡易消磁和卡面易受污染，在智能化小区的门禁系统中使用不多。目前在智能化小区门禁系统中普遍采用 ID 卡或 IC 卡。

（3）电控门锁。电控门锁有电磁锁、阳极锁、阴极锁，在智能化小区门禁系统中普遍采用电磁锁或阳极锁，这两种锁都是断电开门型锁，以满足小区消防的要求。

（4）报警探测器。报警探测器用于检测门的开 / 关状态、异常报警等。

（5）出门按钮。出门按钮用于控制出门的开关，适用于对出门无限制的情况。智能化小区主要防止外来闲杂人员进入小区，为了方便小区内住户出门，大多采用出门按钮。

（6）其他设备。门禁系统的其他设备主要包括系统软件、卡片、电源等。

提示

微耕专业智能门禁系统软件：该管理软件安装于管理用计算机上，旨在对门禁系统进行全方位的设置与管理，涵盖控制器配置、权限分配、时间设置，以及卡片管理等多项功能。除此之外，该软件还支持实时监控人员进出情况，能够即时查询异常事件，并提供人员进出记录检索服务。

卡片：开门的“钥匙”（ID 卡或 IC 卡）。

电源：整个系统的供电设备，分为直供式和后备式（带蓄电池的）两种。

2. 门禁系统的类型

门禁系统的基本结构可分为两种设计原理：一体化门禁控制器与分离式门禁控制器。一体化控制器将读卡器与控制器整合在一起，简化了安装过程，但因其通常安装在门外，若遭受破坏，可能会影响系统的正常运行。而分离式控制器与读卡器各自独立，控制器安装于室内，极大提高了安全性。同时，这种设计使得一个控制器能够连接多个读卡器，有效控制多个出入口，具备更高的灵活性与扩展性。

按照联网通信方式而言，门禁系统分为单机型与网络型两类。单机型系统通常采用 RS485 通信方式，适合小型且集中安装的单位，具有初投资小、通信专用的优点。网络型系统则多采用 TCP/IP 协议，通过局域网进行数据传输，适合大型或分散安装的小区，能实现灵活的管理中心位置调节和远程控制，但其运行稳定性很大程度上依赖于局域网的稳定性。

3. 门禁系统的管理功能

（1）通道管理功能：操作者可依据操作权限在控制主机上进行各种设定，如开 / 关门。

（2）通道进出口权限的管理：可对持卡人进行授权和权限的变更。

（3）实时监控功能：系统管理人员可以通过微机实时查看每个通道人员的进出情况、每个通道的状态（包括通道的开关、各种非正常状态报警等），也可以在紧急状态打开或关闭所有的通道。

（4）出入记录查询功能：系统可储存所有的进出记录、状态记录，便于事故发生后及时查询。

（5）异常报警功能：当门打开时间过长、非法闯入、门锁被破坏等情况出现时，可以实现计算机报警。

（6）联动控制功能：在接到防盗或消防报警信号时，门禁系统可以由报警系统传来的信号关门或开门。

（7）脱机运行功能：在管理中心计算机发生故障时，控制器能脱机正常工作并保存记录。

（二）周界防越报警

周界防越报警系统作为小区周边的第一层防护手段，通过技术手段为小区构筑起坚实的外围屏障，以此有效阻止非法越界行为的发生。小区的周界围墙作为物理屏障，将居住区域与外界隔离开来，而周界防越报警系统则是物理防御与电子监控技术的有机融合。

当有非法入侵者试图越过围墙或栅栏时，系统中的探测器将即刻启动，将警报信号迅速传递至管理中心。此时，控制中心将在电子地图上精准标示出入侵地点，以便保安人员能够快速而准确地采取应对措施。同时，该系统还会触发联动机制，使闭路电视监控系统自动切换到报警区域，实时显示相关监控画面，从而为后续的应急响应提供直观的信息支持。周界防越报警系统由前端设备、信号传输、控制中心 3 部分组成，如图 8-5 所示。

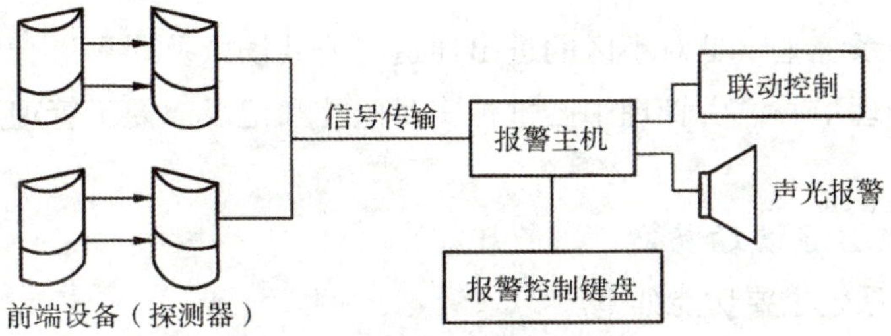

图 8-5 周界防越报警系统组成

1. 前端设备

在周界防越报警系统中，前端设备的核心部分是各种类型的周界报警探测器。这些探测器根据其探测原理的不同，可分为感应式、振动式、埋地电缆泄漏式及红外对射探测器等。目前，小区中广泛应用的是主动式红外对射探测器，这种装置由一对发射端与接收端组成。

发射端通过发射经过调制的多束红外光，划分出明确的安全区域范围。这些光束为区域提供了无形的防护屏障，一旦有人非法跨越这一区域，红外光束将被阻挡，导致接收端无法接收到光信号，进而触动报警信号，使报警主机发出警报。

红外对射探测器通常固定在小区围墙的顶部，根据实际需要可分段安装，以覆盖整个围墙区域。安装时，发射端与接收端之间需保持一条直线，确保中间没有障碍物阻挡红外光束的传输。根据围墙的长度，可以选择不同探测距离的红外对射探测器，以确保防护区域的无缝隙覆盖，进而实现高效的周界防越报警功能。

2. 信号传输

从前端设备接收各种报警信息，利用通信总线传输到控制中心的报警主机，整个报警系统采用独立的通信编码格式，并进行适当的加密，从而保证整个系统在通信上的安全与可靠，防止恶意的复制与侦测。网络型的控制器与管理中心是通过局域网传递数据的，管理系统中各服务器和工作站之间也都通过网络进行数据传输。

3. 控制中心

控制中心主要由报警主机、控制键盘、联动控制、声光报警等设备组成。可以通过控制键盘对前端设备进行布防和撤防。在布防期间，若发生非法入侵，探测器将入侵信号发送到控制中心，报警主机显示报警信息，同时发出声光报警，驱动联动设备。主机上可根据工程实际情况配置模块化的联动输出节点，用于触发开启探照灯和相应摄像机进行监视并记录，同时报警中心记录报警状态和报警时间。

二、闭路电视监控系统

闭路电视监控系统是智能化小区中必不可少的系统之一。小区来往人员多，人员情况复杂，闭路电视监控系统除了能对来往人员进行监控防范外，同时能有效地实现对内部人员的管理。

闭路电视监控系统主要是对小区的进出通道、公共场所及周界进行监控，摄像机将监控的图像传送到管理中心，由管理中心进行实时监控和记录，便于管理人员及时了解小区的动态。

1. 闭路电视监控系统的功能

闭路电视监控系统主要功能如下。

（1）对小区主要出入口、主干道、周界围墙或栅栏、停车场出入口及其他重要区域进行监视。

（2）管理中心监视采用多媒体视像显示技术，由计算机控制、管理及进行图像记录。

（3）报警信号与摄像机联动控制，录像装置与摄像机联动控制。

（4）系统可与周界防越报警系统联动进行图像监视及记录，当监控中心接到报警时，监控中心图像视频上立即弹出与报警相关的摄像机图像信号并记录。

（5）视频信号丢失及设备故障报警。

（6）图像的自动 / 手动切换，云台及镜头的遥控。

（7）报警类别、时间及相关信息的显示、存储、查询及打印。

2. 闭路电视监控系统配置要求

闭路电视监控系统无论系统规模大小或功能多少，一般由摄像、传输分配、控制、图像显示与记录 4 个部分组成。根据小区闭路电视监控系统的不同要求，这 4 部分设备的配置要求也不同。

（1）摄像部分

在闭路电视监控系统中，摄像部分位于前端，它是整个系统的视觉中心，负责将监控范围内的情景转换成图像信号，并通过传输线路送达控制中心的监视设备。该部分的主要组件包括摄像机、镜头、防护罩、安装支架和云台，在必要时还会加入麦克风以增强音频监控功能。

在住宅小区内，摄像机通常部署于公共区域、主要走道、楼梯间以及电梯车厢中，用以监控人员流动和公共区的活动情况。公共区域及主要走道通常配置一体化摄像机，这种设备安装简便，操作简单，且可根据需求选择黑白、彩色或是彩色 / 黑白自动转换的机型。而在楼梯间及电梯车厢中，多选用半球摄像机，因其体积小、安装简便而受欢迎。若这些区域光线不足，则宜采用黑白摄像机或具备红外功能的摄像机，以确保图像质量。通过科学布置和选择适合的设备，摄像部分能有效发挥监控作用，增强小区的安全防护能力。

（2）传输部分

小区闭路电视监控系统通常采用同轴电缆、光缆或双绞线作为电视信号的传输介质。当摄像点与控制中心距离较近时（500 m 以内）可以采用同轴电缆，当摄像点与控制中心距离较远时（超过 500 m）可以采用光缆或双绞线。传输部分是系统图像信号和控制信号的通道。传输部分除了传输图像及声音信号外，还需传输控制中心对摄像机、镜头、云台等的控制信号。

（3）控制部分

在闭路电视监控系统中，控制部分扮演着“心脏”与“大脑”的关键角色，是整个系统实现功能的核心指挥中心。一般来说，控制部分由总控制台构成，对于较为复杂的监控环境，小区可能会设置主控制台和副控制台，这些控制台之间可以实现联网操控。总控制台的核心设备，如矩阵主机和各类控制器，负责对前端的摄像机、电动变焦镜头以及云台进行精确操控，确保各个监控点能够按照预设的策略进行运作。同时，视频分配器和视频切换器等设备，则负责视频信号的分配与图像信号的切换，使得系统能够灵活地捕捉和展示被监视场所的全面、细致的画面，为安全管理和紧急响应提供了坚实的信息支持。通过这些先进设备的协同工作，控制部分能够实现对监控环境的精准指挥和高效管理。

智能化小区要求闭路电视监控系统必须具有一定的联动控制功能。在控制台上，要设有出入口管理与周界防越及其他紧急情况的联动接口。图 8-6 为闭路电视监控系统与出入口管理、周界防越报警系统联动控制图。在接到出入口管理与周界防越报警系统报警信号时，启动摄像机及相应的灯光，对有警情的被监视区域进行录像，同时值班人员根据警报情况进行必要操作和控制，并及时采取处理措施。

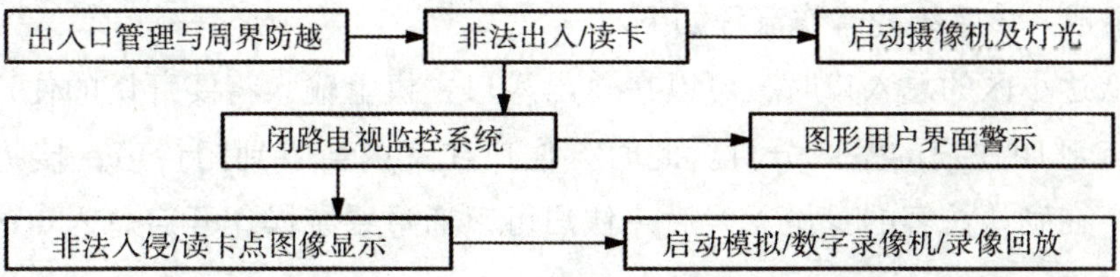

图 8-6 闭路电视监控系统与出入口管理、周界防越报警系统联动控制图

（4）图像显示与记录

在住宅小区的闭路电视监控系统中，图像显示与记录部分是确保监控系统有效运行的重要环节，主要由监视器和图像记录装置组成。其中，图像记录通常采用硬盘录像机，可以根据录像时间的需求选择相应容量的硬盘，以满足小区对录像保存时长不少于一周的要求。

监视器作为控制中心的图像显示设备，根据控制中心的实际空间大小，可以设置适当的电视墙来布局。为了确保显示效果，应选用专业的监视器，并依据电视墙的尺寸配置相应大小的监视器。每台监视器通常对应多个摄像机，当某个监控区域出现异常时，可以通过视频切换器将该区域的信号切换至指定的监视器上进行显示，并通过控制台远程控制摄像机，进行进一步的跟踪记录。

另外，在摄像机台数较多，监视器台数相对较少时，可以通过画面分割器将几台摄像机传来的信号同时显示在一台监视器上，即在同一个屏幕上可以同时看到几个场景的画面。

三、访客对讲系统

访客对讲系统在每个单元入口处设有专门的设备，包括访客对讲装置和可控防盗门，用于实现访客与住户之间的语音及视觉交流，并使住户能够远程控制防盗门的开启，从而有效地阻止未经授权的人员进入住宅楼内部。

访客对讲系统分为可视和不可视两种类型，当前，可视对讲结合防盗门控制系统已经逐渐成为智能化小区的标配。可视访客对讲系统通过与来访者的对话及图像显示来验证其身份，住户据此决定是否为其开启门禁，以此实现安全管理的目的。这类系统大大提高了住户的安全感，同时增强了小区的整体安全防范能力。

1. 访客对讲系统功能

（1）可实现住户、访客语音（或语音和图像）传输。

（2）通过室内分机可遥控开启防盗门电控锁。

（3）门口主机可利用密码或感应卡开启防盗门锁。

（4）高层住宅在火灾报警情况下可自动开启楼梯门锁。

（5）高层住宅具有群呼功能，一旦灾情发生，可向所有住户发出报警信号。

访客对讲系统通常由管理员总机、总出入口主机、单元主机、住户对讲机及防盗门电控锁等设备组成。该系统的运作流程如下。

当访客抵达小区的总入口时，可以在总出入口主机上输入将要拜访的住户单元楼号及房间号，以此呼叫住户的室内分机。此时，住户在室内会听到门铃声，接听后即可与访客进行通话。在确认访客的身份无误后，住户可以通过系统操作开启总入口的大门，放行访客。

访客进入小区后，前往将被拜访的单元门前，需要再次在单元主机上输入住户的房间号进行呼叫。住户会再次与访客通话，以决定是否开启单元门，允许访客进入。

这样的访客对讲系统不仅方便了访客的进出，同时也确保了住户的安全，因为所有访客进入前都需要经过住户的确认，从而有效地管理了人员的流动。

2. 访客对讲系统分类

访客对讲系统按线制结构可分为：多线制、总线多线制、总线制。

（1）多线制系统

多线制系统是门口机和室内机共用通话线、门锁控制线、电源线，每户需再增加一条门铃线（图 8-7）。这种系统在住户比较多时，布线复杂，主要在一些单独的楼栋作为普通的访客对讲使用，在智能化小区中已很少使用这种系统。

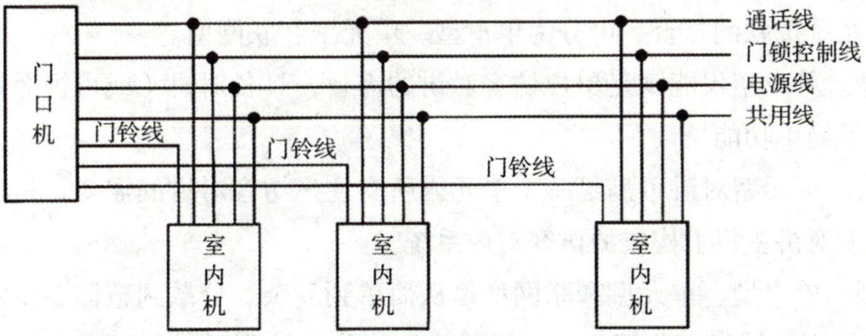

图 8-7　多线制访客对讲系统结构图

（2）总线多线制系统

总线多线制系统采用数字编码技术，一般每层需设一个解码器（二用户或四用户），解码器与解码器之间以总线连接，解码器与用户室内机为星形连接。这种系统功能多而强，是目前智能化小区使用较多的一种访客对讲系统。图 8-8 为总线多线制访客对讲系统结构图。

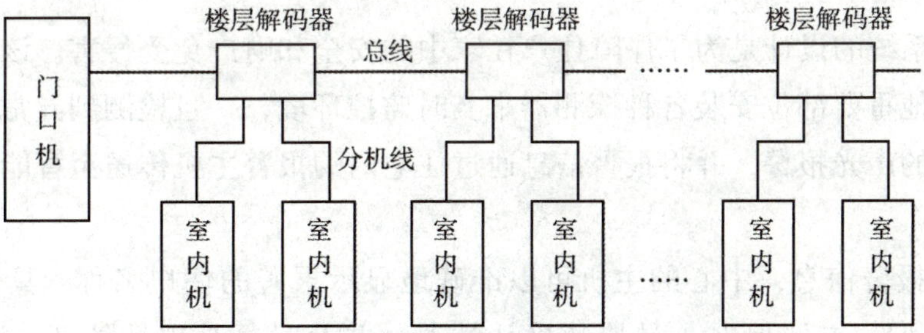

图 8-8　总线多线制访客对讲系统结构图

（3）总线制系统

总线制系统省去了解码器，将数字编码移至用户室内机中，构成完全总线连接。系统连接更灵活，适应性更强，但若其中一个用户发生短路，就会造成整个系统不正常。图 8-9 为总线制访客对讲系统结构图。

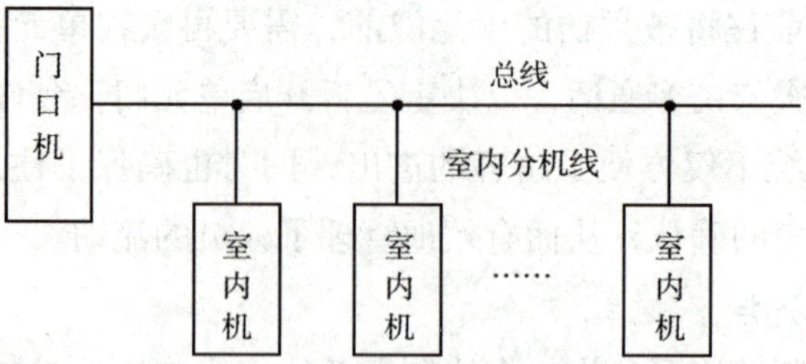

图 8-9　总线制访客对讲系统结构图

随着计算机和互联网技术的不断进步，数字化网络化访客对讲系统应运而生。该系统采用 TCP/IP 协议进行数据传输，能够充分利用小区现有的宽带网络基础设施，传输介质可以使用五类或六类双绞线及光缆，这些技术保障了数据可以在较远的距离内高效传输。此外，这种系统的扩容性很好，能够方便地适应大型或复杂小区的组网需求。

访客对讲系统按联网与否，可分为单户型、单元型、联网型。

① 单户型。单户型仅能满足单户访客对讲的需要，具备对讲（或可视对讲）、遥控开锁、主动监控等简单功能。

② 单元型。单元型对讲可满足一个单元内所有住户访客对讲的需要，是将单户型对讲机连接至单元型对讲主机上构成的访客对讲系统。

③ 联网型。单户型、单元型和联网型是从简单到复杂、分散到整体逐步发展，联网型访客对讲系统采用区域集中化管理，可满足小区多住户访客对讲的需求，是目前智能化小区所采用的主要方式。这种系统不仅具备基本的对讲和遥控开锁功能，还能够接收和传送住户的各种报警探测器发出的报警信息，以及紧急求助信号。有些先进的系统还能与多个表计抄送、门禁系统等其他系统相结合，形成更高级的小区智能化系统，从而为小区提供更为全面和智能的安全管理解决方案。

四、住户报警系统

住户报警系统的设计是为了保障住户在家中的安全和财产免受侵害。该系统通过在住宅的门窗及其他重要部位安装各种探测器来实时监控环境，一旦检测到异常情况，系统会立即启动现场的声光报警，并将报警信息通过住宅内的报警主机传送至智能管理中心的报警主机。

一旦收到报警信息，中心的主机可以准确地显示报警的住户名称、具体地址以及所遭受的入侵类型，方便保安人员快速确认情况，并及时赶赴现场处理，以确保住户的安全。

此外，住户也可以通过固定式或便携式的紧急呼救报警装置，在遇到紧急如抢劫或突发疾病时，向智能化管理中心发出求救信号。管理中心收到这些呼救信号后，能够快速反应，根据具体情况迅速采取相应的紧急处理措施。

（一）住户报警系统的功能

住户报警系统主要由报警主机、住户报警器和探测器组成，其功能如下。

1. 报警主机

（1）监视和记录入网用户向报警中心发送的各种报警信息。如报警事件类型、报警时间、开关机报告、故障报告、测试报告等。

（2）在防范地区的电子地图上同步实时显示发生事件的用户区域位置。

（3）记录处警过程并录音。

（4）向上一级处警单位转发警情。

（5）录入、修改、打印用户信息，统计查询用户信息，建立用户档案。

（6）实时维护用户的撤布防信息、测试信息。

（7）按接警、处警方法、警情性质查找统计各种警情信息。

2. 住户报警器

（1）布防和撤防功能：当住户外出时进行布防，回家时可以撤防。

（2）防破坏功能：一旦住户报警器遭到破坏或线路故障，将向管理中心发出故障报警信号。

（3）通信联网功能：管理中心可以进行远程的布防和撤防。

3. 探测器

探测器用来及时、可靠地探测报警信息，并将报警信息发送到住户报警器。住户报警系统通常在住户室内配备探测器和家庭紧急求助报警装置，探测器主要有门磁开关、红外探测器、可燃气体探测器、感烟探测器等，可根据住户的需要，在适当的位置安装不同的探测器。

门磁开关安装在住户的入户门上，用来探测入户门的开关情况；红外探测器安装在入户门、阳台及外窗，安装在外窗的探测器应选用幕帘式红外探测器，以防晚间室内住户主人活动引起误报；可燃气体探测器和感烟探测器一般安装在厨房，用来探测可燃气体的泄漏和火灾的发生。

探测器探测到报警信号后及时通过住户报警器向小区管理中心的报警主机发出报警信号，小区管理中心在接到报警后能及时做出应急处理，并记录报警警种和报警时间。

家庭紧急求助报警装置主要用来供住户作医疗求助和紧急报警，当住户需要医疗求助或紧急报警时，可按动紧急求助按钮，小区管理中心在接到报警后就能及时做出应急响应。

（二）住户报警系统的组成

住户报警系统通常由住户报警单元、信号传输单元以及物业接警单元 3 部分组成。常用的住户报警系统组成结构图如图 8-10 所示。

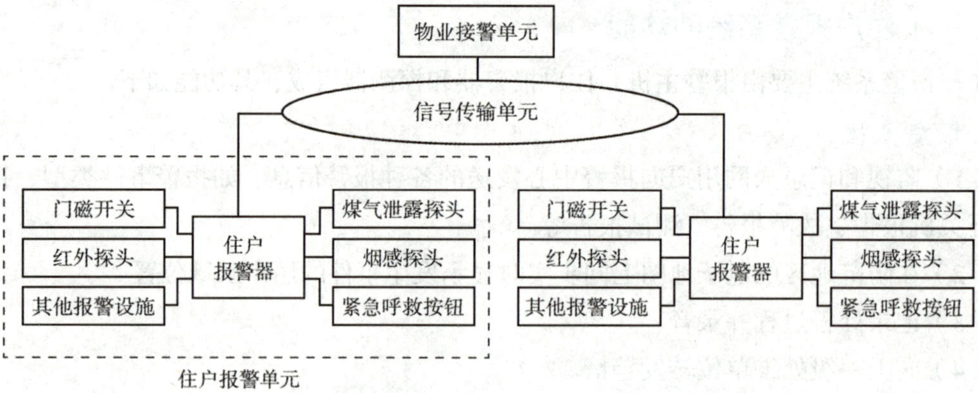

图 8-10　常用住户报警系统组成结构图

1. 住户报警单元

住户报警单元由各类探测器和住户报警控制器组成。常用的探测器有：门磁开关、被动红外探测器、幕帘式红外探头、微波探测器、烟感探测器、煤气泄漏探测器及紧急按钮等。探测器用来探测各种安全防范报警信息，向报警控制器发出报警信号，报警控制器在收到报警信号后可根据需要产生声光报警，同时将报警信号传到报警中心。

2. 信号传输单元

信号传输单元主要由传输介质、信号传输适配器和传输单元控制器组成。当住户报警系统规模较大，可利用传输单元控制器进行系统扩展，也可以利用传输单元控制器来对住户报警系统进行分区管理。

3. 物业接警单元

物业接警单元一般包括接警主控机和物业监控主机两部分，具体内容如下。

接警主控机主要功能是信息传递和控制，具有掉电识别功能，能实现自动掉电保护，同时发出掉电报警，并在掉电情况下维持连续可靠工作 24 小时，还具有报警复位功能。

物业监控主机的主要功能是接受现场报警、显示及打印报警信息，在电子地图（或模拟屏）上显示报警位置。

五、巡查管理系统

巡查管理系统是根据小区所需巡查的区域及重要部位的具体分布情况，制定保安人员巡查路线和巡查时间段，在巡查线路上设置若干巡查点，保安巡查人员携带巡查设备（巡查棒、巡查器等），按预先指定的路线和时间到达巡查点进行巡查，并记录巡查情况。巡查信息可以通过数据在线传输（在线式巡查系统）或数据采集器采集（离线式巡查系统）的方式传送到管理中心的计算机上，管理人员可调阅打印各保安巡查人员的工作情况，加强对保安人员的管理，从而实现人防和技防的结合。巡查管理系统的功能要求如下。

（1）巡查路线和巡查时间段的设定和修改，生成巡查计划。

（2）对巡查点进行设置，可以增加或删除巡查站点。

（3）管理中心可查阅、打印各巡查人员的到位时间及巡查情况。

（4）巡查违规记录提示。

根据巡查管理系统数据采集和传输方式的不同，巡查管理系统一般分为离线巡查系统和在线巡查系统。

1. 离线巡查系统

离线巡查系统是由采集器、数据传送器及巡查钮等组成。巡查钮安装在小区需要巡查的位置（巡查点），如各住宅楼的门口、地下车库出入口、车库主要部位、主要道路等处；采集器由巡查人员执勤时随身携带，到巡查点后用信息采集器去触碰巡查钮，采集巡查信息。回到管理中心后，通过数据传送器将采集器采集的巡查信息传送到计算机上，作为巡查人员的巡查记录。

离线巡查系统具有安装简单，扩容方便，修改巡查点容易，不需设专用计算机等特点，尤其适用于已建成的住宅小区，是目前智能化小区使用较多的一种巡查管理系统。

2. 在线巡查系统

在智能化小区中，可以单独设置在线巡查系统，也可以与门禁系统、访客对讲系统实现功能集成，实现系统的资源共享，利用门禁系统和访客对讲系统在出入口、单元门口的读卡器和门口机来作为巡查系统的巡查点，巡查人员到了这些巡查点后，在读卡器或门口机进行读卡或输入其他巡查信号，巡查信号通过门禁系统和访客对讲系统本身的信号传输线路传到管理中心的计算机上，并利用门禁系统和访客对讲系统的管理软件，实现对巡查系统的管理。

在线巡查系统能实现巡查数据的实时传输，对巡查人员进行在线式的实时管理，准确了解巡查人员的巡查动态，是一种直观、可靠、实时的巡查系统。但相比离线巡查系统来说，在线巡查系统需要根据巡查的位置布点、布线，结构较复杂，线路或设备出现故障时系统维修困难。

安全防范系统是居住小区智能化系统重要的环节，在智能化小区中，既要有技术防范，也需要人工防范，做到人防、技防结合，这样才能为住户提供一个安全、舒适、方便的居住环境。

任务三 管理与监控子系统

任务描述

小区要建立一个高效、可靠的管理与监控子系统，才能确保IT基础设施的稳定性、安全性和性能，同时满足业务连续性和合规性要求。

任务分析

本任务首先要确定需要监控的关键性能指标；其次选择合适的监控工具和技术；再次要确保数据的准确性和实时性；最后要基于分析结果制定性能优化策略。

任务实施

在居住小区智能化系统中，管理与监控子系统是智能化居住小区的重要组成部分，主要负责管理与日常生活紧密相关的事件，涉及居住小区的许多方面。管理与监控子系统为小区建立开放式计算机管理局域网，将多元信息服务管理与物业管理相结合，以实现快捷高效的超值服务与管理，给住户提供一个舒适、方便的居住环境。

管理与监控子系统主要包括以下几个方面。

（1）自动抄表系统。

（2）车辆出入与停车管理。

（3）设备监控管理（供电设备、公共照明、电梯、供水等）。

（4）紧急广播与背景音乐系统。

（5）物业管理计算机系统。

一、自动抄表系统

自动抄表系统是为了完善住宅小区的物业管理，使小区居民免受传统上门抄表、收费的打扰，也为物业管理人员省去了麻烦，同时避免了入室抄表引发的不安全因素。

（一）自动抄表系统的功能

水、电、气、热等表具远程抄收系统是将采集到的各表数据传送到物业管理中心，实现各户各表数据的录入、费用计算并打印收费账单，将相关数据传送到相应的职能部门，避免入户抄表扰民和人为读数误差。除此以外，水、电、气、热等表 IC 卡计量系统也得到了广泛的应用，IC 卡计量系统是通过使用 IC 卡表具，实现住户买卡后的水、电、气、热表具自动计量，自动扣除卡中金额，从而达到计量和收费的目的。

自动抄表系统功能要求如下。

（1）水、电、气、热等表具远程自动抄收的各种数据，应可随时查询、统计、打印整个小区各表读数并计费。

（2）远程自动抄表系统中心可实时检测系统运行状况，并进行故障报警。

（3）如果采用 IC 卡电子计量时，必须计量准确，管理可靠。

（二）自动抄表系统的组成

自动抄表系统由管理计算机、集中器、中继器、采集器、控制器、数字式计量表（水表、燃气表、电表）等部分组成，如图 8-11 所示。

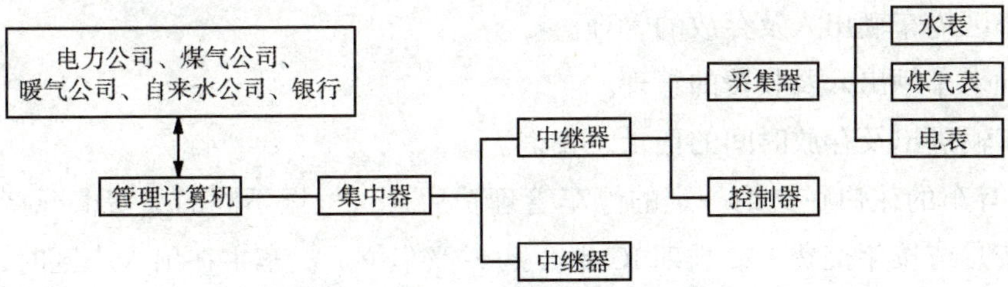

图 8-11 自动抄表系统组成图

1. 管理计算机

管理计算机对整个系统进行管理，利用软件通过服务器、中继器、数据总线把计量表采集器采集的数据进行汇总，并对数据进行处理，同时可以对系统内各设备发出各种指令，完成各种信号的记录、查询及控制。通过通信网络，将水、电、气、热等有关数据传送给相关部门，并在规定的时间内将用户应缴的水费、电费、煤气费及暖气费等资料传送给相关部门。

2. 集中器

集中器位于管理计算机和采集器之间，一方面接收来自管理计算机的各种操作命令，将各操作命令下达给采集终端；另一方面，将采集器采集到的信息回传到管理计算机上。集中器可在没有管理计算机的情况下实现时间显示、实时监控等功能。

3. 中继器

中继器的主要功能是将收集到的信号进行优化，从而实现可靠的远距离信息传输。

4. 采集器

采集器主要是采集每家每户所用水、电、气、热的用量，并对水、电、气、热表的信号进行存贮和传输。采集器与中继器之间以总线的方式连接，各表的数据通过中继器优化后传给集中器。

5. 控制器

控制器是为了控制用户水、电、气、热的使用而设计的。当某些居民长期欠费或在其他需要停电、停水、停气的情况下，能够通过控制继电器或电磁阀来实现水、电、气的通断。

二、车辆出入与停车管理系统

车辆出入与停车管理系统通过对小区停车场出入口的控制，完成对车辆进出及收费的有效管理，方便车辆进出小区，便于管理人员统计车辆出入和收费情况，对物业管理部门有效地管理和掌握车辆流动情况和收费情况提供了极大的帮助，是一种方便、安全、高效的智能管理系统。

（一）车辆出入与停车管理系统的功能

车辆出入与停车管理系统功能要求如下。

（1）小区内车辆出入及存放的管理。

（2）外来车辆出入及收费的管理。

（3）车辆进出及存放时间的记录、查询。

小区里有车的住户在交纳一定的停车管理费后，可根据不同的交费情况持有月租或年租 IC 卡（按月或按年交费）或长期 IC 卡（购买停车位）。车主在出入小区时，将 IC 卡在出入口控制机的读卡区读卡，在车辆检测器检测到车辆后，控制系统会判断 IC 卡的有效性并进行写卡操作。对于有效的 IC 卡，自动道闸的闸杆升起放行，并将相应的数据存入电脑数据库中。若为无效的 IC 卡则不给予放行。

对临时进入小区的车主，在车辆检测器检测到车辆后，按入口控制机上的按键取出一张临时 IC 卡，在出卡的同时完成读卡显示和放行，也可由管理人员发卡进入。出口处设有收费系统，车主在出口时将临时 IC 卡交给管理员，管理员收卡后完成读卡、写卡、交费、放行工作。

目前停车场管理中，车牌识别技术作为识别车辆身份的手段获得了越来越广泛的应用。为提高出入口车辆通行效率，车牌识别对于无须收停车费的车辆（如月卡车、内部免费通行车辆），可实现无人值守快速通道，免读卡、不停车，对于外来车辆，可进库免取卡，出库计时收费。

（二）车辆出入与停车管理系统的组成

车辆出入与停车管理系统一般由入口控制设备、出口控制设备、挡车道闸、车辆检测器、车位显示屏、控制中心等设备组成。根据需要可以增加车辆出入监控系统，以确保小区内车辆的安全。

（1）入口和出口控制设备主要包括读卡器和控制系统，读卡器读取进出车辆的信息，由控制系统完成车辆进出时挡车道闸的控制。在出口控制设备上一般装有电子显示屏，用于显示停车时间、收费金额、卡上余额、卡的有效期等信息。

（2）出入口的挡车道闸主要起控制车辆进出的作用。

（3）车辆检测器主要用于检测有无车辆通过，只有当车辆检测器检测到有车辆通过时出入口的控制设备才能起作用，在挡车道闸处的车辆检测器还具有防砸车的功能，在车辆没有驶过挡车道闸时，道闸栏杆不会落下。

（4）车位显示屏用于显示总车位、已停车位及空余车位的数量，以提醒司机，方便停车。

（5）控制中心是车辆出入与停车管理系统的计算机管理中心，主要负责对车辆出入与停车管理系统的设置和进出车辆信息的处理。如月租 IC 卡和长期 IC 卡的发放、收费标准的设定、进出车辆的查询等。图 8-12 为车辆出入与停车管理系统组成框图。

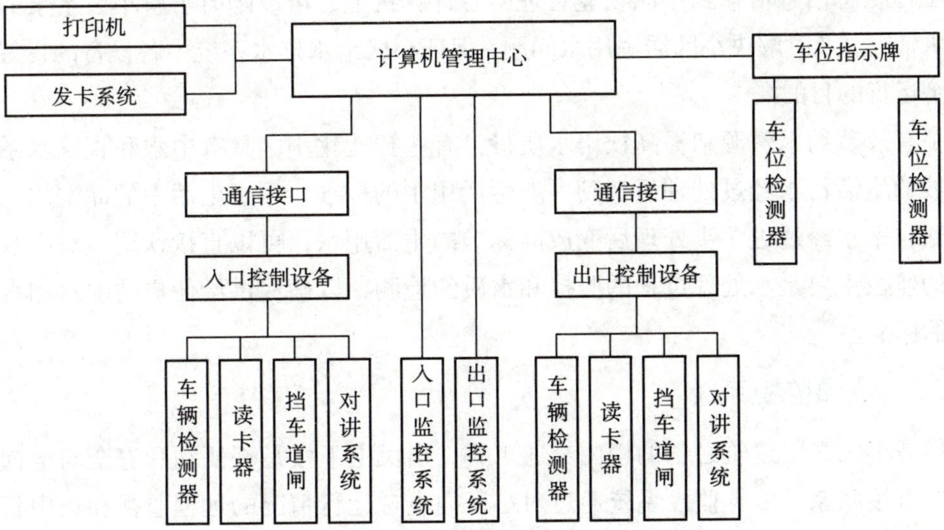

图 8-12　车辆出入与停车管理系统组成框图

三、设备监控管理系统

设备监控管理系统主要对小区内给水排水、变配电系统、公共照明，以及电梯等工作状态进行实时监测和控制，实现公共设备的最优化管理，降低设备故障率，节约小区内的用水和用电，降低物业管理费用。

设备监控管理系统的主要功能如下。

（1）给水排水设备（水泵、电控阀等相关设备）运行状态显示、控制、查询、故障报警。

（2）蓄水池（含消防水池）、污水池的水位高低检测和报警。

（3）饮用蓄水池过滤、杀菌设备控制监视。

（4）变配电设备状态显示、检测、故障报警。

（5）电梯运行状态显示、检测、故障报警及停电时的紧急状况处理。

（6）公共照明开启、关闭时间的设定和控制。

（7）灯光场景的设定及照度的调节。

智能化居住小区的设备监控管理系统主要包括给水排水监控系统、电梯监视系统、供配电监视系统、公共照明监控系统等。

（一）给水排水监控系统

住宅小区给水排水系统是小区生活的重要部分，对给水排水系统进行科学的监控管理，可以保证住户的用水质量。给水排水监控系统主要是对给水排水系统中的各水泵的工作状态进行监控，以确保当住户的用水情况发生变化时，能及时地改变泵的运行台数，以及运行方式，以达到供水量和需水量、来水量和排水量之间的平衡，降低能耗和设备故障。同时水泵工作状态信息传输到小区物业管理中心计算机上，可以随时了解小区水泵的工作情况和用水情况，及时解决小区居民用水问题，保证小区给水排水系统中各设备的良好状态，达到经济运行的目的。

为了有效节约水资源和提高饮用水质量，有些智能化小区具有中水和直饮水系统。中水是排放的生活污水经过处理后达到一般生活用水的标准，用于生活中的冲洗用水；直饮水是普通自来水经过进一步处理后变成高标准的生活用水，可以直接饮用。对中水和直饮水系统的监控主要是水处理过程的监控和水质的检测，以确保供给住户的中水和直饮水符合相关的标准。

（二）电梯监视系统

电梯是小区高层建筑必备的楼内交通工具，居民上下楼是否便利和安全与电梯是否正常运行有直接联系。电梯监控系统通过对小区内电梯运行情况的远程监视和集中管理，使小区的管理人员能够及时掌握电梯的运行情况，保障电梯的正常运行，出现故障时能及时采取措施。当发生火灾时，应将发生火灾所在楼栋的电梯降至首层，并切断供电电源，以保证居民的安全。

3. 供配电监视系统

供配电监视系统是对小区供电系统中的主要设备的状态进行实时监视，并将其状态信息传输到管理计算机上，以便随时了解供配电情况。当系统出现故障时，能快速了解故障原因并采取积极的措施，保证了小区的用电顺畅。

4. 公共照明监控系统

小区的公共照明系统主要包括生活照明（小区周界、道路、门厅等）和景观照明两个部分。公共照明监控系统是利用传感技术和网络通信控制技术对小区的公共照明系统进行集中控制和管理，根据自然光亮度和使用要求情况对照明系统进行智能地开关，优化小区的照明，延长灯具的寿命，同时起到节能和降低管理费用的目的。

四、紧急广播与背景音乐系统

在小区广场、中心绿地、道路交汇等处设置音箱、音柱等放音设备，由管理中心集中控制，可在节假日、每日早晚及特定时间播放音乐，缓解人们的精神压力，增加小区的文化气氛，也可通过遍布于小区内的音箱播放一些公共通知、科普知识、娱乐节目等。在发生紧急事件时可作为紧急广播使用，高效、快捷地通知小区人员，有效地保障小区住户的生命和财产安全。紧急广播与背景音乐系统功能如下。

（1）平时播放音乐节目，在特定分区可插入公共通知等。

（2）当火灾及其他紧急事件发生时，可切换至火灾报警广播或紧急广播。

五、物业管理计算机系统

物业管理计算机系统包括硬件和软件两部分。硬件部分由计算机和计算机局域网组成，软件部分主要是物业管理软件。高效、便捷的物业管理软件采用先进和科学的管理方法与手段，对小区建筑、附属配套设施、设备资产进行综合管理，同时对小区环境、清洁绿化、安全保卫、租赁业务、机电设备运行与维护实施一体化的专业管理，协调小区居民、物业管理人员、物业服务人员三者之间的关系，提高物业管理水平，最大限度地为小区的住户提供优质的服务。

物业管理计算机系统应具有如下功能。

（1）房产管理。

（2）住户信息管理与查询。

（3）设备管理。

（4）维修管理。

（5）住户投诉管理。

（6）保安管理。

（7）收费管理。

（8）物业公司内部管理。

居住小区物业管理计算机系统是以小区信息网络系统为平台，与安全防范系统、监控与管理系统结合形成的多功能、智能化、系统化的网络系统，在这一信息平台上对住宅小区的信息与数据进行统一的管理，提高小区物业的服务水平，同时使得小区的管理更加合理有效。

物业管理计算机系统采用模块化设计，便于变更、扩充。系统管理是主控模块，管理系统要求界面友好、操作简单。小区物业管理计算机系统各子模块框图如图 8-13 所示。

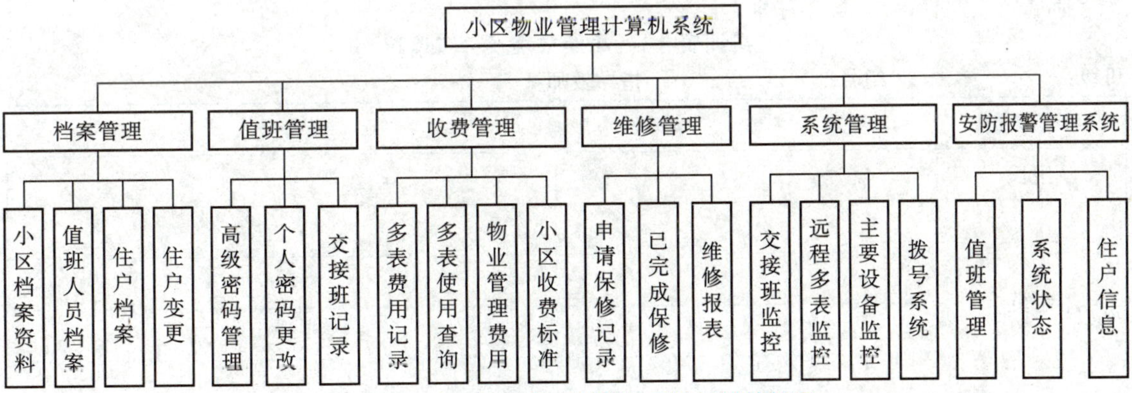

图 8-13 小区物业管理计算机系统子模块框图

项目小结

本项目主要介绍了居住小区智能化系统的设计理念与实现方案。首先介绍了该系统致力于为居民提供安全、舒适、高效、便捷生活环境的目标，强调了其在现代住宅中的重要性；其次详细讲解了由安全防范子系统、管理与监控子系统以及通信网络子系统构成的三大核心部分，分别阐述了各子系统的功能及其对提升居住环境质量和安全性的作用；最后探讨了这些系统的具体解决方案和实施策略，包括技术选择、集成方法及维护管理等方面的知识。通过本项目的学习，读者不仅了解了居住小区智能化系统的组成和各项功能，还掌握了这些智能系统的实际应用方法和实施策略，能够为未来的小区智能化建设提供有力的支持和技术保障。

项 目 工 单

一、任务名称

居住小区智能化升级项目。

二、任务描述

Z 小区的董事长，最近想要以 Z 小区为首例，推行小区智能化，提升居民的生活质量和小区管理效率，实现小区内的安全监控、能源管理等功能。如果是你的话，怎样做才能实现呢？

三、分组讨论

以 3 ～ 5 人为一组，选出组长并进行任务分工，将小组成员及分工情况填入实训表 8-1 中。

实训表 8-1　小组成员及分工情况

班级：　　　　　　　组号：　　　　　　　指导教师：

小组成员	姓名	学号	任务分工
组长			
组员			

四、任务思考

1. 怎样设计智能化系统架构？
2. 如何安装和配置好的智能硬件？
3. 智能系统上线后，如何开展小区物业人员和居民的培训工作？

五、实施过程

按实际操作过程，将实施内容、遇到的问题及解决办法等记录于实训表 8-2 中。

实训表 8-2　工作实施过程记录表

序号	实施内容	遇到的问题及解决办法	结果

六、任务评价

各组展示任务完成情况，并完成实训表 8-3 的考核评价表。

实训表 8-3　考核评价表

项目名称	评价内容	分值 / 分	评分 / 分		
			自评	互评	师评
职业素养考核项目	考勤、纪律意识	10			
	团队交流与合作意识	10			
	参与主动性	10			
专业能力考核项目	积极参与教学活动并正确理解任务要求	10			
	认真查找与任务相关的资料	10			
	任务实施过程记录表的完成度	10			
	居住小区智能系统知识的掌握程度	20			
	独立完成相应任务的程度	20			
合计：综合成绩________自评（20%）+互评（20%）+师评（60%）		100			

课后练习

一、填空题

1. 居住小区智能化系统主要包括________、________和________。

2. 门禁系统的基本结构可分为两种设计原理________和________。

3. 控制中心主要由________、________、________、________等设备组成。

4. 物业管理计算机系统应具有如下功能________、________、________、维修管理、________、________、________、________。

二、简答题

1. 门禁系统是由哪几部分组成？

2. 管理计算机的工作原理是什么？

参 考 文 献

[1] 杜明芳．智能建筑系统集成 [M]．2 版．北京：中国建筑工业出版社，2021．

[2] 尤志嘉，吴琛，郑莲琼．智能建造概论 [M]．北京：中国建材工业出版社，2021．

[3] 沈瑞珠．建筑智能化技术 [M]．北京：中国建筑工业出版社，2021．

[4] 肖辉．建筑智能化系统及应用 [M]．北京：机械工业出版社，2021．

[5] 刘光辉．智能建筑概论 [M]．北京：机械工业出版社，2022．

[6] 刘艳峰，郑洁，王登甲．建筑环境测试技术 [M]．4 版．重庆：重庆大学出版社，2022．

[7] 余志强．智能建筑环境设备自动化 [M]．北京：北京大学出版社，2024．

[8] 李德涌，梁振奇．网络综合布线 [M]．北京：机械工业出版社，2024．

[9] 朱颖心，张寅平，李先庭．建筑环境学 [M]．5 版．北京：中国建筑工业出版社，2024．